普通高等院校经济管理类"十二五"应用型规划教材
工商管理系列

创新创意基础教程

主编 谭贞
副主编 薛凡
参编 刘彦军 范菲菲 杨慧娟 樊慧

图书在版编目（CIP）数据

创新创意基础教程 / 谭贞主编 . —北京：机械工业出版社，2013.9（2023.2 重印）
（普通高等院校经济管理类"十二五"应用型规划教材·工商管理系列）
ISBN 978-7-111-43794-9

Ⅰ.创… Ⅱ.谭… Ⅲ.创造性思维-高等学校-教材 Ⅳ.B804.4

中国版本图书馆 CIP 数据核字（2013）第 198108 号

版权所有·侵权必究
封底无防伪标均为盗版

本书是一部以创新意识、创新精神和创新能力培养为主线的教材，从创新活动的一般过程出发，重点介绍了创新能力与创新人格、创新思维与训练、创新技法、创新成果的管理与应用、创新过程等内容。作者以自身教学经验为基础，运用大量的"创新故事""创新案例"，以及形式多样的"小训练"及"创新思考与实践"增强教材的知识性、趣味性，并充分调动学习者的参与热情和学习积极性。

本书内容丰富、体系新颖、结构紧凑，理论深入浅出、通俗易懂，注重实践性和应用性，充分体现"教、学、做"一体化，适合作为应用型本科院校大学生创新通识教育课程专用教材，也可供广大创新爱好者、从事创新创造性活动的人阅读。

机械工业出版社（北京市西城区百万庄大街 22 号　　邮政编码　100037）
责任编辑：赵艳君　　　　　　版式设计：刘永青
固安县铭成印刷有限公司印刷
2023 年 2 月第 1 版第 15 次印刷
185mm×260mm·14.25 印张
标准书号：ISBN 978-7-111-43794-9
定　　价：30.00 元

客服电话：（010）88361066　68326294

Foreword 推 荐 序

培养创新人才　建设创新国家

　　人类进入21世纪以来，新科技革命迅猛发展，科学技术的应用和向现实生产力的转化速度越来越快，知识创新不断培育出新的经济增长点。创新成为解决人类面临的能源资源、生态环境、自然灾害、人口健康等全球性问题的重要途径和国家竞争力的核心要素，创新成为经济社会发展的主要驱动力。为抢占科学技术的制高点，许多国家都把强化科技创新作为国家战略，着力增强国家创新能力和国际竞争力。我国2006年制定了《国家中长期科学和技术发展规划纲要（2006—2020年）》，提出要把提高自主创新能力作为调整经济结构、转变增长方式、提高国家竞争力的中心环节，力争到2020年使我国进入创新型国家行列。建设创新型国家，核心就是把增强自主创新能力作为发展科学技术的战略基点，走出中国特色自主创新道路，推动科学技术的跨越式发展；就是把增强自主创新能力作为调整产业结构、转变增长方式的中心环节，建设资源节约型、环境友好型社会，推动国民经济又快又好发展；就是把增强自主创新能力作为国家战略，贯彻到现代化建设的各个方面，激发全民族创新精神，培养高水平创新人才，形成有利于自主创新的体制机制，大力推进理论创新、制度创新、科技创新，不断巩固和发展中国特色社会主义伟大事业。2012年，党的十八大报告又提出"创新驱动发展战略"，把科技创新摆在国家发展全局的核心位置。当前，创新人才的培养已成为我国建设创新型国家战略实施的决定性因素。

　　建设创新型国家需要创新型人才，创新型人才的培养需要创新性教育，《国家中长期教育改革和发展规划纲要（2010—2020年）》指出，要"充分发挥高校在国家创新体系中的重要作用，鼓励高校在知识创新、技术创新、国防科技创新和区域创新中作出贡献"，着力提高学生"勇于探索的创新精神"和"学习能力、实践能力、创新能力"。古希腊哲学家、教育家苏格拉底（公元前469—公元前399）曾说过："教育不是灌输，而是点燃火焰！"我国著名教育家陶行知（1891—1946）也曾说过："处处都是创造之地，天天都是创造之时，人人都是创造之人，让我们至少走两步退一步向创造之路迈进吧！"在当今世界科技发展日新月异的创新时代，我国的教育事业，尤其是高等学校的人才培养工作，如何主动适应创新型国家建设的战略性需求，不断深化教学改革，切实加强创新教育，点燃学生创新、创意、创造的火焰，铺就学生成长、成才、成功的道路，将是每所高等学校、每位教育工作者的一个神圣使命和根本职责。

河南省黄淮学院作为一所为地方经济建设和社会发展培养人才的高等学校，近年来非常重视大学生的创新教育，把"四创（创新、创意、创造、创业）教育"纳入通识课程体系，建设有2.3万平方米的大学生创新创业园，搭建创新育人、实践育人平台，实施"创新创意教育种子师资培训计划"，打造"四创教育"教学团队，努力培养"就业能称职，创业有能力，深造有基础，发展有后劲"的创新型、应用型人才，取得了显著成效，不仅涌现出"苹果皮520之父"潘永、"节能先锋"王乙丞、"就业皇帝"生俊等一批创新、创业典型，还培养了一批"四创教育"优秀师资，形成和积累了一些重要的课程资源。在长期实践探索基础上，我校教师根据多年的研究方向精心写作，编写了这本《创新创意基础教程》。

阅读这本《创新创意基础教程》，我发现这是一本比较好的教材，符合时代发展要求，体现了学校教改精神，适应学生培养需要，具备以下几个特点。

一是实践性强。本书以学习者为本，注重学生的参与和实战演练，激发学习者的创新欲望，让学习者体悟创新的乐趣。作者通过丰富的实战经验，归纳和总结了创新人格、创新思维、创新技法的训练方法和技巧，每章章末都精心设计了创新思考与实践内容，让学习者通过主动参与、实践练习、反思体悟、升华提高等实践活动，在实践性操作过程中使其创新能力和创新素养得到提升，真正打造出整合理论与实践、沟通课内与课外、联结学习与应用、将专业知识和能力的获得与人的社会性发展有机融合起来的新模式，使创新型人才培养目标真正落到实处。

二是可操性强。本书侧重点不在于传播知识，而在于让学习者领悟创新的方法并身体力行。正如联合国教科文组织教育发展委员会主席德加·富尔在《学会生存——教育世纪的今天和明天》一书中指出，"科学技术的时代意味着知识正在不断变革，革新正在不断地日新月异，所以……教育应该较少地致力于传递和储存知识，而应该努力寻求获得知识的方法"。因此，本书以方法论为重点，例如第2章中的创新能力自我培养与开发的途径和方法、创新人格自我培养的途径和方法、第6章的创新技法、第7章中的创新成果转化与应用的途径和方法等内容，通过有效的、科学的方法训练，使学习者在全自动的学习过程中去感受、去探索、去体悟、去创新，达到终身学习、培养灵活多变思维方式的目的。

三是可读性强。本书时代感强，作者精心采撷了鲜活的大学生学习和生活的创新故事，讲述一批优秀的青年人成长的过程，然后饰以精妙、独到的阐发和论述，引人入胜，具有较强的可读性。同时，有经典的教学案例、配有与正文内容紧密贴合的精美图片，给学习者带来一种轻松、愉悦又富有激励的阅读感受。

本教材是编者在创新教育实践的基础上，对创新教育理论和教学方式方法的一次有益探索，这是必须肯定的。但另一方面，从一门课程教材的自身体系看，这本教材还有很多不成熟和有待完善的地方，例如有些要点论述不够深入、不够全面，有些实践活动对场地、教具要求较高等，这些问题需要在今后的工作中加以改进和弥补。

创新是一个民族的灵魂，培养和造就一大批素质优良、勇于创新的人才，是建设创新型国家的迫切需要，也是我校人才培养的根本要求。我希望黄淮学院的这几位老师，能够以其执著的研究态度和高度的学术自信，推动我国创新教育的不断发展，为国家和社会培养更多的创新型人才，为建设创新型国家做出新的更大贡献。

我相信，《创新创意基础教程》一书，无论对学生或者教师，都将是一把开启创新思维的钥匙，都将是一把点燃创新火焰的火炬，一定会在创新型人才培养和创新型国家建设中产生积极的促进作用。希望本书能为读者带来更多收获的喜悦！

介晓磊

2013 年 7 月 31 日

前言 Preface

建设创新型国家是我们相当长一段时间共同奋斗的目标，落实创新驱动发展战略是开启"中国梦"的一把金钥匙。创新教育是高校融入国家创新体系、培养创新人才、为创新型国家建设做贡献的重要途径。创新教育不仅仅是教育内容的增减和教学方法的改进，而且还是教育功能的重新定位。实施创新教育就是要以培养创新精神和创新人格为前提、以训练创新思维和创新技能为手段、以提高创新能力和创新管理能力为核心，带动学生整体素质的自主构建和协调发展。基于此，我和我的同事们编写了这本《创新创意基础教程》。

本书根据创新学的内在逻辑，从大学生的心理发展特点和学习习惯，以及大学生对创新教育的实际需求出发，在总结编者几年来从事大学创新教育和创新实践的指导经验以及近年来我国大学生创新状况的基础上，参考国内外创新教育的做法，较为系统地阐述了大学生创新过程中可能面对并必须准备好、把握好、处理好的一系列问题。本书主要内容可以概括为创新人格、创新思维、创新技法和创新管理等部分，共分为7章。第1章由樊慧编写；第2章、第7章由刘彦军编写；第3章由薛凡编写；第4章、第5章由范菲菲编写；第6章由杨慧娟编写；最后由谭贞修改统稿并定稿。主编和各篇章作者都是工作在教学、管理、科研一线的具有丰富教学和实践经验的教师，在编写过程中既考虑了创新教育的系统性、科学性、理论性，也突出了课程教学的实践性，深入浅出，呈现方式灵活，大量使用案例教学、实践教学和活动教学。在使用过程中，通过创新理论知识的讲授，使学生对创新有了初步的认识；通过案例教学，加深学生对创新的了解和对相关知识、技能的掌握；通过实践教学、活动教学，使学生养成创新行为和创新习惯，提高创新能力，培养创新人格。

本书在编写时以大学生为对象，摒弃学科偏见与专业限制，努力打造一本通识课程教材，力求具有较强的通用性、综合性和实用性。适合作为大学生创新教育课程教材和高校教师、管理人员的教学、管理参考书，也适合作为各行各业工作人员的培训教材和热衷创新者的自学教材。

本书在编写和出版过程中，得到了全国多位创新教育专家的关心和指导以及国内多所高校的大力支持和帮助，黄淮学院校长介晓磊教授为本书作序，机械工业出版社的编辑们为本书的出版做了大量的工作。同时，本书在编写过程中借鉴、参考和引用了大量的相关研究成果和网络资源，我们尽可能地作了说明或者列在了参考文献中，没有这些资料的积累，本书是不可能完成的。在此特向对本书的编写和出版给予关心、支持、指导和帮助的所有朋友、专家、领导表示最诚挚的感谢和敬意。

由于编者水平有限，错误和疏漏之处在所难免，恳请专家和读者批评指正。

编者
2013 年 8 月

教学建议 Suggestion

本课程是培养学生创新意识、创新精神和创新能力的课程。旨在通过课堂教学讲授创新活动一般过程的各个环节,包括认识创新(创新的概念、意义和分类)、创新能力与创新人格、创新思维与训练、创新技法、创新成果的管理与应用、创新过程等,使学生认识创新规律、掌握创新方法、开发创造潜能,从而发挥自身的主体性、主动性,开阔视野、转变观念,成为适应当前社会发展的创新人才。

这是一门实践性、应用性很强的课程,对任课教师、教学组织形式等方面提出如下建议。

1. 选择具有较高综合素养的教师授课。作为创新创意课程教师,除了要掌握广博的科学文化知识外,还要有心理学、教育学知识,擅长应用现代信息技术,紧跟时代发展潮流,才能更好地讲授这门课。

2. 采用多样化的教学模式。在整个教学过程中,要强化模块教学思想,推行实践教学方法,采用形式多样、生动活泼的教学形式,让学生"在学中玩,在玩中做,在做中学"。

- 在课堂讲授时采用多媒体授课的方式,通过影音播放、图片展示等形式多样的表现手法,将案例分析与分组讨论相结合,引导学生分析问题、解决问题,了解并参与创新过程,掌握创新方法。
- 要安排适当的实践教学辅助理论教学,如开展头脑风暴会议、举行创新创意作品竞赛等,通过体验式训练和活动,把创新理论转化为现实应用,激发学生的学习热情和创新激情,培养学生的创新创造能力。

3. 采取小班授课的形式。便于组织教学,保证教学效果。

4. 建设实践教学场地。便于进行分组讨论、组织开展创新训练和活动。

学时分配建议(供参考)

章节	教学内容	教学要点	学时分配
第1章	导论	创新的作用和意义	2
		创新概述	
		创新种类	
第2章	创新能力与创新人格	创新能力概述	6
		创新能力的培养与开发	
		创新人格概述	
		创新人格的培养与训练	

（续）

章节	教学内容	教学要点	学时分配
第3章	创新过程	心理学角度的创新过程	4
		时间和空间角度的创新过程	
		创造性解决问题的系统模型	
		创新的一般过程	
第4章	创新思维的基础理念	创新思维概述	4
		创新思维的特性	
		常用创新思维介绍	
第5章	创新思维障碍及方法训练	思维定势	6
		创新思维障碍类型	
		创新思维训练	
第6章	创新技法	创新技法概述	8
		设问法	
		列举法	
		组合法	
		移植法	
		头脑风暴法	
		TRIZ 理论	
第7章	创新成果的管理与应用	创新成果概述	6
		创新效果的预测	
		创新成果的管理	
		创新成果的转化与应用	
合计			36

目　录 Contents

推荐序
前　言
教学建议

第1章　导论 /1
　　学习要点 /1
　　学习要求 /1
　　教学原理 /1
　　1.1　创新的作用和意义 /4
　　1.2　创新概述 /9
　　1.3　创新种类 /10
　　创新思考与实践 /23

第2章　创新能力与创新人格 /24
　　学习要点 /24
　　学习要求 /24
　　教学原理 /24
　　2.1　创新能力概述 /25
　　2.2　创新能力的培养与开发 /30
　　2.3　创新人格概述 /36
　　2.4　创新人格的培养与训练 /40
　　创新思考与实践 /51

第3章　创新过程 /52
　　学习要点 /52
　　学习要求 /52
　　教学原理 /52
　　3.1　心理学角度的创新过程 /53

3.2　时间和空间角度的创新过程 /61
3.3　创造性解决问题的系统模型 /67
3.4　创新的一般过程 /72
创新思考与实践 /73

第4章　创新思维的基础理念 /75
　　学习要点 /75
　　学习要求 /75
　　教学原理 /75
　　4.1　创新思维概述 /76
　　4.2　创新思维的特性 /77
　　4.3　常用创新思维介绍 /83
　　创新思考与实践 /92

第5章　创新思维障碍及方法训练 /93
　　学习要点 /93
　　学习要求 /93
　　教学原理 /93
　　5.1　思维定势 /94
　　5.2　创新思维障碍类型 /96
　　5.3　创新思维训练 /108
　　创新思考与实践 /128

第6章　创新技法 /131
　　学习要点 /131
　　学习要求 /131
　　教学原理 /131

6.1 创新技法概述 /132
6.2 设问法 /135
6.3 列举法 /147
6.4 组合法 /153
6.5 移植法 /165
6.6 头脑风暴法 /167
6.7 TRIZ 理论 /172
创新思考与实践 /183

第7章 创新成果的管理与应用 /184
学习要点 /184
学习要求 /184
教学原理 /184
7.1 创新成果概述 /185
7.2 创新效果的预测 /190
7.3 创新成果的管理 /199
7.4 创新成果的转化与应用 /209
创新思考与实践 /214

参考文献 /215

Chapter 1

第1章

导 论

学习要点

1. 创新的作用和意义
2. 创新概述
3. 创新种类

学习要求

1. 掌握创新的不同分类，能够区分不同种类的创新，并能够举例说明。
2. 熟悉创新和与创新相似的概念。
3. 了解创新的重要性，认识到学习创新的重要性。

教学原理

1. 通过创新的作用和意义，学生们将会认识到创新不是现代的专利，作为当代大学生应该具备创新精神和素质，提高个人创新能力。
2. 通过创新概念和其相似概念的学习，帮助学生区分创新、创意、发现、发明、创业、创造六个概念，从而更好地理解到底什么是创新。
3. 通过创新从应用领域和新颖程度的不同分类，学生们能够更好地将生活中遇到创新事物、案例进行有意识的分类，并意识到创新的领域非常广泛，对于学生们来说，创新并不是遥不可及。

创新是引领世界发展的重要动力。

——习近平

创新是当今时代的旗帜。社会的发展需要创新，各个领域需要创新。创新已成为当下社会各个层次、各个领域最时髦的词汇。

例 1-1 创新之都——硅谷

硅谷（见图 1-1）是位于旧金山南端从帕洛阿尔托到首府圣何塞一段长约 25 英里的谷地，是一个由十几所大学和几千家高技术公司组成的新兴工业区。这里是激光技术、微处理机、影像游艺机、家用计算机、无线电话、袖珍计算机等新技术和高科技产品的诞生地，是世界上最大的计算机和电脑软件产地。因为制造电子元件的主要材料是半导体硅，所以人们称这个工业区为"硅谷"。

图 1-1 美国硅谷

技术创新是硅谷公司生存和发展的首要前提，也是每个在硅谷工作的技术人员的追求目标。硅谷正是以每天几十项推动世界科技发展的技术成果而确立了其世界上最大科技创新区的地位，同时也带来了巨大的经济效益。当然，硅谷的创新能力不仅仅在于它的技术创新，还在于它自己的能力开发新科技并将之商业化。

在硅谷，当创业者有了一项新的科技成果，甚至仅仅有了一个新的想法，想进行商业化的运作，最直接的办法是开办公司。另一种更为普遍的办法是一步到位的办法：首先对这个创业班子及其赖以创业的技术成果，按未来的价值进行量化，折合为若干创业股，班子里的每个成员，也要确定占股份额，并且要留出一定比例的额度给未来将加入公司的主要骨干。这就是说，创业者们一开始就明确了自己的智力投入在未来公司中将以股权形式得以回报，他们的命运从一开始就与公司的发展紧密相连。

在中国，科技人员即使有了新的概念、新的设计思想，甚至有了完整的图纸，哪怕仅仅要想制造出一台样机，也是一件很麻烦的事。但是在硅谷，专门有一种行业是创新服务业。这样的创新服务业公司，可以在一两周的时间内按照委托者的思路和要求，做出商品化的样机，并且提供全套的生产工艺、质量检测和成本核算资料，大大缩短了梦想变为现实的周期。有的公司更加专业化，专门从事某一件事情，如线路设计、器件选择或外观创意等。这件事情对企业缩减人员、降低开支、加快研究开发速度十分重要，对于创新型的科技公司更是意义重大。专业化有利于降低成本、提高效率，而市场需求就是商机，这是大家都懂的原则，这些原则在硅谷得到了充分的演绎。

另外，硅谷的起步和发展，得益于当地的大学特别是斯坦福大学、加利福尼亚大学伯克利分校等重点大学。硅谷的大学已经成为创新者的摇篮。许多大学不但鼓励科技人员进行技术创新，而且进一步实施了许多鼓励科技人员创立科技产业的政策。当然，最重要的还在于它的机制先进，科技创新首先要进行机制创新，这是硅谷之所以能独占鳌头的重要原因。

硅谷是美国重要的电子工业基地，一个世纪以前，这里是一片果园和葡萄园，但是自从 IBM 和苹果公司等高科技公司在这里落户之后，它就成了一座繁华的市镇。在短短的十几年之内，硅谷出了无数的科技富翁。这一切都源于创新。创新是创造财富的源泉，创新是社会进步的力量。

作为社会未来发展中坚力量的大学生来说，认识创新、学习创新、提高创新能力迫在眉睫。现在越来越多的高校开始注重学生创新能力的培养，通过各种途径、调动各种资源，给学生创造充分的条件来培养和激发他们的创新能力。

例 1-2　　大学创意点专卖学生创意作品

在杭州中山中路 377 号，有一家特别的"创意工坊"，里面卖一些手工设计制作的陶瓷道具、艺术挂件、布玩偶、牛皮钱包……

这家店是一所大学——浙江工业大学之江学院开的，供货商主要是之江学院创意设计分院的学生，商品就是学生的设计作品。

店门口写着：浙江工业大学之江学院创意设计分院创新创业中心。远远就能发现它的不一样：机器人站岗，机器狗迎客，再往里看，一些表情夸张、搞笑的玩偶躺在柜台里，很有趣。"店长"陈云英是之江学院工业设计系的毕业生，现在为在读研究生。因为她一般是双休日上课，所以受聘于学校，负责管理店铺。店铺约 35 平方米，产权属于学校。按这个地段的平均租金算，要租下这样一间店面需要一年一二十万元。这是学校提供给学生的一个平台，学生有作品可以送过来，自己定价，上柜销售，不需要交纳管理费用。

货品半个月更新一次，一般上架后半个月就知道好不好卖，如果过了半个月还没卖出去，会通知学生过来自己促销。从试营业到现在，基本每天都有作品成交，双休日最好卖。卖得最多的是陶瓷首饰，9～85 元一只，还有陶瓷玩偶，188～300 元不等。因为是全手工，不像机器批量生产，所以大家很看好，一些人过来一买就是三四个。现在店里除了之江学院的学生作品，还有浙江大学、中国美院、中国计量学院学生的作品。店里还有 10 个大块头变形金刚，是老师的设计作品，都是用废旧机器零部件组成，非常吸引眼球。大的比真人大，小的半米高，很逼真。"小变形金刚 4 000 多元，如果定做还不够。变形金刚里的'机器狗'9 600 元一只。"陈云英说,"一些酒店、商场开业都会来租的,很受欢迎。"

资料来源:杨敏.创新与创业指导[M].杭州:浙江大学出版社,2011.

不管是美国硅谷,还是学生创办的"创意工坊",都是创新社会的缩影。

1.1 创新的作用和意义

创新并不是当代的专利。关于创新,自古有之。历史和实践证明,创新是文明进化的催化剂,是历史飞跃的加速器,是事业成功的突破口。

1.1.1 创新是文明进化的催化剂

人类社会发展的历史就是一部创新创造的历史,在几百万年中,人类经历了6次大的技术革命(见表1-1)。

表1-1 六次技术革命

阶　段	时　间	标　志
第一次革命	200 万年前	人类开始学会使用工具
第二次革命	50 万年前	人类学会了使用火
第三次革命	1.5 万年前	人类发明了犁,开始了大规模农业耕作时代
第四次革命	1750～1850 年	蒸汽机和内燃机的发明,人类近代第一次工业革命
第五次革命	1850～1890 年	电动机的发明与应用,人类近代第二次工业革命
第六次革命	1940 年至今	大规模集成电路的应用、计算机的发明、激光的应用等,人类近代第三次工业革命

资料来源:http://wenku.baidu.com/view/609501c50c22590102029d99.html.

在人类的蒙昧时期,人们对于"采集、打猎、防卫"的需要,促使人们创造出了人类第一种创造性成果——石器,比如将石块打碎用的砍砸器、刮削器、切割器等。随着石器的广泛使用,在偶然的情况下,人们发现将合适的两块石头相互撞击就会产生火花,于是开始使用火引燃木屑,随后又发明了弓箭,并产生了语言,开创了人类社会最初的文明。到了 18 世纪,伴随着纺纱机和动力织布机的发明,社会对动力的要求非常迫切,于是人们根据已发现的热力学规律产生了一系列蒸汽机的发明。瓦特经过艰苦的努力,发明出带有单独冷凝器的蒸汽机,通过改良结构、提高效率又取得了四项专利,使蒸汽机迅速在各个工业部门得到应用,进而促使能源、冶金、交通运输等各个领域都发生了翻天覆地的变化,引起了第一次工业革命。19 世纪,装订工出身的法拉第发现了电磁感应的客观规律,并设计制造出世界上第一台发电机,从而引发了一系列诸如电话、电动机、无线电报等电气设备的重大发明,从而引起了第二次工业革命。自从 1945 年第一台计算机诞生,人类社会进入了一个新的时期,也就是数字化信息时代。

可以看出,从原始社会到现代社会,人类大约 100 多万年的历史,就是一部不断征服自然、改造自然的创新史。

1.1.2 创新是历史飞跃的加速器

社会的进步离不开创新的作用，没有创新，社会将止步不前。在人类历史发展史上，涌现出一大批人类的宝贵精神财富。

1. 马克思、恩格斯的《资本论》

马克思的《资本论》(见图1-2)也揭示了人类社会的进化规律，这是马克思用一生的心血写成的一部伟大的科学巨著，它第一次深刻地分析了资本主义的全部发展过程，以数学般的准确性证明这一发展的方向必然引导到社会主义革命和无产阶级专政的确立，并首次将经济和历史联系在一起，为无产阶级革命指明了正确的方向，具有划时代的重要意义。

图 1-2 《资本论》

《资本论》是马克思"整个一生科学研究的成果"，它凝聚着马克思的全部心血和智慧，是贡献给全世界无产阶级的一部最重要的科学文献。《资本论》武装了无产阶级，成为无产阶级进行革命斗争强有力的理论武器。同时对资本主义进行了彻底的批判，资本主义却从《资本论》中汲取营养，客观上促进了资本主义在自身范围内的进一步发展。马克思认识到经济过程是动态的，经济周期是存在的，据此发展了关于经济活动的封闭理论。他同时还是第一个将经济和历史联系在一起的经济学家，而《资本论》就是他这种创举的体现。

《资本论》方法的最大特色，就是把辩证法、认识论和逻辑有机地结合起来，融为一体。马克思运用抽象上升到具体、逻辑与历史一致的方法，对资本主义社会矛盾运动进行辩证分析，丰富和发展了马克思主义辩证法。在《资本论》第一卷中，马克思全面系统地分析了资本主义基本矛盾的产生、发展和克服的过程，深入详尽地阐明了唯物辩证法关于对立面的统一和斗争的学说，表明了唯物辩证法的实质。

2. 列宁提出无产阶级革命可以在帝国主义阵线最薄弱环节的一个国家首先取得胜利

1915年8月，列宁在《论欧洲联邦口号》一文中写道，"经济和政治发展的不平衡是资本主义的绝对规律。由此就应得出结论：社会主义可能首先在少数甚至在单独一个资本主义国家内获得胜利"。

帝国主义经济政治发展的不平衡规律，是社会主义可能在一国或数国首先胜利的科学依据。列宁指出：经济政治发展不平衡是资本主义的一个规律，到了帝国主义时代，这种不平衡会进一步加剧。与资本主义经济政治发展不平衡规律相联系的是帝国主义体系的薄弱环节。资本主义经济政治发展的不平衡规律必然导致帝国主义战争，帝国主义统治的薄弱环节则提供了社会主义革命胜利的机会。第一次世界大战期间，俄国成为帝国主义体系的薄弱环节。战争夺去了几百万俄国人的生命，严重破坏了俄国经济，劳动人民挣扎在死亡线上，大资产阶级和封建地主阶级却通过战争大发横财。人民群众再也不愿按照旧生活生活下去了，统治阶级也不能照旧传统统治下去了。俄国成了当时帝国主义一切矛盾的集合点，以列宁为首的布尔什维克党利用战争给俄国带来的革命形势，领导俄国人民取得了十月社会主义革命的胜利。俄国十月革命的胜利，证明了列宁关于社会主义在一国或数国首先胜利论断的正确性。

3．毛泽东的"农村包围城市，最后夺取城市"

"农村包围城市，最后夺取城市"的革命道路（见图1-3），是以毛泽东为代表的中国共产党人在领导中国革命实践中逐步摸索出来的一条具有中国特色的发展道路。其基本内容是：中国民主革命首先在敌人统治力量比较薄弱的农村，发动农民武装暴动，建立人民军队，建立革命根据地，把武装斗争、土地革命、建立政权结合起来，使之建成支持长期革命战争的战略基地。依托根据地积累发展革命力量，随着革命战争、人民武装和根据地的发展，逐步造成农村包围城市的战略态势，最后夺取全国胜利。

图1-3　毛泽东在秋收起义会师大会上

农村包围城市表面上看着很奇怪，实际上却有很多精妙之处。首先是创新意识，农村包围城市这一理论本身是一种创新，创新意识可以说是社会前进的动力所在。第二便是一切从事物的实际情况出发。第三是极为重要的农民问题。我国几千年来都是农业大国，农民一直占我国人口的大多数，重视农民才能保证国家的稳定。农村包围城市就是意识到农民问题的关键性，使中国共产党赢得了广泛的群众基础，让农民发挥出巨大的潜力。现在国家仍在不遗余力地解决农民问题，科技上杂交水稻的应用使农业增产，政策上取消农业税，开展下乡扶贫活动，鼓励农民进城打工，以使广大农民能够富裕起来。但如今很多农民的收入仍然偏低，这不得不引起我们的关注。发达国家农业的高科技化应该是我们前进的方向，这将有助于农民问题的解决。

农村包围城市不仅在历史上起到了重要的作用，即使在今天，仍然具有不可估量的作用，在各个领域的现实意义将是深刻而久远的。该理论可以更好地指引我们搞好"社会主义新农村"建设，更好地促进全面小康社会的实现，更好地加快"三农问题"的解决。

4．邓小平的"一国两制"

邓小平"一国两制"是具有重要意义的历史创新。香港回归（见图1-4）、澳门回归后的事实充分证明，"一国两制"方针是正确的，具有强大的生命力。

"一国两制"在解决香港、澳门问题中的成功运用，为解决其他历史遗留问题提供了可供借鉴的宝贵经验，使人们相信"一国两制"同样能够成功地解决台湾问题。香港回归5周年之际，曾经直接参与中英香港问题谈判的英国前副首相杰弗里·豪在接见新华社记者采访时指出,"一国两制"方针是史无前例的惊人之举,在解决香港问题过程中发挥了关键作用。"一国两制"的构想得到成功实施,对台湾同胞产生了积极的影响,越来越多的台湾同胞从中理解了"一国两制"的精神和益处,近年来,台湾同胞中认同"一国两制"的人数明显上升就是最好的证明。

图1-4 中英两国政府香港政权交接仪式

1.1.3 创新是事业成功的突破口

从古至今,创新都是事业成功的突破口。没有创新,事业将很难成功。这样的案例有很多,下面简单列举几个耳熟能详的故事。

例 1-3　　　　　　　　牛顿发现了万有引力

1666年,23岁的牛顿还是剑桥大学圣三一学院三年级的学生。看到他白皙的皮肤和金色的长发,很多人以为他还是个孩子。他身体瘦小,沉默寡言,性格严肃,这使人们更加相信他还是个孩子。他那双锐利的眼睛和整天写满怒气的表情更是拒人于千里之外。

黑死病席卷了伦敦,夺走了很多人的生命,那确实是一段可怕的日子。大学被迫关闭,像艾萨克·牛顿这样热衷于学术的人只好返回安全的乡村,期待着席卷城市的病魔早日离去。在乡村的那段日子里,牛顿一直被这样的问题困惑:是什么力量驱使月球围绕地球转,地球围绕太阳转?为什么月球不会掉落到地球上?为什么地球不会掉落到太阳上?

在随后的几年里,他不断地思考这些问题。有一天,坐在姐姐的果园里,牛顿听到熟悉的声音,"咚"的一声,一只苹果落到草地上(见图1-5)。他急忙转头观察第二只苹果落地。第二只苹果从外伸的树枝上落下,在地上反弹

图1-5 牛顿坐在苹果树下思考

了一下，静静地躺在草地上。这只苹果肯定不是牛顿见到的第一只落地的苹果，当然第二只和第一只没有什么差别。苹果落地虽没有给牛顿提供答案，但却激发这位年轻的科学家思考一个新问题：苹果会落地，而月球却不会掉落到地球上，苹果和月亮之间存在什么不同呢？

第二天早晨，天气晴朗，牛顿看见小外甥正在玩小球。他手上拴着一条皮筋，皮筋的另一端系着小球。他先慢慢地摇摆小球，然后越来越快，最后小球就径直抛出。

牛顿猛地意识到月球和小球的运动极为相像。两种力量作用于小球，这两种力量是向外的推动力和皮筋的拉力。同样，也有两种力量作用于月球，即月球运行的推动力和重力的拉力。正是在重力作用下，苹果才会落地。

牛顿首次认为：重力不仅仅是行星和恒星之间的作用力，有可能是普遍存在的吸引力。他深信炼金术，认为物质之间相互吸引，这使他断言：相互吸引力不但适用于硕大的天体之间，而且适用于各种体积的物体之间。苹果落地、雨滴降落和行星沿着轨道围绕太阳运行都是重力作用的结果。

人们普遍认为，适用于地球的自然定律与太空中的定律大相径庭。牛顿的万有引力定律沉重打击了这一观点，它告诉人们，支配自然和宇宙的法则是很简单的。

牛顿推动了引力定律的发展，指出万有引力不仅仅是星体的特征，也是所有物体的特征。作为所有最重要的科学定律之一，万有引力定律及其数学公式已成为整个物理学的基石。

资料来源：http://wenku.baidu.com/view/3138717231b765ce05081431.html。

创新故事 ▶ 尤伯罗斯成功举办了洛杉矶奥运会

尤伯罗斯在没有任何政府资助的情况下，首创了奥运会商业运作的"私营模式"，成功举办了1984年洛杉矶奥运会（见图1-6），改变了以往奥运会"赔本赚吆喝"的历史，并创造了2.25亿美元的盈利，把奥运会变成了人见人爱的活动。

20世纪70年代，尤伯罗斯是北美第二大旅游公司的老板，但除了在业界，几乎没有人听说过他。虽然他曾经投票反对把纳税人的款项用于奥运会，不过因为他爱好体育，具有创建、发展和管理大型企业的经验，并精通全球公关事务，因此被一家名为科恩-费里国际公司的体育经纪公司相中，游说他参与竞争洛杉矶奥运会组委会主席的职位，并一举成功。

尤伯罗斯上任之初，没有人愿意租办公室给奥组委，因为担心他们付不起房租，他不得不自掏腰包，拿出100美元为奥组委开了个账户。当时奥组委可谓困难重重，因为洛杉矶市政府禁止动用公共基金，加利福尼亚州又不准发行彩票，

图1-6 洛杉矶奥运会开幕前，时任奥组委主席尤伯罗斯（右）和时任国际奥委会主席萨马兰奇巡视主会场

资料来源：《南方都市报》

而两者都是奥运会筹款的传统模式。精于算计的尤伯罗斯于是用上了他所熟悉的种种商业手段：出售奥运会电视转播权，获 3.6 亿美元资金；与可口可乐等公司大打心理战，赢得超出预计的 860 万美元赞助费；甩掉只肯出价 100 万美元的柯达公司，接受日本富士公司 700 万美元的赞助合同；等等。比起 1980 年莫斯科奥运会的 381 家赞助商，此次共有 30 家赞助商赞助洛杉矶奥运会。但 1980 年奥运会的 900 万美金赞助，却仅仅相当于此次可口可乐公司一家的赞助。尤伯罗斯的一系列措施，改变了奥运会赔钱的历史。更重要的是：尽管洛杉矶奥运会受到了苏联等国的抵制，尤伯罗斯的努力让包括罗马尼亚、中国在内的 140 多个国家和地区参加了比赛，并为 1988 年汉城奥运会的成功举办奠定了基础。正是因为尤伯罗斯对现代奥运会做出的突出贡献，1984 年他获得了国际奥委会颁发的杰出奥运组织奖。

资料来源：http://baike.baidu.com/view/404796.htm。

创新是文明进化的催化剂，是历史飞跃的加速器，是事业成功的突破口。在当代，创新更是民族强盛的根本、社会发展的动力、个人成功的关键。

创新让生活更美丽，学习创新学是提高大学生创新能力的一个重要途径。

1.2 创新概述

1.2.1 创新的概念

创新概念包含的范围很广，可以说各种能提高资源配置效率的新活动都是创新。
- 创新是开发一种新事物的过程。
- 创新是创造力的实施。
- 创新是新创意的认知。
- 创新是指新事物本身。
- 创新是指从新想法到行动。
- 创新是"新观点的成功利用"。

……

狭义来说，创新是经济学的概念。广义来说，创新既包括一切从无到有的创造，也包括一切比以前既有的东西具有新形式、新内容的新东西。它既可以是一个以技术为内涵的创新，如产品创新、工艺创新、原材料创新、市场创新、管理创新，也可以是一个非技术内涵的创新，如制度创新、政策创新、组织创新、文化创新、观念创新等。

1.2.2 创新与其相似概念的区别

与创新相似的概念有很多，比如创意、创造、发现、发明、创业等。

第一，创意。创意主要指人的智慧，是一种能创造物质财富和精神价值的思维，创意最基本的含义就是创造性的主意，也就是通常说的好点子，同时又是产生这个点子的逻辑思维过程。但创意往往更多的是早期的构思，而并非一种真实的产品。比如，在马车上安装喷气发动机。好的创意，最终会引导出创新的结果。如果一个好的创意并没有付诸实施，只是停留于口头或纸面，则只可能是创意，但不会形成创新的结果。

第二，创造。创造从字面上理解，就是指"第一次提出、造出的东西"，也就是人首次产生崭新的精神成果或物质成果的思维与行为的总和，其特征表现为首创。比如科学的发现、技术的发明、文学艺术上的创作等，都是创造性的活动。

第三，发现。发现是"第一次明确表述早已存在的客观事实、规律与现象"，属于认识世界性质，从而获得天然性的成果。比如火就是发现，因为火本是一种自然存在。再比如，牛顿发现万有引力、法拉第发现电磁感应现象、门捷列夫发现元素周期规律等。

第四，发明。发明"是通过思维或实验过程首先为一项科学或技术难题找到或发现了解决方案、解决方法"。属于改造世界性质，获得非天然性成果。比如弓箭就是发明，因为弓箭不是天然存在的，而是人们创造出来的。再比如，五笔字型输入法、电动自行车、手机、人造卫星、数控机床等。

第五，创业。创业是指创新的实践性应用。这个概念比较好理解。比如，"苹果皮之父"潘泳的奋斗过程。

创新、创意、创造、发现、发明、创业这六个概念既相互区别，又相互联系。而且六个概念的界限并不是非常明确，有时会出现重合，比如发明和发现就可以说是创造，创意、发明、发现往往是创新的前期阶段。

通过比较说明，创新不仅包括研发阶段，还包括推广阶段。创新是充分运用发明、发现等，将其转化为市场中可交易的商品。直白地说，创新是把作坊或实验室中诞生的成果投放到市场中去。只有当新的东西出现在消费市场或以新的方式被生产出来时，才可以称为创新。

1.3 创新种类

创新的规模和种类各不相同，对这个词的理解有时候又因人而异，把创新的理解统一起来就不是一件易事。因此，从分类入手，把创新进行归类，对每种创新做仔细的分析，以便于理解整体意义上的创新。

1.3.1 创新的形式

这种分类是以创新的应用方式为依据的，即创新被应用在哪些领域或哪些地方，我们把创新的主要应用领域分为三部分：产品、服务和工艺。

1. 产品创新

在公众的印象中，产品创新越来越多，特别是消费者产品大概是最为引人关注的创新应用，其中有个例子就是詹姆斯·戴森发明的无袋式吸尘器。

创新故事　　　　　**詹姆斯·戴森发明无袋式吸尘器**

詹姆斯·戴森，被英国媒体誉为"英国设计之王"。他是除维珍集团的理查德·布兰森外，最受英国人敬重、富有创新精神的企业家。他所发明的双气旋系统（见图1-7），被看作自1908年第一台真空吸尘器发明以来的首次重大科技突破，彻底解决了旧式真空吸尘器气孔容易堵塞的问题。如今，这一吸尘器已成为英美日澳等国吸尘器市场的老大。

凭借这个发明，戴森一跃成为亿万富翁。但锐意创新的戴森，并不满足于目前的成就。在他的领导下，由1 200名科学家和工程师组成的庞大发明团队，仍在致力于数字发动机、洗衣机乃至吸尘器本身的发明和革新。

英国发明家詹姆斯·戴森，自称是自披头士乐队后征服美国大陆的第一位英国人，他是靠吸尘器征服的。进军美国市场不到两年，他的革命性发明就帮助他打败了盘踞市场近100年的胡佛牌吸尘器，成为美国家用清洁品市场的No.1，销售量占到美国巨大的吸尘器市场份额的21%。连美国前总统克林顿也是他的忠实用户。

图1-7　戴森和他的吸尘器

戴森毫不掩饰自己的得意："一个名不见经传的公司，凭借一个长相如此另类的产品，能在如此短的时间内成为美国市场同类产品中的龙头老大，实在让人惊讶不已。我一直在绞尽脑汁地思考：披头士后到底还有没有别的英国人能如此成功，最后还真没想出第二个。"

可以说，戴森在美国刮起了一股"戴森旋风"。戴森牌真空吸尘器价格高达450美元，是对手产品价格的3倍还多。即便如此，通过一些脱口秀节目的大力推介，拥有戴森牌吸尘器在美国一度成为一种时尚。此外，在英国、澳大利亚和日本，戴森牌吸尘器都稳坐市场份额的头号交椅。

几年前，詹姆斯·戴森在英国女王伊丽莎白二世面前弯腰，接受英国王室授予的最高荣誉。他听见女王问他是做什么的，于是告诉她，自己是戴森牌双气旋吸尘器的发明者。"真的吗？"女王惊讶地说，"王宫里用的都是这种吸尘器。"

英语中有句古谚：需要是发明之母。这话用在双气旋真空吸尘器的发明上一点没错。1978年，31岁的戴森已是三个孩子的父亲。他们一家人居住在一间满是尘土的农舍里，家里有一台破旧的胡佛牌真空吸尘器。有一天，这台吸尘器又坏了，喜欢钻研的戴森决定自己动手修理。拆开吸尘器后他发现，自己遇到的是自吸尘器1908年问世以来就未解决的简单问题：当集尘袋塞满脏东西后，就会堵住进气孔，切断吸力。

一开始，戴森研制了几百个模型后都没有成功。换作别人，或许早就中途放弃了，但戴森没有。他意志坚定、永不言输，哪怕背负高息银行贷款，戴森还是用5年的时间，在研制了5 127个模型后，发明了不需集尘袋的双气旋真空吸尘器，引发了真空吸尘器市场的革命。

　　双气旋的创意，是从另一个发明中得到启示的。戴森在生产自己发明的"球轮"手推车的厂房里也遇到过同样问题——风道里的过滤器，经常被各种塑料颗粒堵住。同事建议他安装一台工业用吸尘器以清除这些颗粒，为节省下13.4万美元的费用，戴森自己做了一台：他用钢板焊了一个直径9米的圆锥，利用风扇将塑料颗粒吸到里面。塑料颗粒在离心力的作用下被甩到一侧，干净的空气在另一侧进入风道。这套装置的效果非常好，戴森又用同样的方法制作了一套小型的，将它装进了胡佛牌吸尘器里，从此再也没有发生气孔被堵住的情况。

　　1983年，戴森制造出自己的第一台吸尘器样机。这台非常具有后现代色彩的粉红色产品，被命名为"G-Force"。此后，戴森开始在英国和欧洲寻找合作伙伴。然而，意想不到的困难出现了。由于集尘袋生产和销售在当时的欧洲是个不小的产业，有10亿英镑的产值。在市场利益驱动下，业内人士纷纷选择维持现状，对戴森的新发明敬而远之，戴森竟找不到一个合作者，他的公司曾一度接近破产。

　　但戴森把永不放弃当作人生信条。1985年，他带着自己的产品来到日本，寻找合作对象，没想到双气旋吸尘器在日本受到意想不到的欢迎。1986年，日本开始销售G-Force。1991年，这一发明获得了日本举办的国际设计博览会大奖。在日本，拥有一台G-Force成为有钱人身份的象征。

　　1993年，戴森在英国开设了研发中心和工厂，戴森牌吸尘器开始迅速占领英国市场。如今，戴森的公司已成为国际性的家电设计制造公司，产品在全世界37个国家销售，公司收入的90%以上来自真空吸尘器。为了革新，戴森公司雇用了1 200名科学家和工程师。近期，戴森的公司又推出了新一代球形吸尘器 TheBall 作为双气旋吸尘器的换代产品，为此戴森公司投入5 000万英镑的科研资金。

　　戴森出生于1947年5月2日。戴森说他成功的契机来自父亲的突然死亡。他的父亲是一名教授古典文学的教师，但在戴森9岁时死于癌症。当时，戴森正在父亲任教的那所寄宿学校读书，父亲的去世让他丧失了以前的待遇。他说："我感到了待遇的差别和标准的降低，从那时起我就明白，我必须自我奋斗，于是我变得非常具有竞争意识。"他开始参加长跑、学习吹奏低音管，努力证明自己。最后，他考入皇家艺术学院，学习家具设计和室内设计。毕业后，他来到特伦斯·康伦设计集团工作。他的老板康伦这样评价他："我想他已经通过他在全世界的成功，证明了自己的发奋成功的决心。他是一个思想专一的人，但同时懂得享受生活的必要。他并不是一个工作狂，而是很会生活的人。他会跑到在法国的私人别墅度假，对园艺也非常感兴趣，爱好广泛。"

　　其实，戴森之所以被尊为"英国设计之王"，是因为他的重大发明创造不止双气旋吸尘器一项。1966～1970年，戴森就读皇家艺术学院，学习家具设计和室内设计。学习期间他就从事许多设计活动，有过一些设计与发明。

　　由他设计的名为"海上卡车"的汽艇，获得设计协会奖和爱丁堡公爵特别奖，如今这一汽艇在利比亚等国家被广泛使用。1974年，戴森开始自行设计球轮小推车，该小推车获得了1977年的建筑创新奖。

2004年，戴森公司的数字发动机和双气旋吸尘器的改进版，被《大众科学》评选为"2004年度100项最具创新意义的科技成果"。戴森的创新精神，赢得了英国公众的喜爱，成为布莱尔首相最欣赏的企业家之一。戴森现任英国设计协会主席，是政府发明方面的顾问。双气旋真空吸尘器的发明，让58岁的戴森拥有了8亿英镑身价，在英国富人榜上名列第37位。

资料来源：http://homea.people.com.cn/GB/41393/4178030.html。

吸尘器是家居日用品，大家对这种创新产品在生活中的应用非常熟悉，以此为例来说明产品创新再合适不过了。工业设计师和创业者戴森在设计他的第一台吸尘器戴森001时，已经预想到他的产品会成为每家每户的必需品。

从商业的角度来说，产品创新的吸引力在于一个新产品会促使消费者产生购买欲，所以安索夫把"产品开发"作为未来企业发展的四大战略之一。当然，产品创新并不一定是日用消费品，也可以是机械设备等工业用产品。产品创新包含的范围很多，可以是技术要求很高的产品，也可以是体现创意的小工艺品。

例 1-3　耳机绕线器

耳机平时不容易存放，用这种小物件（见图1-8）可以将耳机缠绕起来，方便存放。这也属于产品创新，但技术含量并不高。

2. 服务创新

服务创新表现为新的服务应用，它和产品创新一样重要，却常常被忽视。原因之一是它们往往不具备很强的轰动效应，不那么令人耳目一新，就创新而言，公众更容易把发明等同于创新，发明的新颖性较强，发明的产物常常是产品。

图 1-8　耳机绕线器

服务创新通常体现在用一种新的方式提供服务，如通过一种完全不同的商务模式，有时候甚至能创造出一种崭新的服务。

例 1-4　"直线"电话保险业务

"直线"电话保险业务是服务创新的一个例证，曾几何时，保险业务是通过路边门店、上门推销、邮递或中间人（也称保险经纪人）等方式来展开业务的。但是"直线"电话保险业务的创建人彼得·伍德意识到，只要有合适的在线网络服务，完全有可能把当中那些成本高、见效慢的中间过程精简掉，直接在电话中与客户交易。最近几年网络和通信业务的发展使很多类似于"直线"业务的服务创新萌生出来，新技术不仅被用来为客户提供更好的服务，还使服务供应商通过降低成本提高了生产力。

资料来源：史密斯. 创新 [M]. 秦一琼，等译. 上海：上海财经大学出版社，2008.

例 1-5　　　　　　　　　　　　　"代客泊车"

"代客泊车"在国人眼里是个新名词。近年来，随着有车族逐渐增多，去商场购物时停车难变成了突出的问题，尤其在北京、广州等大城市，这一矛盾更为突出。北京赛特购物中心为了解决这一矛盾，从1996年8月开始，便推出一项名为"代客泊车"的服务方式：顾客来此购物，无需再为停车难发愁，只要将车交给泊车员，便可以放心地去购物。泊车员会把车安全地停放在地下车库内，待顾客购物以后再凭牌取车，且手续简便，顾客只需付一元的存车费。赛特购物中心实行这项服务完全不是为了赚钱，而是要更好地树立企业形象。可以说，在国内提供此项服务的商家中，赛特是第一家。

资料来源：http://wenku.baidu.com/view/0445c11fb7360b4c2e3f64b5.html.

有时候，创新是创造一种前所未有的服务方式。网上拍卖行 eBay 以及网上结算行"最后一分钟"都属于这种创新，还有联邦快递公司，是弗雷德里克·W.史密斯的创新结晶，虽说仍属于已经颇为成熟的包裹运输业，但史密斯首先想出了用中心辐射系统来隔日递送包裹。公司白天收取包裹，之后用卡车把它们运送到机场，在那里进行分理，然后连夜装上飞机，飞往各个目的地，到达当地的处理中心，第二天派送到客户的手中。

3. 工艺创新

工艺创新虽然排在第三位。但是，工艺创新对社会的影响却比前两者大。19世纪早期在英国诺丁汉本地和周围地区出现过一阵反机器运动，那些在家庭作坊里劳动的织袜工人经常发起暴动，砸坏工厂里更高效的新机器，他们害怕这些新机器会抢夺他们的生计。工艺创新对社会产生的影响力可见一斑。尽管工艺创新的知名度远没有产品创新高，但工艺创新的例证却比比皆是，其中不乏一些对社会产生重大影响的创新。

创新故事　　　　　　　　　　　　复印机的发明

切斯特·卡尔森12岁时，长得又瘦又高。为了帮助父母养家糊口，他在加利福尼亚州圣贝纳迪诺干零活。14岁那年，他挑起了抚养双亲的重担，每天早早就得起床，上学前先去商店擦玻璃橱窗，下午还得去银行和报社打扫，每星期六要从早晨六点一直忙到晚上六点。他的父亲是一位流动理发师，由于关节炎和肺病而无法工作。母亲也患有肺病，长年卧床不起。他俩就生了卡尔森这一个孩子。

生活上的重担压得卡尔森喘不过气来，许多小孩子处于这种压力下早就退学了。但是，卡尔森顶住了。当他念初中时，除了看门的工作外，还在印刷厂当学徒。高中时他除了继续干擦洗玻璃窗、打扫地板等活计外，还利用星期六和星期天在化学实验室工作。

他先进入里弗赛德专科学校学习，然后又在加利福尼亚州理工学院念书。他艰苦奋斗了5年，可是，他却欠了1 400美元的债。

1930年，工作特别难找，卡尔森给82家公司写求职信，但只有两家公司给他复函，还表示不能雇用他。最后，卡尔森总算在纽约一家电子公司的专利部门找到了一个固定的工作。在那儿复制文件和图表之类的麻烦事给他留下了不可磨灭的印象。

手稿必须重新打印出来，图表得送到照相复印公司去复印，这既花钱又费时间。他心想如果在办公室里有一架机器，只要把原文本塞进这架机器里，一按电钮就可得到一模一样的复本，那该有多好呀！1935年，他开始着手研制这种机器。当时人们同现在一样，总认为没有设备完善、规模巨大的实验室就不可能有重大发明。29岁的卡尔森，瘦瘦的个子，虽然两眼近视，却是位意志坚强、锲而不舍的人。他单枪匹马埋头干了3年，细心观察光怎样作用于物质，不断探索图像从一张纸传到另一张纸上面的独特方法。星期六、星期天和平日的晚上，纽约公共图书馆内都留下了他勤奋学习的身影，甚至在地铁里他也在思考问题。对他来说，时间永远不够用，因为他身负三副重担：白天他得努力工作来保住饭碗；夜晚去夜校读书，以便取得学位；百忙之中还要实现他的夙愿——研制复印机。通过理论上的探索，他终于掌握了静电学。1937年，他正式提出申请，要求获得"静电摄影法"的专利权。卡尔森确信他已掌握了静电复印的基本概念，但他还得把理论用于实际。他便把自己唯一的一间起居室的壁橱改成临时实验室，但结果证明它不能适应实验需要。因此，他在长岛的阿斯托里亚租了一小间简陋的房子，在里面配备了实验用的物品。另外，他节衣缩食，用节省下的钱雇了一位实验助手，帮他一起做实验。

1938年10月22日，在这间简陋的房间里，卡尔森用墨水在一块玻璃板上书写了"阿斯托里亚1938.10.22"几个字，又用一块布手帕在涂硫金属板上拭擦，使它带上电荷，然后隔着写有字的玻璃板，在泛光灯下将这块金属板曝光3秒钟，又在板上显示出来了。接着卡尔森又把一张蜡纸平压在涂硫的金属板上，纸上也复印出了相同的字。这就是世界上最早的静电复印，以后这种方法被命名为"静电印刷术"。然而，对卡尔森来说，以后几年的经历并不是一帆风顺的。根据他的图纸设计生产的各种复印机总不能使他满意。他想方设法推广这种机器，以引起人们的注意，可是他发现人们对他的发明漠不关心。1939～1944年，包括雷明顿·兰德和IBM公司在内的20多家公司拒绝接受卡尔森的新产品。尽管美国全国发明者理事会看到复印机的需要，但却否定了卡尔森的制作法。

卡尔森仍不断地向四处发信，打电话，以加强他的专利权地位。1944年，他专程到俄亥俄州的哥伦布市向非营利性工业研究机构巴特尔纪念学院演示了他的制作法，"巴特尔"表示同意从事复印机的发展工作，但要卡尔森将收益的60%付给学院。然而，制造商对此仍毫无兴趣。其中有的人把卡尔森制作法称为"粗糙或玩具式器具"。

根据合同，当"巴特尔"用于研究静电复印机付出的费用超过某个限度时，卡尔森就得多付15 000美元。卡尔森取出自己的银行存款，好言劝其亲属慷慨解囊，帮助他凑足资金。不久，势头开始变了。纽约罗彻斯特的一家小公司开始为卡尔森作小笔推销。1947年4月，卡尔森收到了巴特尔公司汇出的第一张2 500美元专利支票。但直到1950年，静电复印机才在市场上出售。此后又过了10年，该公司生产了914型书桌大小的复印机，人们只要一按电钮就可以在一般的纸张上得到干印复本。

当时，在市场上出售的复印机有好多种型号，其中有伊斯门柯达克公司的一种采用化合显影剂的"湿写"复印机和明尼苏达矿业公司的一种利用红外线灯光热量在纸上形成图像的"热写"复印机。而静电复印机突出的优点是：这种复印机用干写法，不需要化学药品或特殊的纸张，而加工出的复印件质量特别好。

静电复印机（见图1-9）在我国是20世纪70年代后期被广泛地应用起来的一种复印工具。它作为现代办公用品大踏步地走进办公室，日益受到人们欢迎。

图1-9 切斯特·卡尔森和他的静电复印机

资料来源：http://www.docin.com/p-640472718.html。

切斯特·卡尔森发明的复印机听上去并不是一个很了不起的革新，但对办公室行政系统的管理却意义重大。只要看一下复印机出现故障时办公室乱套的样子，就会意识到我们非常依赖它。

阿拉斯泰尔·皮尔金顿开发的"浮法玻璃"生产工艺更是鲜为人知，但也对社会做出了重大的贡献。用这种工艺生产平板玻璃是把玻璃提取出来放在熔化的锡床上。在这种新工艺出现之前，做橱窗玻璃或办公室玻璃窗所用的平板玻璃的制造成本很高，而且质量差，因为当时唯一能够使玻璃表面平整的方法是打磨和抛光。而一次成型的"浮法玻璃"制造工艺却省却了耗时耗力的打磨和抛光流程，大幅度降低了成本。建筑师和地产商在建造新楼时可以指定使用大块的玻璃，而之前由于成本的原因会非常谨慎。最近30多年间，办公楼、宾馆、机场和大型商场都大量采用了玻璃幕墙。

在我国工艺创新的类似案例也有很多。

例1-6　"青蒿素"的提取

我国中医临床治疗从中药中提取有效的成分，基本上都是采用"热提取工艺"。可是，如果用这种方式，却不能像古书上所记载的有效地从青蒿中提取有效的抗疟疾的成分来，许多研究人员对此百思不得其解。中医研究院的一位研究人员通过查阅大量的文献资料，经过反复思索，突破了思维定势的束缚，终于悟出了一条道理——过去惯用的热提取方法，之所以不行，是因为破坏了青蒿中所含的有效成分。于是，这位研究人员按照这个思路想下去，革新了惯用的加热方法，采用了"乙醇冷浸法"。使用了这个新的提取工艺以后，又经过反复的实践，终于得到了有效成分，再经过提纯，最后获得了成功，得到了"青蒿素"这个具有世界意义的抗疟疾新药品。

资料来源：黄晓荣. 创新——奇思异想 [M]. 上海：华东理工大学出版社，2007.

今天，类似的生产革新还在继续，这一次并不是发生在工厂而是发生在办公室。电子商务大幅度地削减了纸质文件和文字操作的需要，这使得包括航空公司和保险公司在内的几乎所有公司都会对网上订购的客户提供折扣优惠。网上交易意味着减少用纸，节约成本。我们从公司提供的折扣上就可以算出它们所获得的收益。

1.3.2 创新的类型

一直以来，我们都可以根据创新的新颖程度来区分创新。有些创新的革新程度非常高，而有些则只是在原有的设计上稍作一些"表面"的修改。其中一种区分的方法就是根据变革的程度把创新分成激进式创新和渐进式创新。但是，只用这两种类型区分创新不能精确地描绘出各种创新之间微妙却很重要的差别，尤其是这种分类法还不能显示出创新"新"在何处。为此，亨德森和克拉克采用了一种更为复杂的分析方式。尽管这一分析形式较多地围绕着产品创新，但它对服务创新和工艺创新同样适用。亨德森和克拉克分析框架的核心是把产品看作系统，既然是系统，它们就是由各个组件配合而成，最终形成某种既定性能的体系。

比如，水笔 = 笔头 + 墨水管 + 笔杆 + 笔盖

系统 = 各个部分的相互作用

亨德森和克拉克指出，制造一个产品一般需要两种完全不同类型的知识：一是组件知识，如了解每个组件如何在产品整体系统中发挥功效，这些知识构成了组件的"核心设计理念"；二是系统知识，如了解如何将组件整合和连接在一起，这些知识涉及系统是如何运作的，以及各个组件是如何配置在一起工作的。亨德森和克拉克把它称作"结构"知识。

亨德森和克拉克根据组件知识和系统知识的区别把创新分成四种类型（见表1-2）。

表1-2 创新类型中的变革

创 新	组 件	系 统
渐进式创新	改进	未改变
模组创新	新	未改变
建构创新	改进	新配置/新构造
激进式创新	新	新配置/新构造

资料来源：史密斯. 创新 [M]. 秦一琼，等译. 上海：上海财经大学出版社，2008.

1. 渐进式创新

渐进式创新是将现有的设计在组件上精益求精，再做改进。很重要的一点是只做改进，不做改变：组件没有发生很大的变化。克里斯滕森是这样定义渐进式创新的："改变是在结构不变的基础上，运用企业的专长在组件技术上做进一步提高。"洗衣机的创新实例就是渐进式创新，它通过技术改良使电动机的功率更大从而提供更快的转速，转速决

定了衣服的甩干程度。20年前，洗衣机的最快转速大约为 1 000 转/分钟，后来转速一直在改进，现在已经高达 1 600 转/分钟。

渐进式创新最为常见。知识随着时间不断增长，材料不断变化改进，产品和服务随之越来越好。但是，这些改良只是组件的不断完善，系统本身不发生变化。

例 1-7　　　　　　　　　　　　　　腾讯 QQ

截至目前，腾讯发布了数以百计个版本的 QQ，这其中当然有大的重构和功能的革新，但更多的是遍布在小版本中的渐进式创新。腾讯公司对 QQ 的版本基本上是一个月更新一次！一般只有 1～2 周的时间做界面设计，并且大部分进度是与开发重合的。产品经理（如果有的话）根据用户反馈和竞争对手的情况做需求分析，界面设计和开发同步进行。一个月一个版本，更能抓住用户需求的变化，有更大机会在不断开火中瞄准市场，也有更多机会尝试创新。

创新是企业保持竞争力的保证，近年来，互联网人都讲"微创新"，这个词虽然道出了创新的"形"，但未道出"势"。渐进式创新更好地描述了在产品上进行的循序渐进式的创新改良。

资料来源：http://www.programmer.com.cn.

2. 激进式创新

激进式创新远远不是只对现有的设计作改良。激进式创新需要完全诞生一个新的设计，最好用全新的组件做全新的配置。亨德森和克拉克在书中是这样描述的："激进式创新创造了一个新的主导设计，其中融入了一套新的设计理念，各个组件有机相连，形成全新的结构。"

激进式创新相对较少，罗斯维尔和加德纳估测可能只有 10% 的创新属于激进式创新。激进式创新常常伴随着新技术的出现而出现（见表 1-3）。有些时候这种技术会带来巨大的变化。

表 1-3　激进式创新

激进式创新	技　术	对社会的影响
电话	电信	大众通信的新方式
喷气式飞机	喷气发动	大批出游、国外度假
电视	传播技术	娱乐休闲新方式
个人电脑	微处理器	新的行政系统、网上业务

资料来源：史密斯. 创新 [M]. 秦一琼，等译. 上海：上海财经大学出版社，2008.

在激进式创新中出现了新的组件，组件通过新的方式组合成一个新的整体。

例 1-8　绝不等待别人允许你创新

1956年，美国一家小公司发明了一种称为"Hush-a-Phone"的塑料杯装置，用来放在电话听筒柄上的话筒下端，便于在嘈杂背景下用电话进行谈话——就像将你的手做成杯状放在电话上面。

当Hush-a-Phone上市时，立刻招致了美国电话电报公司（当时美国公共电话服务的垄断经营商）的反对，声称向电话系统附加任何没有经过美国电话电报公司同意的装置都是违法的。因此，Hush-a-Phone没有获得批准。美国联邦通信委员会同意美国电话电报公司的说法，该装置没有和电话网络相连，这根本是无稽之谈。Hush-a-Phone就这样很快成了历史。

几年之后，当保罗·巴兰提出一个最终支持网络的封装交换系统时，美国电话电报公司先是冷嘲热讽了一通，继而阻挠其发展。美国电话电报公司的一个管理人员最后对巴兰说："首先，它不可能成功。即使它成功，我们怎么可能允许创造一个竞争对手呢！"

请注意"允许"一词，仅这个词就很好地解释了为什么我们不应该让既有的规则成为创新的看门人。

资料来源：史密斯. 创新 [M]. 秦一琼，等译. 上海：上海财经大学出版社，2008.

激进式创新是破坏性的改变，是一种毁灭式的创新，是一种推翻、替代或转变现有商业模式、客户期望和政府模式的发展，会创造出前所未有、令人难以想象的可能性。也就是说：这是颠覆现状的改变。这种创新令既定的规则制定者感到恐慌，所以常常会竭力压制创新。但是，如果我们的社会和经济想保持活力，这种创新才是更重要的。

3. 模组创新

模组创新沿用现有产品系统中原有的结构和配置，但更换了采用新设计思路的新组件。

例 1-9　发条收音机

这类创新的一个实例就是特雷弗·贝里斯发明的发条收音机。这种收音机已经伴随我们很长一段时间了。它需要靠电能运转，通常由外部电源或电池供电。发条收音机的创新之处在于它采用了一种全新的供能方式，它使用了弹簧式的装置。收音机中诸如喇叭、调谐器、扬声器和接收器等组件并没有改变。作为收音机，它的工作原理和其他收音机并没有什么差别，它采用了同样的结构来安排各个组件，以常规方式把这些组件相连构成一个系统。但是，作为发条装置，它不需要外部的电源，对于世界上那些无法得到持续供电的地区，这个特性就显得十分有价值了。

资料来源：史密斯. 创新 [M]. 秦一琼，等译. 上海：上海财经大学出版社，2008.

模组创新与渐进式创新有相似之处，都不是完全推出一套新的设计，它只在组件上做出更新，或者在原来的基础上做重大的修正。在发条收音机的例子中，只有供电方式发生了变化，收音机的工作原理和其他收音机没什么不同。模组创新最主要的特点是采

用了新的组件,特别是新组件中含有新科技成分。新科技可能会改变整个系统中一个或几个组件的运作方式,但整个系统和其配置或者结构都没有发生变化。模组创新虽然没有激进式创新那么容易产生戏剧效应,但是对社会依然能产生重大的影响。在发条收音机的例子中,人们还像平常那样收听收音机,但它无需外接电源,这就使那些居住在穷乡僻壤、供电不稳定地区的人也能够享受到收音机给他们带来乐趣。发条收音机在发达国家也开拓出了一片新市场,如让那些徒步旅行者能用收音机了解外界的信息。

4. 建构创新

在建构创新中,组件和相关的设计思想没有发生变化,但整个系统和结构的配置出现了变化,确定了新的组合方式。亨德森和克拉克指出:"建构创新的精髓在于将原有系统中的组件进行重新整合,用一种新的方式将这些组件集成在一起。"这并不是说组件一点也不发生改变,制造商完全可以精心完善各个组件,但变化不会太大,它们基本上还是像往常一样发挥它们应有的性能,不过是在一个新设计和新配置的系统中工作。

例 1-10　　　　　　　　　　索尼随身听

建构创新一个典型的例子是索尼随身听。随身听在刚出现时是一个高度创新的产品,但它几乎或者根本没有包含新的技术,随身听内部所有的核心组件都曾在其他产品上试验、测试和应用过。可以录放音乐的便携式录音机已经问世很多年了。索尼的设计师用一个已有的、小型卡式录音机为起点试验他们的构想,这台机器称为"新闻人",是专为新闻播报员而设计的轻型录音机。他们拆掉了录音线路和喇叭,装上了一个小型立体声扬声器,再配上一个轻便的耳机,整个机器就完成了。由于新的机器上没有喇叭,于是对功率要求就大大降低。不需要喇叭意味着可以把机器做得更小,而对功率的要求不高意味着使用小型电池就可以了,这样机器更轻。于是,一个拥有完全不同结构的全新系统呼之欲出,随身听就这样诞生了。它是一个新的音响产品,属于个人的音响系统,可以让那些年轻人边走路边听音乐,免受年长的一代人对噪音的抱怨之苦。

资料来源:史密斯.创新[M].秦一琼,等译.上海:上海财经大学出版社,2008.

随身听获得了巨大的商业成功,两年中销量增至 150 万台。它的意义并不只是在于随身听成了一个畅销的产品,更说明了建构创新所体现出的能量。它不仅保住了索尼公司电子消费产品领先者的地位,还对社会产生了更为深远的影响。其他生产商很快开始模仿他们,更为重要的是,它改变了消费者的行为习惯。年轻人发现他们可以借助随身听从事其他很多健康的活动,如慢跑、散步和健身训练,因此,随身听在帮助年轻人培养良好生活方式的过程中功不可没。

渐进式创新、激进式创新、模组创新、建构创新这四种分类中,没有一种是和其他类型严格区分的,它们之间一定有交叉重叠的部分。

以这种方式进行分类的好处在于以下几点。

第一,可以表明技术和技术变革对创新的影响差异很大,技术可以通过很多方式发挥作用，但它对整个系统和单个组件所产生的影响却大相径庭。因此，这种分类法就具有了预测功能，它可以用来更为有效地评估一项创新可能产生的影响力。

第二，能够试图解释为什么不同的企业对采用新技术会做出不同的反应。如果技术只影响组件，就会巩固原有生产者的竞争力，他们将会积极拥护这种变革；反过来，如果技术变革最终会导致整个系统发生变化，需要引入新的构造，是"创造式的破坏"在发生作用，那么原有的生产者的地位就会受到威胁和动摇，他们会对此耿耿于怀，表现出强烈的抵制。

第三，帮助我们理解技术变革的演进过程。新技术刚刚出现时，它常常会引发大量的带有不同构造的系统设计，互相竞赛，直到最终"淘汰"掉一些普通设计，"主导设计"渐渐浮出水面，被大多数生产商采用。这种演变过程比较常见，对未来的创新者和企业家有重要的指导意义。如果他们是行业的新进入者，就有必要认识到，他们会经历一个淘汰阶段，更重要的是，他们必须认识到最后公认的主导设计并不一定在技术上和市场上比竞争对手更胜一筹，英文键盘被采纳就说明有时候略为逊色的技术也会成为主导设计。

了解了什么是创新、创新有何意义以及创新的分类之后，那谁来实施创新呢？创新的主体是人。陶行知曾经说过："处处是创造之地，天天是创造之时，人人是创造之人。"大学生是社会创新的中坚力量。对于当代大学生来说，创新并不是遥不可及。大学生在听到创新的字眼时，往往会表现出一种胆怯和排斥，认为自己根本不会创新。本书就是从创新能力与创新人格、创新过程、创新思维、创新技法、创新成果等方面让同学了解如何去创新，以及如何去提高自己的创新能力。

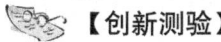【创新测验】

测一测你的创意如何

请对下列各题做出最适合你的选择。

1. 你常常想象自己将来当什么吗？
   A. 是　　　　　　　　B. 不能确定　　　　　　　　C. 不
2. 你写过诗（不论好坏，发表与否）吗？
   A. 是　　　　　　　　B. 不能确定　　　　　　　　C. 不
3. 你有过与名人交往或相处的幻想吗？
   A. 是　　　　　　　　B. 不能确定　　　　　　　　C. 不
4. 你给同学或老师画过漫画吗？
   A. 是　　　　　　　　B. 不能确定　　　　　　　　C. 不
5. 你想过未来的空调将是什么样的吗？
   A. 是　　　　　　　　B. 略多一些　　　　　　　　C. 差不多
6. 看小说时，你想到的内容比小说文字所叙述的要丰富吗？
   A. 要丰富得多　　　　B. 不能确定　　　　　　　　C. 不

7. 你写过小说或有写小说的打算吗？
   A. 是　　　　　　　B. 不能确定　　　　　　C. 不
8. 要添辅助线才能解决的几何题令你心烦吗？
   A. 是　　　　　　　B. 不能确定　　　　　　C. 不
9. 面对空旷的建筑工地，你会想象房子造好后的样子吗？
   A. 是　　　　　　　B. 不能确定　　　　　　C. 不
10. 你常做生动形象的梦吗？
    A. 是　　　　　　　B. 不能确定　　　　　　C. 不
11. 当你去商场挑选一件电器（如电视机）时，你是常常发现商场摆放的电器不具备你所希望的很多功能，还是发现这些电器有很多功能是你起先没想到的？
    A. 是前者　　　　　B. 不能确定　　　　　　C. 是后者
12. 你是否觉得根据小说改编的影视剧总是不如原著好？
    A. 是　　　　　　　B. 不能确定　　　　　　C. 不
13. 允许选择的话，你是愿意写虚构性文章，还是愿意写纪实性文章？
    A. 是前者　　　　　B. 不能确定　　　　　　C. 是后者
14. 你爱看科学幻想小说吗？
    A. 是　　　　　　　B. 不能确定　　　　　　C. 不
15. 看见鸟儿在天空翱翔，你会产生自己也能飞该多好的想法吗？
    A. 是　　　　　　　B. 不能确定　　　　　　C. 不
16. 你想过其他星球上智慧动物的模样吗？
    A. 是　　　　　　　B. 不能确定　　　　　　C. 不
17. 你觉得自己将来能拥有一艘轮船吗？
    A. 也许会　　　　　B. 多数不会　　　　　　C. 肯定不会
18. 你画过反映自己将来理想的图画吗？
    A. 是　　　　　　　B. 不能确定　　　　　　C. 不
19. 你能想象得出电流从电线流过的情景吗？
    A. 能　　　　　　　B. 不能确定　　　　　　C. 不
20. 在第一次到达的城市里，你能根据地图确定自己的方位吗？
    A. 轻而易举　　　　B. 没太大问题　　　　　C. 可能有困难
21. 想象一下家中所有电器都由计算机控制的样子，你能详尽地用语言描绘出来吗？
    A. 能　　　　　　　B. 不能确定　　　　　　C. 不能
22. 对将来的幻想促使你提出和实施某些计划吗？
    A. 是　　　　　　　B. 不能确定　　　　　　C. 不
23. 你常常有一些新的设想吗？
    A. 是　　　　　　　B. 不能确定　　　　　　C. 不
24. 你画过你想有但现实中不存在的东西吗？
    A. 是　　　　　　　B. 不能确定　　　　　　C. 不

25. 你从商店买回东西后，常常是直接使用，还是研究一下稍作改变后再使用？
    A. 改变后再使用　　　　B. 不能确定　　　　　　C. 直接使用
26. 你是否常常在设想，自己生活中有一些东西该换新的吗？
    A. 是　　　　　　　　　B. 不能确定　　　　　　C. 不
27. 对于将来，你怀有美好的憧憬吗？
    A. 是　　　　　　　　　B. 不能确定　　　　　　C. 不
28. 关于如何改变各种家用电器的外形以使其美观些，你有很多好的想法吗？
    A. 是　　　　　　　　　B. 不能确定　　　　　　C. 不
29. 尽管比使用老方法要费事些，你还是喜欢探索解决问题的一些新方法吗？
    A. 是　　　　　　　　　B. 不能确定　　　　　　C. 不
30. 幻想常常使你注意到一些新问题吗？
    A. 是　　　　　　　　　B. 不能确定　　　　　　C. 不

评价

评分规则：每题答 A 记 2 分，答 B 记 1 分，答 C 记 0 分，各题相加，统计总分。
你的总分是_____。
0～19 分：你的创意想象力很少。
20～40 分：你的创意想象力一般。
41～60 分：你的创意想象力较好，在创新活动中你会涌现出一些生动诱人的创意。

资料来源：傅筠，黄道平. 创新·创业与就业 [M]. 北京：机械工业出版社，2011.

创新思考与实践

1. 什么是创新？创新与创造、创意、发现、发明、创业有什么不同？请举例说明。
2. 请从生活中找到至少 5 种创新成果，并对该产品、工艺、服务等方面的创新做简单介绍，并指出是否还有改进之处。
3. 请举例说明什么是产品创新？
4. 请举例说明什么是服务创新？
5. 请举例说明什么是工艺创新？
6. 请举例说明什么是渐进式创新？

Chapter 2

第2章

创新能力与创新人格

学习要点

1. 创新能力概述
2. 创新能力的培养与开发
3. 创新人格概述
4. 创新人格的培养与训练

学习要求

1. 了解创新能力的含义、特点及构成。
2. 熟悉创新能力培养与开发的原理，掌握创新能力自我培养与开发的途径和方法。
3. 了解创新人格的含义、功能及特征。
4. 熟悉创新人格培养的原则，掌握创新人格自我培养的途径和方法，参与创新人格实践训练。

教学原理

1. 通过知识讲解，让学生对创新能力和创新人格的内涵、特点等有一个总体的了解。
2. 通过案例分析、课堂讨论等方法，让学生熟悉创新能力培养与开发的原理，掌握创新能力自我培养与开发的途径和方法。
3. 通过创新人格实践训练，让大学生熟悉创新人格培养的原则，掌握创新人格自我培养的途径和方法。

> 独创有两方面：一是形式的新颖，一是个人人格的化入。
> ——著名文学家、翻译家、学者金克木

> 处处是创造之地，天天是创造之时，人人是创造之人……我们发现了儿童有创造力，认识了儿童有创造力，就须进一步把儿童的创造力解放出来。
> ——著名教育家、思想家陶行知

创新人才的基本要件——负"责任"肯学习，勤"动手"不怕错，守"纪律"重团结。

——著名企业家郭台铭

2.1 创新能力概述

2.1.1 什么是创新能力

创新能力，也称创造力，是指每个正常人或群体在支持的环境下运用已知的信息，发现新问题，并对问题寻求答案，以及产生出某种新颖而独特、有社会价值或个人价值的物质或精神产品的能力。通俗地讲就是发现新问题、提出新设想、创造新事物的能力。

2.1.2 创新能力的特征

1. 普遍性

创新能力并不是神秘的、只有"天才人物"才具有的超凡能力，而是每个正常人都具有的一种普遍能力。人的先天生理素质（如脑容量的大小、体质的强弱等）不能决定创造力的高低，后天获得的种种附加因素（如学历、职业、财富等）也不能体现创造力的发展程度。学生、工人、农民、科学家，每一个人都可能成为新事物的创造者，人人都有创造力。孟子就有"人人皆尧舜"的说法，这可谓对创新能力普遍性的一种朴素认识。近代研究表明，创新能力是人脑的功能，主要蕴藏在人的大脑右半球。人脑的左右半球分工不同，右半球承担着形象思维、直观思维、空间想象能力及艺术表现能力；左半球是记忆、语言、计算、排列、分类、逻辑思维的指挥中心。首先，由人脑右半球提出一个看起来不合逻辑的创造性设想；其次，由人脑左半球将其转化成语言和逻辑表达、表现出来；最后，完成一个创新过程。每一个健全人体内都蕴藏着丰富的与生俱来的生理、心理和思维素质，只要大家具有创新意识，方法得当，人人都能发挥创造能力。

2. 潜在性与可开发性

创新能力是人人都有的，每个人的创造力都是大致相同的，即便有区别也没有数量级的区别。人脑的潜力相当大，正常人平均有总数达140亿个的脑细胞，其中经常处于活动状态的只占总数的8%左右，90%以上的脑细胞则处于相对静止或睡眠状态。创造力如果不去挖掘，它永远都是潜力，人的创新性之所以表现得差别极大，是因为开发的程度不同。正是在不断训练、不断挖掘、不断开发的前提下，创造力才得以发展提升，发挥越来越大的作用。以往传统的教育与训练，往往强调的是人脑左半球的开发，而人脑右半球还处于待开发状态，还有极大的潜能没有利用起来，如果能通过某些训练让更多的脑细胞活跃起来，创新能力将会大大提高。

> **创新故事**
>
> ### 士别三日，当刮目相看
>
> 吕蒙，字子明，少时随姐夫邓当渡江。邓当为孙策部将，吕蒙16岁即私自随邓当作战。后因作战勇猛，屡建战功，被任命为偏将军，兼任寻阳令。
>
> 吕蒙初不习文，孙权劝导他说："你们如今都身居要职，掌管国事，应当多读书，使自己不断进步。"吕蒙推托说："在军营中常常苦于事务繁多，恐怕不容许再读书了。"孙权耐心地指出："我难道要你们去钻研经书做博士吗？只不过叫你们多浏览些书，了解历史往事，增加见识罢了。你们说谁的事务能有我这样多呢？我年轻时就读过《诗经》《尚书》《礼记》《左传》《国语》，只是不读《周易》。自我执政以来，又仔细研究了'三史'（《史记》《汉书》《东观汉记》）及各家的兵法，自己觉得大有收益。学习一定会有收益，怎么可以不读书呢？应该先读《孙子》《六韬》《左传》《国语》以及'三史'。孔子曾经说过，'吾尝终日不食，终夜不寝，以思，无益，不如学也。'东汉光武帝担任着指挥战争的重担，仍是手不释卷。曹操也说自己老而好学。你们为什么偏偏不能勉励自己呢？"吕蒙从此开始学习，专心勤奋，他所看过的书籍，连那些老儒生也赶不上。
>
> 公元210年（建安15年），鲁肃继周瑜掌管吴军。鲁肃到陆口，途经吕蒙驻地。鲁肃为一代儒将，认为吕蒙有勇无谋，武夫出身，有些轻视他。周瑜曾对鲁肃说："吕将军功名日显，不可以故意待也，君宜顾之。"鲁肃遂见吕蒙。酒到酣处，吕蒙问鲁肃："君受重任，与关羽为邻，将何计略以备不虞？"鲁肃仓猝回答说："临时施宜。"吕蒙说："今东西虽为一家，而关羽实熊虎也，计安可不预定？"于是，吕蒙详尽地分析当时的利害，为鲁肃筹划了三个方案。鲁肃闻后，大惊，跃席而起，靠近吕蒙，亲切地拍着他的背，赞叹道："吕子明，吾不知卿才略所及乃至于此也。"还说："卿今者才略，非复吴下阿蒙！"吕蒙说："士别三日，即更刮目相待，大兄何见事之晚乎！"从此，二人结为好友，过从甚密。后吕蒙计取三郡，濡须拒曹，收复荆州，与周瑜、鲁肃、陆逊一起被后世视为"东吴四大都督"。罗贯中赞曰："生子当如孙仲谋，吕蒙谈笑便封侯。白衣摇橹真奇计，一举荆襄取次休。一笠覆官铠，犹然遭重刑。荆州万民心，从此俱安宁。势去人离奈若何？休言百万甲兵多。吕蒙预定招降计，决胜张良散楚歌。"
>
> 资料来源：http://baike.baidu.com/view/33458.htm；http://baike.baidu.com/view/5607.htm。

2.1.3 创新能力的构成

创新能力是一种综合能力，是人创造性思维功能、优秀的心理素质和社会实践能力的有机整合和集中表现。我们观察创新人物的能力构成时，会发现没有一个是单一的，都是多种能力的综合，并且这种综合是独特的，具有鲜明的个性色彩。

1．创新能力的影响因素

（1）知识与技能。虽然知识和技能的多少并不能完全决定创新能力的高低，但是，知识和技能是创新的基础和原材料，没有知识，不懂技能，是很难产生创造成果的。一个对光电知识一无所知的人很难发明出新型的电灯来，一个对计算机一窍不通的人很难开发出新的操作系统。不了解前人的成果、眼光狭隘、知识贫乏的人是很难做出重大科学发现和技术发明的。虽然有些人学历并不高,但他们通过多种形式的自学,掌握了一定的专业知识和技能,积累了大量的经验知识和技能,为其创新打下了基础。知识和技能的掌握,在很大程度上决定着认识能力、解决实际问题能力的速度和质量。在创造力构成要素中,一般知识和经验为创造提供了广泛的背景,而包括专业知识、创造学知识、特殊领域知识的专门知识,则直接影响创造力层次的高低。

(2)智能因素。与创新能力密切相关的智能因素可分为三类。一是一般智能,如观察力、注意力、记忆力、思维力、想象力,它体现了人们检索、处理以及综合运用信息,对事物做间接、概括反映的能力,是人从事一切活动都必需的能力,即我们常说的智商。智力高低不能决定创新能力的高低,但具备高创新能力的人一定有较高的智商,智商低的人不会具有高创新能力。二是创造性思维能力,主要指发散思维能力,如创造性的想象能力、逻辑加工能力、思维调控能力、直觉思维能力、推理能力、灵感思维及捕捉机遇的能力等,它体现出人们在进行创造性思维时的心理活动水平,是创造力的实质和核心。三是特殊智能,指在某种专业活动中表现出来的并能保证这种专业活动获得高效率的能力,可视为某些一般智能专门化的发展,如音乐能力、绘画能力、体育能力、操作能力等。特殊智能有助于人们在特殊领域进行创新活动。

(3)非智力因素。非智力因素包含两种因素。一是创新意识因素,指对与创新有关的信息及创新活动、方法、过程本身的综合觉察与认识,也可以简单地理解为创新的欲望,包括动机、兴趣、好奇心、求知欲、探究性、主动性、对问题的敏感性等。培养创新意识,可以激发创新动机,产生创新兴趣,提高创新热情,形成创新习惯。从某种意义上说,一个人能做出创新性成果,创新意识要比创新方法更重要,尤其在创新的初期,因为创新意识能使人们自觉地关注问题,从而发现问题。想创新的欲望决定了创新过程的发动,任何一个人如果他不想去创新,纵然再有才能,也不可能成功。另一种是创新人格因素,指创新过程中积极的、开放的心理状态,包括怀疑精神、冒险精神、挑战精神、献身精神、使命感、责任感、事业心、自信心、热情、勇气、意志、毅力、恒心等。在创新活动中,创新人格往往是成功的关键。研究表明:知识与技能是创新活动的元器件,智力因素是创新活动的操作系统,非智力因素是创新活动的动力和保障系统。非智力因素虽然不直接介入创新活动,但它以动机作用为核心对创新活动起着极其重要的作用。

2. 创新能力公式

我国学者提出一个创新能力的表达公式:

$$创新能力 = K \times 创新性 \times 知识量^2$$

式中,K 为一个常量,亦可视为个体的潜在创造力;创新性,主要包括创新者的创新人格、创新思维及其所掌握的创新原理和方法的总和。

该公式又可表示为:

$$创新能力 = K \times (创新人格 + 创造性思维 + 创新方法 + \cdots\cdots) \times 知识量^2$$

上述公式告诉我们,如果一个人的知识很多、创新性也很强,他就具有很强的创新能力;如果一个人知识很多,但创新性不强(如一些"老学究"式的人),他的创新能力也不会太强；如果一个人创新性很强，但知识量不够（如儿童），其创新能力也不会很强。但知识量和创新性存在一定的互补，如一些人有一项一般，而另一项很强，他也可能具有较强的创新能力。

上述公式还告诉我们，个体创新能力的提高，主要依赖知识量和创新性两方面因素的增加。传统教育对人知识的学习和积累非常重视，但是，一个人知识量的增加和累积需要一个长期的过程，这就需要在进行传统教育的同时进行创新教育，提高人们的创造性，从而大幅度提高人的创新能力。

【创新测验】

创新能力测试

测试题（1）：创新思维能力测试

下面是10个题目，如果符合你的情况，则回答"是"；不符合则回答"否"；拿不准则回答"不确定"。

1. 你认为那些使用古怪和生僻词语的作家，纯粹是为了炫耀。
2. 无论什么问题，要让你产生兴趣，总比让别人产生兴趣要困难得多。
3. 对那些经常做没把握事情的人，你不看好他们。
4. 你常常凭直觉来判断问题的正确与错误。
5. 你善于分析问题，但不擅长对分析结果进行综合、提练。
6. 你的审美能力较强。
7. 你的兴趣在于不断提出新的建议，而不在于说服别人去接受这些建议。
8. 你喜欢那些一门心思埋头苦干的人。
9. 你不喜欢提那些显得无知的问题。
10. 你做事总是有的放矢，不盲目行事。

评分标准

题号	"是"评分	"不确定"评分	"否"评分
1	−1	0	2
2	0	1	4
3	0	1	2
4	4	0	−2
5	−1	0	2
6	3	0	−1
7	2	1	0
8	0	1	2
9	0	1	3
10	0	1	2

评价

得分22分以上，则说明被测试者有较高的创造思维能力，适合从事环境较为自由、没有太多约束、对创新性有较高要求的职位，如美编、装潢设计、工程设计、软件编程人员等。

得分 21～11 分，则说明被测试者善于在创造性与习惯做法之间找到均衡，具有一定的创新意识，适合从事管理工作，也适合从事其他许多与人打交道的工作，如市场营销。

得分 10 分以下，则说明被测试者缺乏创新思维能力，属于循规蹈矩的人，做人总是有板有眼、一丝不苟，适合从事对纪律性要求较高的职位，如会计、质量监督员等职位。

测试题（2）：创造力测试

下面是 20 个问题，根据实际情况作答。如符合你的情况，请在（ ）里打上"√"，不符合的则打"×"。

1. 听别人说话时，你总能专心倾听。（ ）
2. 完成了上级布置的某项工作，你总有一种兴奋感。（ ）
3. 你观察事物向来很精细。（ ）
4. 你在说话以及写文章时经常采用类比的方法。（ ）
5. 你总能全神贯注地读书、书写或者绘画。（ ）
6. 你从来不迷信权威。（ ）
7. 你对事物的各种原因喜欢寻根问底。（ ）
8. 你平时喜欢学习或琢磨问题。（ ）
9. 你经常思考事物的新答案和新结果。（ ）
10. 你能够经常从别人的谈话中发现问题。（ ）
11. 当从事带有创造性的工作时，你经常忘记时间。（ ）
12. 你能够主动发现问题，以及和问题有关的各种联系。（ ）
13. 你总是对周围的事物保持好奇心。（ ）
14. 你能够经常预测事情的结果，并正确地验证这一结果。（ ）
15. 你总是有些新设想在脑子里涌现。（ ）
16. 你有很敏锐的观察力和提出问题的能力。（ ）
17. 当遇到困难和挫折时，你从不气馁。（ ）
18. 在工作上遇到困难时，你常能找到自己独特的方法去解决。（ ）
19. 在问题解决过程中找到新发现时，你总会感到十分兴奋。（ ）
20. 当遇到问题时，你能从多角度多途径探索解决它的可能性。（ ）

评价

如果 20 道题答案都是打"√"的，则证明创造力很强；如果有 16 道题答案是打"√"的，则证明创造力良好；如果有 10～15 道题答案是打"√"的，则证明创造力一般；如果低于 10 道题答案是打"√"的，则证明创造力较差。

测试题（3）：工作创意测试

1. 你在接到任务时，是否会问一大堆关于如何完成任务的问题？（肯定 0 分，否定 1 分）

2. 你在完成任务的过程中，是否不善于思考，而习惯于找他人帮忙，或者不断问别人有关完成任务的问题？（肯定0分，否定1分）

3. 在任务完成得不好时，你是否会找出一大堆理由来证明任务太难？（肯定0分，否定1分）

4. 对待多数人认为很难的任务，你是否有勇气和信心主动承担？（肯定1分，否定0分）

5. 当别人说不可能时，你是否就放弃？（肯定0分，否定1分）

6. 你完成任务的方法是否与他人不一样？（肯定1分，否定0分）

7. 在你完成任务时，领导针对任务问一些相关的信息，你是否总能回答上来？（肯定1分，否定0分）

8. 你是否能够立即行动，并且工作质量总能让领导满意？（肯定1分，否定0分）

9. 工作完成得好与不好，你是否很在意？（肯定1分，否定0分）

10. 对于做好了的工作，你能否很有条理地分析成功的原因和不足？（肯定1分，否定0分）

评价

如果受测试者能够得10分，就很棒了；能够得7分以上则过得去；如果低于7分，就不尽如人意了；如果低于5分，受测试者就需要培养创新意识了。

资料来源：李士，甘华鸣. 创新能力训练和测验 [M]. 合肥：中国科学技术大学出版社，2008.

2.2 创新能力的培养与开发

2.2.1 什么是创新能力的培养与开发

创新能力具有潜在性，在我们每个人的头脑中，创新天生就有一颗智慧的种子，心理学家把它称为类创造力或前创造力。我们要精心地培育它、开发它，让它生根、发芽、开花、结果，使潜在的创造力转化成现实的创造力。我们通常把类创造力或前创造力转化为现实创造力的过程称为创造力的培养与开发。

2.2.2 创新能力培养与开发的原理

1. 压力原理

适当的压力对创新能力的开发是十分有意义的，压力是驱散怠惰、激发求知欲的积极因素。对于创造者来说，其压力可能来自以下几个方面。

（1）社会压力。社会压力主要是指来自制度、政策和法律等社会方面的压力。要有效地调节社会对创造者的压力，你可以通过提高创造者的觉悟水平、增强创造者的时代感和责任心来进行。强烈的民族自豪感和责任心，对于国家的寄托、民族的希望，都可以产生一股压力，即创新的动力。

> **创新故事**

有GPS，为什么还要建北斗

成熟的美国GPS系统早已在世界范围得到广泛应用。十几年前中国研发北斗系统时，就有"花那么多钱还不如使用GPS"的争论。但只要中国立志做一个有战略雄心的独立大国，答案就只能有现在的这一个。

"导航精度要高，要有自己的创新"。北斗系统的创新，是指北斗系统独有的、GPS不具备的短报文通信功能。这120个字的短信功能有时候非常重要，用户之间可以互相联系。比如汶川地震的时候，所有通信都断了，救援队就依靠这个功能。社会的压力，促使我们的技术人员不断地进行自主创新，推动了北斗系统的发展，虽然我们在技术上跟美国、欧洲的一些发达国家有差距，但是只要我们坚持去做，坚持去学习、改进，我想我们的技术一定能够实现赶超，让我们的卫星看得更清楚，运用得更灵活。

资料来源：http://mil.huanqiu.com/Observation/2011-12/2305953.html；http://news.qq.com/a/20101231/000809_1.htm；http://blog.sina.com.cn/s/blog_4acfc5840100j1my.html。

（2）经济压力。虽然每个人对社会的需求层次是不相同的，但其中一个最基本的需求就是生存需要。生活在社会中的人，一方面具有永不满足现状的心态，另一方面又具有相对怠惰的心理，往往一旦达到了某种目的便不思进取了。所以，适当增加经济压力、不断进行反馈调节，也能促使人们继续发明和创造，以获得更好的经济效益。许多面临倒闭的工厂因职工创造出新产品而重新发展的事例是很多的。

> **创新故事**

打工打来的专利

昆明冶金高等专科学校学生陈世宜家庭贫困，他上大学后，父母就离开家乡，随他一起来到昆明打工，供他上学。父母在昆明找到了一份生产水泥桩头的工作，先将土地平整密实，再将地面挖出一个锥形，然后将混凝土浇筑其中，经振动密实，待其自然硬化，最后再将地面挖开，取出桩头。就这样，他的父母和工友们一天能生产五六十个。为了能多生产一些桩头，陈世宜在课余时间也加入了他们的队伍，但他干了3天就支持不住了。因为这项工作实在是太繁重了，既费时又费力。陈世宜就想，能不能制作一个模具，将水泥注入模具直接生产，效率不就大大提高了吗？说干就干，他自己动手做了一些模型，进行反复试验，经过一个月的摸索，陈世宜研究出了一套解决方案。看过陈世宜的演示后，父母和工友都认为效果不错，于是他们就找到了一家模具加工厂，按照陈世宜设计的模型和图纸生产了3个模具。第二天，他们仅仅使用3个模具就生产了84个桩头，而且工作量大大减轻！2009年1月，这个看似简单却很实用的发明——"混凝土桩头预制成型模具"获得了国家专利。

资料来源：夏昌祥，罗玲玲．快乐的大学生发明家——大学生发明创新案例集锦[M]．北京：知识产权出版社，2011．

（3）工作（环境）压力。由于工作上的需要而不得不进行某些创新创造性活动，这就是工作压力。常见的各个科学院、研究所的攻关队、科研组等，其"功能"是在给研究者提供一定条件的同时也对他们造成一种工作（环境）压力。当然，工作压力太大或许会把人压垮，但如果工作上毫无压力的话，人的创新创造才能则难以发挥出来的。

创新故事　　　　　　电风扇吹香皂盒

联合利华引进了一条香皂包装生产线，结果发现这条生产线有个缺陷：常常会有盒子里没装入香皂。为了防止把空盒子卖给顾客，他们只得请了一个学自动化的博士后设计一个方案来分拣空的香皂盒。博士后拉起了一个十几人的科研攻关小组，综合采用了机械、微电子、自动化、X射线探测等技术，花了几十万元，成功地解决了问题。每当生产线上有空香皂盒通过，两旁的探测器就会检测到，并且驱动一只机械手把空盒子推走。

中国南方有个乡镇企业也买了同样的生产线，老板发现这个问题后大为恼火，找了个小工来说："你马上把这个搞定，不然就别干了！"小工很快想出了办法：他花了90元钱在生产线旁边放了一台大功率电风扇猛吹，于是空香皂盒都被吹走了。

资料来源：http://bzw1984.blog.163.com/blog/static/62038462201051211714780.

（4）自我压力。自我压力是指来自创造者自身的压力，即来自创造者对于事业执著追求和对于学术刻苦钻研的自觉性。创造者给自己规定了某种目标，即形成了一种内在的自我压力。凡为人类做出重大贡献的科学家和创造者，其成功之道多是靠自我压力，他们善于运用所掌握的知识巧妙地将外界压力转变为自我压力，从而调整自己的目标和行为以主动地开创新局面。在压力原理中，逆境无疑是一种极大的外部压力。无数事实表明，逆境往往是通向成功的道路。"石压笋斜出，岸悬花倒生"。逆境更能锻炼创造者的心理品质，使其更茁壮地成长。

创新故事　　　　　　浙林爱迪生的成长之路

浙江农林大学机械设计专业072班学生张业放，从小就热爱生活，喜欢幻想，乐观进取，动手能力强。他很喜欢发明，和他的偶像爱迪生一样，小学三年级时，他就发明了一种能够报警的简易捕鼠器。他认真观察生活的细节，一有好点子就立刻拿出小本子记录下来，慢慢的，积累出了两大本共230个与生活紧密相关的发明，在老师的指引下，他开始学习书写专利申请资料的，发明的道路并非一帆风顺，专利申请也并不简单。有时用ProE软件画一幅三维图需要花上他一整天的时间，忘记了吃饭、休息。进行专利检索时，有时候跳出的内容有好几百条，需要他耐心地一条一条地看，难读的专利文件需要他一字一句地啃。在做物理分光计实验后，他发明了"基于成角度设置的水平仪调平功能的分光计"，方便解决载物台很难调水平的问题，得到了同学和实验老师的赞赏。他还关注人类能源的短缺，设身处地地理解劳动者工作中遇到的困难与危险，解决这些问题促使他更积极地思考、创新。看到工人在高处清洗维修吊扇、灯具，不方便也不安全，他发明了新型的高处物体升降机，它能让工人在地面上完成所有的工作。大学4年间，他申请了发明专利、实用新型专利、外观设计专利超过160项，其中获得授权证书的就达到了152项。记者算了一下,从大一下学期开始申请专利至今,张业放平均每周都能够获得一项专利。

面对成绩,张业放并不傲才以骄人,他说:"这也许是对我付出的回报吧。为了这些发明和专利,我曾跑遍临安所有的五金店,度过数不清的不眠之夜,手指被铣床铣掉半个指甲,手臂被刮出伤口,甚至在梦中都在思考设计方案。"

资料来源:http://stu.people.com.cn/GB/186922/11650727.html;http://wz.people.com.cn/GB/184391/185003/14208334.html。

2. 激励原理

(1) 信息激励。我们现在已步入信息社会,一个创造者要善于识别、寻找那些对自己创新创造活动有利的信息,多看、多听、多写、多想、多记、多接受教育和考查、多参加各类学术活动等,这样做才有利于自己创新创造力的开发。

(2) 心理激励。心理激励尤其是讨论和争论有利于人们创新创造力的开发。在1903~1905年的3年中,爱因斯坦经常同索洛文、贝索等年轻朋友在瑞士伯尔尼一家咖啡馆聚会并研讨学术问题。爱因斯坦关于狭义相对论的第一篇论文就是在这种讨论中孕育的。在他的这部划时代著作里,爱因斯坦没有引用任何文献,但却提到了贝索对他的启发。

(3) 机制激励。机制激励是指建立一些有利于人们开发创新创造力的纪律、制度、条文、法规,以鼓励人们创新创造力的开发。它在一定意义上是属于创造环境的范畴。例如,我国国家创新体系的建立,就对开发国民的创新创造力有不可估量的作用,促成了一大批创造成果的问世及其向市场的转化。此外,我国《专利法》的再次修改以及对各种创新奖励条文的出台,均有力地激发了人们创新创造力的开发。从创造学意义上说,我国政府和相关部门所做的有关创新方面的工作,绝大多数均可归属于机制激励的范畴。

3. 调节原理

对于创造者来说,在某一个时期的创新创造活动应该有一个相对稳定的奋斗目标。但是,有时也不能死盯在一个目标上,创造者常常需要根据自己的实力状况和环境条件的变化,特别是在抓住创新创造过程中的各种机遇以后,需要经过反复比较而对原有的目标进行适当的动态调节。当然,这种动态调节并不是见异思迁,而是更好地发挥创造者自己的创造优势,从而达到最佳的创造效果。这种调节本身也就是创新创造力开发的过程。德福雷斯特为发明高效率的检波器,苦苦研究了四五年,但这时却从英国传来弗莱明成功发明二极整流真空电子管的消息。这种电子管,在当时就叫二极管,它是理想的检波器。弗莱明的成功,标志着德福雷斯特在这场国际竞争中的失败。听到弗莱明成功的消息,德福雷斯特感到很懊丧:自己多年奋斗的目标被别人捷足先登了,夙愿成了泡影。显然,继续研究检波器已经毫无意义,必须另起炉灶,选择新的突破点。那么,新的突破点在哪里呢?德福雷斯特想道:既然弗莱明发明出了二极管,那么自己为何不可以在他的基础上再推进一步,对其性能加以改进呢?根据二极管的结构和工作原理,德福雷斯特想到,如果在二极管里面再加上一个电极,不知会出现什么现象。于是,他决定试试看。这一试，试出了一片新天地。一开始，德福雷斯特在二极管中插入一个电极，使三个电极三足鼎立。可一通电，这种形式的三极管在电路中不起什么作用。德福雷斯特毫不气馁，他不断调整新加入的第三极的位置，变换它的材料，改变它的形状，终于发明了三极管。德福雷斯特发明的三极管，对于无线电技术的发展具有极其重要的作用。与二极管相比，它除了可以用于整流、检波以外，特别引人注目的是它的放大功能。这是一种十分有用的新功能，如果同时使用几个三极管，就能将所接受的弱电流放大到几万倍甚至几十万倍。所以，三极管的发明为无线电通信和广播开辟了道路，它不但扩大了无线电收发报机的使用距离，而且使收音机和多种多样的电气设备成为现实。它的出现，改变了无线电世界的面貌，所以德福雷斯特把三极管誉为"空中帝国的王冠"。1906年6月，德福雷斯特发明的真空三极管获得了专利权，自那之后，他的三极管主导着900亿美元的电子工业，保持了长期的领先地位。一直到晶体管问世，三极管才相形见绌。

2.2.3 创新能力自我培养与开发的途径和方法

创造力开发的实质就是对创造力各构成要素品质的提高及综合运用，以促进创造力整体水平的提高。具体地说，创造力的开发围绕以下四个方面进行。

1. 多学、活学知识和技能

牛顿说："我之所以比别人看得更远些，是因为我站在巨人的肩膀上。"创新不是空想，知识和技能是创新的基础。知识具有开启人头脑的功能，要充分发挥知识的开启功能，关键在于学生所学知识是否基础而灵活，能否举一反三。在同一种信息作用下，为什么有的人顿悟了，有的人却无动于衷呢？这与吸收者原有的知识结构和观念状态有关。知识的优化需要掌握基础知识（哲学知识、语文知识、外语知识、数学知识、物理知识、计算机知识）、专业知识、软科学知识、经验知识等。创新除与专业知识密切相关外，还常常与专业以外其他知识的掌握和运用密切相关。因此，要以本专业的基础知识为核心，建立起创造发明的"游击区"，使专业基础知识与其他知识相互渗透，共同结合成一个网络式整体结构。

部分人存在错误的认识，认为我们进入社会、参加工作后，上学期间学习的知识、技能的应用率很低，对知识、技能的学习产生了怀疑。事实上，知识的学习是"有备无患"的，当我们要用到相关知识但自己却不具备时，创新就遭遇了瓶颈，很多人就放弃了。这就是为什么很多人有很多好的创意，但却鲜有创新成果的一个重要原因。另外，知识与知识的碰撞、融合也会产生创新，如欧几里得几何的创立。如果一个人对知识的学习浅尝辄止，那么他也很难进行创新。只是需要注意，我们不能淹没在知识的学习中，更关键的是我们要创造性地运用知识。

2. 树立创新意识，培养创新精神

创新意识是指人们根据社会和个体生活发展的需要，引起创造前所未有的事物或观念的动机，并在创造活动中表现出的意向、愿望和设想，自觉或自发进行创造活动的一

种心理准备状态。创新意识表现为一种内在的创新欲望，表现为在创新活动中有高度的热情、足够的自信心、独立思考和勇于探索的品质，是人类意识活动中一种积极的、富有成果性的表现形式，是人们进行创新活动的出发点和内在动力，是创新能力的前提。人的创新意识是在对创新活动认识的基础上形成的，是在创新活动的过程中培养起来的。创新意识涉及对创新活动的兴趣、需要，创造的重要性、必要性和可能性的认识，涉及创新活动体验、经验的获得和积累，涉及人们在创新活动体验、经验和创造认识基础上形成的对创新的高度敏感性和自觉、自发进行创造活动的一种心理准备状态。对创新的兴趣和需要是创新的前提，创造活动首先基于创新需求的存在和人们对创新需求的认识，创新需求的存在和对创新需求的认识是创新意识和创新意向活动发生的前提，使学生逐步树立创新意识，培养创新精神，学会产生新思想、获取新认识的有效方法。"学贵有疑"，我们在学习过程中产生了疑问，要鼓起勇气去探究，培养自己创新的积极性、主动性，平时多锻炼自己，创新意识自然就培养起来了。

3. 训练创新思维，学习创新技法

创新有方法可循，创新技法就是创造学家根据创新思维发展规律总结出来的创造发明的一些原理、技巧和方法。通过开发和培养创新主体的思维方法，发掘出创新主体创造力的发挥规律。创新思维是人创新能力形成的核心与关键。创新思维的一般规律是：先发散而后集中，最后解决问题。创新技法是进行创新的工具。掌握了创新技法的特点，不仅使创新者敢于创新，而且使创新者善于创新。创新技法是非程式化创造，它本身也是一种探索性的活动，它有规律可循，但又不能像自然科学规律那样可以用数学公式来表达，而是带有模糊性。人们在这种模糊规律的指导下，尝试着用某种方法去解决创新问题，在能熟练运用创新技法后，必然逐步产生经验，在创新经验较丰富的情况下，直觉往往可以帮助确定该用哪种方法。最高境界的创新是忽视方法的，是把各种创新方法综合融汇，自由发挥；讲技法又不唯技法，用技法又会变技法，学技法又敢创技法。创新技法的掌握不能只靠别人讲授和自己念书、听课，而必须靠自己和群体的多次练习和体验才能牢固掌握。关于创新技法的内容将在以后章节加以说明。

4. 参加创新实践

创新能力是一种潜在的能力，它只有通过个人在一定环境和科学技术条件下的具体实践活动来显现。因此，实践是人创新能力形成的根本途径。人类祖先在他们为生存而斗争的原始实践中形成了原始的创新能力，这种创新能力，是人在改造世界的实践中通过"尝试－纠错"式的学习，经过漫长岁月的积累而逐渐形成的。大学生也可以使用"尝试－纠错"的方式进行创新，提倡大学生应用"直接创造法"及早涉足创新，即在知识不太多时直接对准创新目标进入创新过程，然后根据创新的需要反过来补充有关知识。大学生可以及早参与到创新活动中，从辅助工作做起，在积累了必要知识后，直接参加科研开发工作，边学习边创新，边创新边学习，不断地提高自己的创新能力。大学生在参加各种社会实践活动的过程中，一方面要坚持实践内容和形式的多样性，以实现多侧面、多领域的锻炼；另一方面要强调实践的创新性，提高实践的层次，每次实践不能只

简单地重复过去,只有在内容和形式上都比过去有所发展、有所突破,才能有所创新。同时,大学生还应该注意提高对每次实践活动的利用率,注重在群体实践活动中相互学习,取长补短、提升自己。

2.3 创新人格概述

2.3.1 什么是创新人格

创新人格,就是具有创新活动倾向的各种心理品质的总和,是创新活动成功的关键,反映的是创新主体良好的思想面貌和精神状态。创新能力的形成,是以创新人格的培育为基础;创新能力的培养,是以创新人格的养成为重要目标。创新人格主要由以下四个方面组成。

1. 创新动机

创新动机是促使人们主动追求和参与创新活动的一种内部力量。创新动机有两种:由外部客观因素所激发而来的动机,叫做外部创新动机,它的动力作用小,维持的时间短;由内部心理因素转化而来的动机,叫做内部创新动机,它的动力作用大,维持的时间长。在创新活动中,应当促使学生将这两种创新动机结合起来。

2. 创新兴趣

创新兴趣是人们积极关注或参与创新活动的一种心理倾向。创新兴趣有两种,直接的创新兴趣由创新活动本身所引起,即它对人有吸引力,参与者总感到津津有味、乐不知疲;间接的创新兴趣则是由创新活动的目的所引起,即它的结果对人们或社会有莫大的好处,所以参与者就能克服各种困难,完成创新活动。在创新活动中,学生必须善于将这两种创新兴趣统一地加以利用。

3. 创新热情

创新热情是人们积极追求与参与创新活动的一种比较强烈、稳定而深厚的情感。积极的创新热情指具有个人与社会价值的创新,它能使人们在创新活动中取得辉煌的成就。而消极的创新热情则指向毫无意义的创新(如想发明永动机),它会成为人们前进道路上的绊脚石。必须引导学生养成积极的创新热情,参与有价值的真正的创新活动。

4. 创新意志

创新意志是具有明确目的、克服一定困难、能够调控心理与行为,参与和坚持完成创新活动的一种心理倾向。要想开展创新活动、结出创新成果,必须具有坚定的创新意志,做到持之以恒、坚持到底。

2.3.2 创新人格的功能

创新人格作为一种非智力因素,能以其独特的功能对学生起到激发创新欲望、强化创新意识、开动创新思维、树立创新精神、增强竞争意识等作用。

1. 动力功能

人格中的积极因素，如强烈的创新动机、甘冒风险的强烈情感、坚韧不拔的奋斗意志、高尚坚定的人生信念，能使学生的认知力得以提升，对创新活动产生强烈而持久的驱动作用，从而推动创新活动的开展和创新目标的实现。同时，强烈的好奇心、浓厚的兴趣和高涨的激情可以诱导学生的想象力和创新性思维得以充分发挥，从而推动创新过程的发展。达尔文曾说："我从小就有弄懂和解释所看到的一切事物的强烈愿望，想把所有的事物都归结到几个共同的规律中去。"

2. 选择功能

人格中的需要、兴趣、情感等因素与创新活动的开展、创新项目的选择等具有高度相关。创造之所以形成，大部分是基于需要的推动，只有当创新成为学生的内部需要时，他们才会产生积极肯定的情感体验，把创新活动坚持下去，很难想象一个认为自己不需要创新、不能创新的人会去进行创新，也很难想象一个对"三农"不感兴趣、没有感情的人会去进行农机改造、技术研发、品种改良等创新活动。兴趣通常和情绪结合起来，会变成引导创造不断深入的乐趣。巴金震撼人心的成名之作《家》《春》《秋》的创作，是因为在他的青少年时期，看到了许多和他一样年轻可爱的生命，在封建礼教制度的残害之下死于无辜，他痛恨那个吃人的封建社会，不忍看到更多的牺牲品。

3. 价值导向功能

健康的价值观不仅可以激发学生的创新精神，还可以保证创新的正确方向。当前，由于市场经济本身所固有的局限性，使一部分人过分信仰金钱价值观，为了贪图享受、追求财富不择手段、唯利是图，甚至危害他人，如南昌某大学的教师胡某，伙同丈夫，利用自己学化学的"专长"，在实验室"潜心"研究制毒技术，并将技术传授给陈某、李某，收取 50 万元的转让费。拥有健康人格的创新者，将追求经济利益作为更好地实现自己价值的一种途径，他们把物作为手段而不是目的来对待的，通过充分利用物来开发自己的潜能，以实现自己人生的最大价值。

2.3.3 创新人格的特征

经过长期研究，学者们在人格心理学研究的基础上，归纳出了一系列与创新直接相关的人格特质。20 世纪 70 年代，美国心理学家吉尔福特把富有创造性的人格特点总结成 8 个方面：①有高度的自觉性和独立性；②有旺盛的求知欲；③有强烈的好奇心；④知识面广，善于观察；⑤工作讲求理性、准确性与严格性；⑥有丰富的想象力；⑦富有幽默感；⑧意志品质出众。20 世纪 80 年代，斯滕伯格列出了高创造力个体可能具有的七种人格特征：①能容忍模棱两可的状态；②具有克服障碍的意志；③具有自我超越的愿望；④受内在动机的驱动；⑤具有适度的冒险精神；⑥希望得到认可；⑦具有为获得认可而工作的愿望。戴维斯提出具有创造力的人的特征：①独立性强；②自信心强；③勇于冒风险；④具有好奇心；⑤有理想抱负；⑥不轻信他人的意见；⑦对于复杂的事物感到有魅力；

⑧有艺术上的审美观和幽默感；⑨兴趣既广泛又专一。我国学者通过对创新人格的研究提出了自己的见解。如北京师范大学校长董奇认为创新性个性特征应包括：认知兴趣浓厚，情感丰富，富有幽默感，勇敢、甘愿冒险，坚持不懈、百折不挠，独立性强，自信，勤奋、进取心强，自我意识发展迅速，一丝不苟。在建设创新型国家的背景下，要成为创新型人才，大学生应具备以下创新人格特征。

1. 强烈的兴趣与好奇心

兴趣是一个人对一定事物创新所抱的积极态度，是人们钻研、创新的内驱力。好奇心是指外界环境作用于人的感官，所引起的感官的异常兴奋和大脑的新鲜感，并由此能动地引导和驱使人们为之产生一系列的探索行为。心理学家认为：好奇心孕育着思考和探索，对于创新活动起着重要的作用。同时，好奇心是产生兴趣和求知欲的基础，一个大学生对外界事物缺乏好奇心、缺乏兴趣，是不可能产生创新的灵感和创新力的。达尔文小时候曾经整天地趴在树上观察一种不知名的甲虫，爱迪生也曾天真地想自己孵出小鸡。正是在这些看上去可笑的"幼稚"行为中包含的探索精神和求知欲才开启了知识的大门。

2. 不断进取的自信心

自信心主要指个体对自我的评价符合客观实际，对自己所从事活动的正确性深信不疑，是一种建立在对自身优缺点充分了解的基础上的自我认可的积极情绪体验。从心理学角度看，自信之所以导致成功，主要是因为自信能够发掘和表现自身的潜能，有了自信心，人们才会敢于积极主动地参与创新活动。自信心强的人就能在不同境况、不同人群中从容应对和处理各种复杂局面，善于在总结中创新，在创新中前行。

3. 具有批判精神的独立性

独立性是指个人应更多地依靠自己的力量和独立的见解努力去克服困难、解决问题，而不是完全依靠他人的帮助或依赖他人。独立性的人格特质能使人善于独立思考，具有个人信念、判断的坚定性和行为的独立性，能积极地适应环境，在困难和挫折面前镇静沉着。创新在某种意义上就是独立，创新精神作为一种自觉的、积极的、稳定的心理倾向，它的形成、存在和发展都需要独立人格作为基础，独立型人格的个体特征表现为喜欢独立自觉地思考问题，不怕团体的压力，爱用质疑的眼光来审视事物，具有批判精神，不迷信书本，敢于质疑，敢于提出异议，敢于发表自己的意见，敢于标新立异，积极努力探索未知问题。当代大学生应独立思考，不迷信权威。敢于提出自己的新见解，培养"敢为天下先"的勇气和科学怀疑、理性批判的精神，不唯上、不唯书、不唯权威、不唯潮流，对现有知识进行科学地怀疑和理性地批判，并勇于提出自己的见解。

4. 胸怀社会的责任心

责任心是指个人对自己和他人、对家庭和集体、对国家和社会所负责任的认识、情感和信念，以及与之相应的遵守规范、承担责任和履行义务的自觉态度。责任心使人能自觉、主动、积极地尽职尽责，从而产生满意、愉快的情感，使个人的价值得到充分、合理的体现。高度的社会责任感，能激发追求科学、追求真理的创新激情。首先，责任心是对自己的负责，即一个人要懂得尊重自己的感情，尊重自己的理想，珍惜自己的宝贵年华和生命的活力，充分发挥自己的潜能，从自己的理想出发来安排现实生活。其次，责任心也是对自己所在集体、社会、国家的负责，责任心强的人，会认识到自己的工作在组织和社会中的重要性，把实现组织、社会的目标当成自己的目标，用自己的创新造福人类、推动社会的发展。最后，责任心是成就事业的可靠途径，有了责任心，再危险的工作也能减少风险，责任心强，再大的困难也可以克服。当代大学生应树立强烈的社会责任心，使自己的创新活动真正为祖国、为人民、为人类做出贡献。

5．百折不挠的意志力

百折不挠、持之以恒是所有创新成功者的共同人格特征。它能使人们的精力长期奋发，不屈不挠地克服困难，使活动持续下去，达到既定目的。创新是一项艰辛、漫长、复杂的活动，对于一个有志于创新的大学生来说，必须有坚强的意志力，才能排除各种干扰，朝着创新目标不断迈进。坚韧的意志力品质是创新人格的基石，自控自律、严谨细致、一丝不苟、百折不挠、持之以恒、愈挫弥坚，如此方能排除各种干扰，自觉提高学习效率，朝着目标不断迈进。著名数学家阿贝尔常这样教育学生："坚持，先生，要坚持。你所遇到的困难会在你前进的途中自行解决。前进，你就可以看到光明，它将照亮你前进的道路。"

6．开放的心态以及团结协作的精神

随着时代的进步和科技发展，知识量在成倍地增加，个人不可能知晓一切。现在是开放型社会，更多的发明创造是多人合作的结果，大学生也应学会尊重他人，善于团结协作，摒弃个人主义，这也是创新人格应包含的内容。只有正确处理继承与创新的关系，善于学习，积极吸纳今人、前人、本国人、外国人以及不同学派、流派的知识成果，在实践中善于同他人团结协作，才能避免因个人知识创新和能力的不足所造成的局限性。兼收并蓄，集思广益，才能有所突破，有所创新。

【创新测验】

托兰斯创造性人格测试

创造学的研究表明，高创造力的人，有许多不同于常人的人格特征。下面的一组试题，是根据美国著名心理学家托兰斯的研究成果编成的，可用来自我测试创造人格特征，以了解自己的创造力水平。请对下列问题做出肯定（打"√"）或否定（打"×"）的回答，做完全部题目后再查看答案。

1．在做事、观察事物和听人说话时，我能专心致志。（　）
2．我说话、写文章时经常用类比的方法。（　）
3．我能全神贯注地读书、书写和绘画。（　）
4．完成了一项工作后，我总有一种兴奋感。（　）
5．我不大喜欢权威，常向他们提出挑战。（　）

6．我很喜欢（或习惯）寻找事物的各种原因。（ ）
7．在观察事物时，我向来很精细。（ ）
8．我常从别人的谈话中发现问题。（ ）
9．在进行带有创造性的工作时，我经常忘记时间。（ ）
10．我总能主动地发现一些问题，并能发现和问题有关的各种关系。（ ）
11．除了日常生活，我平时差不多都在研究学问。（ ）
12．我总是对周围的事物保持好奇心。（ ）
13．对某一问题有发现时，我的精神总能感到异常兴奋。（ ）
14．通常，我对事物能预测其结果，并能正确地验证这一结果。（ ）
15．即使遇到困难和挫折，我也不会气馁。（ ）
16．我经常思考事物的新答案和新结果。（ ）
17．我有很敏锐的观察能力和提出问题的能力。（ ）
18．在学习中，我有自己选定的课题，并能采取自己独有的发现方法和研究方法。（ ）
19．遇到问题时，我经常能从多方面来探索解决它的可能性，而不是固定在一种思路上或局限在某一方面。（ ）
20．我总有些新的设想在脑子里涌现，即使游玩时也常常能产生新的设想。（ ）

评价

记分方法：每个"√"记 1 分，各题得分相加，算出总分。
结果评价：
0～9 分　差
10～13 分　一般
14～17 分　好
18～20 分　很好

资料来源：李士，甘华鸣. 创新能力训练和测验 [M]. 合肥：中国科学技术大学出版社，2008.

2.4　创新人格的培养与训练

2.4.1　创新人格培养的原则

人格教育作为有目的、有计划地发展和完善受教育者的人格品质的教育活动，本身是一项极其复杂而细致的工作，它的实施是一个相当巨大的系统工程，涉及多种变量，需要遵循必要的原则。实施的途径、方式、方法是多种多样的，其功效各有千秋，不能绝对化。因此，搞好人格教育，最关键的莫过于对人格教育对策进行优化组合。根据人格教育应遵循的原则和我国当前青少年人格教育的实际情况，青少年人格教育对策的优化主要应抓好以下几方面的工作。

1．认知改善、情绪体验与行为训练相结合的原则

人格特征既不是单纯的思想观念，又不是单纯的行为方式，而是认知、情绪和行为紧密联系的综合体或心理-行为结构，要培养这种内在心理和外显行为表里一致的结构，不仅要从内在思想观念入手进行认知教育，而且要从外在行为方式入手进行行为训练，在行为训练过程中进行情绪体验，从而加深认知、改善认知，进而调节和控制自己的行为。忽视了情感、意志这些把知转化为行的中间环节的培养，往往会造成知行矛盾的恶果，在青少年的人格教育中要注意和尊重情感、意志等因素在人格品质形成中的特殊地位和功能，要强化情感的陶冶以及行为的训练。只有把两种人格教育方式有机结合起来才能有效地促进学生人格特征的形成发展。在现实生活的特定情境中获知、育情、炼意、导行，实现知、情、意、行的和谐均衡健康发展，达到身心的统一、人与社会的协调。

2. 自我教育和终身教育的原则

人格培养说到底是一种终身的自我教育，只有通过自我教育才能不断地建构个体均衡的人格结构。一个过早中断学习、放松对自己要求的人是不可能建立起均衡的人格结构的。人格教育特别强调培养受教育者自尊、自爱、自重和自我完善的精神，以及积极乐观的生活态度。因为只有这样，受教育者才会根据人类社会的进步发展，生存系统中要素的改变进行观念更新、知识更新、态度更新这些心理的自我调节与控制，更好地为社会的进步、科学的发展、民族的昌盛而奋斗。从根本上讲，人格的发展完善是个人主动自觉的过程，其成效主要依赖于个体人格自我建设意识的强弱和所付出的努力。因此，实行人格教育必须坚持自我教育和终生教育的原则。

3. 人格要素的整合发展原则

人格培养本身是一个人格整合的过程。随着个体社会化的进程，人格的各方面要素总是逐渐由不成熟发展到成熟。由最初的互不相关发展到和谐统一的状态。人格的整合永远不会停止，而且随着环境的变化不断发生着变化。对于青少年来说，经历了儿童期人格的发展已使其人格要素具备了一定水平，对其进行人格教育应当在重视发展各方面人格要素的同时，把重点放在人格要素的整合上。要在继承和发扬原有人格品质的基础上进一步发展及改进发展那些新时代、新生活所需要的新人格成分，补充已有人格成分的不足，抛弃那些已落后于社会发展需要的旧有人格成分，把新时期倡导的、传统文化中固有的有益人格成分，按照新时代、新生活的要求进行调整和融合，实现生理与心理的统一、思想与行为的统一，知识、能力、品德的协调。

2.4.2 创新人格自我培养的途径

1. 在日常生活中培养创新人格

生活是无声的老师，人格的形成是由无数个"日常小事"形成、发展的，创新人格的培养也不是一蹴而就的，我们通过"精细化生活"，即认真过好每一天，独立做好每件事，用好奇、敬畏的眼光看待周围的一切，动手去做、去改造生活，养成良好的生活习惯、科学的思维方式、健康的行为模式，良好的人格就形成了。

2. 在教育学习中培养创新人格

教育和学习是一种有目的、有计划、系统性地培养人的活动，在完成常规学习任务的同时，还以培养学生良好人格品质为目的，是人格培养的主要途径。学生在学习中，可以培养广泛的兴趣、获得成就感、培养自信心、形成独立性、磨炼意志力等，为创新人格的形成提供一个广阔的"练兵场"。同时教育和学习也是为解决大学生生活、心理、创新活动中的困惑提供解决方法和灵感的重要途径，课程和教材中蕴含了很多适合于人格教育的内容，教学过程中还会经常出现有利于实施人格养成的教育情景，因此，大学生一定要重视教育、学习对创新人格培养的重要性。

3. 在班级、团队活动中培养创新人格

大学是一个充满朝气的场所，各种各样的集体活动，如班会、团会、报告会、社团活动、各种比赛、文艺演出等应有尽有，大学生应积极参与到这些集体活动中去，在活动中不仅可以开阔眼界、扩大交往、获得知识、培养能力，同时还可以培养、发展自己的创新人格。当然，人格教育与各种班级、团队活动有各自的目标、内容与功能，不能相互替代，但是可以在实现各自目标的基础上相互促进。把人格培养与班会活动、课外活动、团队活动结合起来进行，这是人格教育的又一途径。这一途径能把学校安排的各种例行活动与人格教育有机地结合在一起，便于充分发挥各项活动的整体育人功能。

4. 在社会实践中培养创新人格

人格教育不能仅仅局限于课堂教学和校内，其范围还应延伸至校外，各种社会实践活动是人格教育的重要途径之一，如参观访问、社会调查、公益活动、业余兼职、实习实训，等等。社会实践给了大学生充分展示自我的空间和发挥其主观能动性与创造性的平台，可以弥补第一课堂的不足，将理论与实践融为一体，推动理论知识的转化和拓展，在解决实际问题的同时，培养了大学生的创新人格。

5. 在游戏训练中培养创新人格

大学生可通过拓展训练、团体辅导活动、模拟游戏、角色扮演等途径进行创新人格的培养。这些游戏、训练以其新颖独特的形式，运用体验式学习的模式，强调"从做中学"（learning by doing），越来越受到人们的欢迎和青睐。这些游戏和训练对大学生人格素质的影响体现在：培养大学生的团队协作意识、良好的沟通和交流、社交能力，可以发掘大学生的潜能，培养其自信心、创新精神和问题解决能力等。大学生可以积极参与到这些游戏中，也可以结合集体活动自己组织、自我练习。

创新故事　　**幼儿园里培养的诺贝尔奖获得者**

1978年，全世界诺贝尔奖获得者在法国巴黎聚会。有记者问当年的诺贝尔物理学奖得主卡皮察："您在哪所大学、哪个实验室里学到了您认为是最主要的东西？"

出人意料的是，这位白发苍苍的老人回答道："是在幼儿园。"

记者愣住了，又问："您在幼儿园学到了些什么呢？"

老人如数家珍地说道："把自己的东西分一半给小伙伴们，不是自己的东西不要拿，东西要放整齐，吃饭前要洗手，做了错事要表示歉意。午饭后要休息，学习要多思考，

要仔细观察大自然。从根本上说，我学到的全部东西就是这些。"

所有在场的人对这位诺贝尔奖获得者的回答报以热烈的掌声。

无独有偶，当谷歌的创始人谢尔盖·布林（Sergey Brin）和拉里·佩奇（Larry Page）在电视上被访问时，记者问他们的成功应该归功于哪一所学校，他们并没有回答斯坦福大学或密歇根大学，而回答的是"蒙台梭利小学"自由自在的学习，没有任何消极输入的方式，在蒙台梭利的教育环境下，他们学会了"自己的事，自己负责、自己解决"。是这样的积极教育方式赋予了他们勇于尝试、积极自主、自我驱动的习惯，因而带来了他们的成功。

事实上，大多数科学家认为，他们终身所学到的最主要的东西，就是从小形成、保持至今的良好习惯。

资料来源：http://www.bjd.com.cn/10fk/10xslz/yeyl/200611/t20061120_122056.html.

2.4.3 创新人格自我培养的方法

1. 抓住兴趣和好奇心，培养创新意识

好奇心是创新的前提。抓住好奇心，就是要抓住生活、学习、社会中的许多新奇的事物和现象，并持续关注。具体可以从以下几个方面做起。

（1）关心、了解社会、科技等周围事物的变化。大学生应关注丰富多彩的日常生活，关心、了解社会、科技等周围事物的变化，及时抓住自己的美妙遐想和创意灵感，在遐想产生的一刹那将其记录下来，充分满足自己的好奇心，使之成为现实，为自己的小科研找到素材，将自己投入到社会发展的洪流之中，而不是做一个置身事外的看客。

（2）学会发现问题。问题是一切发明与创新的起点。人类科学技术进步历史的大量实证向我们显示：科学的发现、技术的发明、社会的进步均始于问题的发现。只有发现了问题，才能触动人们的好奇心，从而激发科学探索的兴趣，并导致一系列的科学探索和科学创新；也只有提出了问题，才能找到并抓住制约事物发展的关键点，用有效的技术发明创造，通过科学技术的不断提高来实现人类征服自然力量扩大的现实。例如，一名大学生发现公园里的垃圾桶太不显眼，不利于人们找寻，于是就设计出一套颜色鲜艳的卡通形象垃圾桶。

（3）积极探究问题。发现了问题，还要积极地探究问题，带着发现的问题进行观察、思考，寻求解决问题的方法。英国哲学家波普尔提出了以问题贯穿于科学发展过程中的四段模式：问题1—试探性理论—消除错误—问题2……在探究问题的过程中，不仅培养了自己的创新能力，还培养了自己的创新人格。

2. 不断地收获成功，增强自信心

始终相信自己，相信自己的事业，是创新者必备的创新素质，是实现创新理想的信念之源。大学生应树立自信、消除自卑、坚持自强，扬起创新自信的风帆，树立创业自强的雄心。

（1）创造各种机会，不断地体验成功。认真、投入地对待每一件事情，是取得成功的基础；积极地参与到丰富多彩的大学生活中去，是收获成功的途径；不断地提高自己各方面的能力，是不断成功的保障。成功可以帮助我们树立自信，自信可以帮助我们获得成功。

（2）为自己的成功，适时、合理地赋予价值。没有价值的行动，即使干得很出色，也不会产生真正的自我效能感和自信心。因此，当成功时，为自己的成功合理地赋予一定的价值，这样可以增强自己的成就感、自豪感和自信心，例如"今天我记住了5个单词，这表明我是能够管住自己，沉下心学进去的"。同时，还要为自己的成功赋予一定的方向，例如"我很容易与人打成一片，我的人际交往能力比较强，我想我将来从事管理、营销之类的工作应该能够成功"。

3. 训练批判思维，培养独立性

（1）能够打破常规，突破思维定势。很多伟大的创新，都是因为敢于打破常规，不循规蹈矩。我们每个人都知道钢铁的密度比水大，因此推测钢铁在水上必然下沉就是顺理成章的了，甚至我们可以很容易地用实验来验证这一点。然而，如果这个常识占据我们的头脑，并阻碍我们的思维的话，恐怕到今天我们也只能划几只木船来做些短程的航行。要创新，就需要有不迷信权威、不轻信传统的精神；需要有坚忍不拔的毅力、不怕失败的勇气和实事求是的科学态度。布鲁诺不迷信众人都认同的教会所说的太阳围绕地球转的"地心说"，提出了与之相反的"日心说"。

（2）善于质疑，独立地提出问题、解决问题。正确地质疑、善于独立地提出问题和解决问题是批判性思维的外在表现。大学生应不拘泥于已有的固定模式或他人的见解，不盲目地肯定一切或否定一切，能对事物正确质疑，具有自觉探索、除旧布新的能力。勇于提出问题、解决问题是一种可贵的探索求知精神，也是创新的萌芽。对已有的学说和权威的、流行的解释，不是简单地接受与信奉，而是持批判和怀疑的态度，由质疑进而求异，才能另辟蹊径，突破传统观念，大胆创立新说。

（3）在生活、学习、心理等方面能够独立。独立并不是一个空泛的名词，它的意义涵盖了生活的各个方面，养成生活上的独立习惯，是培养独立性最重要的途径。目前，有相当一部分大学生生活和心理上的自理能力较弱，依赖性强；更多的大学生在学习上主动性不够、积极性不高、自学能力低。这种情况，势必会影响到大学生整体独立性的发展。一个在思想上、行动上、个性上不能独立的人，往往在生活中表现出处处依赖他人，要想顺利地、独立地进行创新几乎是不可能的。因此必须引导他们从琐碎的日常生活小事做起，训练他们自己处理生活问题、培养基本生活技能，使他们从外部行为上逐步摆脱家庭的呵护关怀，能够在生活上独立。

4. 树立正确的价值观，增强责任心

（1）转变观念，提高认识。要培养学生正确的创新价值观，首先要消除学生对创新的神秘感。不能一提起创新，就想起牛顿的万有引力定律、爱因斯坦的相对论、爱迪生的1 000多项发明和凡·高的《向日葵》。其实人人都可以创新，人人都能创新。就学生而言，新的试验设计、新的解题思路和新的班级活动都是创新，只不过是在窄小的范围群体内体现价值创新而已。其次，向伟人、名人、身边的榜样学习，分析他们的成长故

事，学习他们的创新精神，树立正确的创新价值观。

（2）以天下为己任，敢于创新。树立为社会进步、人们便利而去努力创新的责任感，明确自己创新行为的意义和价值，抓住自己的任何一点新想法、新做法或新设计等，努力去实现它。

5. 培养意志品质，提高对挫折的耐受力

创新活动是一个艰苦的过程，不仅要在思维上突破常规，在行为上不同寻常，而且还需要忍受问题未明朗之前的漫长实践和"试误"，这一过程充满了艰辛和困苦。此外，创造性活动常常超越了所处时代和社会的常规，创造者可能遭受社会的冷遇、排斥、打击。因此，创造者必须能够忍受痛苦和经受挫败的考验。学生应进行自我锤炼、自我激励、自我调节。只有发自内心地对自己严格要求和主动去克服困难，才能有效地培养坚强的意志品质。最后，还要善于把握住自己的计划，一旦做出正确的决定就要坚持到底，身体力行，不能半途而废。

（1）培养意志应从养成克服较小困难的习惯开始，而随着时间的推移再去克服较大的困难。克服困难和障碍是为了达到一定的目标。目标越重大，意志动机的水平就越高，人也越能克服更大的困难。因此意志培养的一个必备条件是形成高尚的活动动机。

（2）经常用榜样、名言、格言对照自己，检查自己。

（3）已做出的正确决定应严格贯彻执行。无论遇到什么困难都逼着自己去完成，自觉地培养言行一致的作风。目标既定，就要落实到行动上，"言必信，行必果"这样才能积极创造条件，磨炼自己，而不要做口头上的巨人，行动上的矮子。只有言行一致，才能使人们乐观进取、知难而进，而不是悲观失望、逃之夭夭。

（4）加强自我修养，提高自我认识。一些消极的意志品质如刚愎自用、优柔寡断、执拗、任性、胆怯，都是由不能正确认识自己所致。如果一个人过低地估计自己，往往会畏缩不前，徘徊不定。而一个人如果过高地估计自己，经常做出不可能实现的决定，只能到处碰壁，久而久之就会削弱自己的意志。所以，要能够正确地分析自己的意志品质，哪方面薄弱，就在哪方面下工夫。

6. 培育良好的竞争精神和善于合作的创新禀赋

现代社会是一个竞争的社会，没有竞争精神就不能很好地适应社会，甚至无法生存。因此，大学生要树立强烈的竞争精神。这是创新人格的必备要素。现代社会还是一个彼此相互合作的社会。当今，越来越多的发明创造都不再是单个人能够完成的，而必须与他人合作。合作精神在创新活动中所发挥的巨大作用已日益彰显。相反，如果没有与人合作相处的能力，即使有创造性的思维，也不容易产生创造性产品。基于此，必须"使自己置身于同团体、同他人之间的真诚的、信任的、荣辱与共的合作关系之中，从而获得安全感、平衡感和自信心"，这是创新人格不可或缺的内在禀赋。

7. 避免不良人格的形成

大量心理学研究表明，在个体中还存在着许多不利于创造力发展的因素。董奇（1993）认为：胆怯、过分自我批评、懒惰、从众、狭隘、刻板、骄傲是阻碍创造力发

展的人格因素。因为创造力是人类的一种普遍的心理能力，是人类心理机能的最高表现，它需要个体的各种心理机能的协调和完善，也就是说，它必须依赖人格的健全和完善，才能得以实现。吉尔福特也指出：尽管每个个体都具有巨大的创造潜能，但由于人格的不健全，会导致心理健康水平的下降，就失去了最佳的心理调节。因此，要培养良好的创造力，必须防止焦虑、妒忌、褊狭、违拗、冷漠等不良人格的形成。

2.4.4 创新人格团体训练方案

1. 我的兴趣岛

游戏目的

引导学生探索自己的兴趣，学会合理地处理兴趣与专业、职业、社会发展的关系，鼓励学生根据兴趣进行创新。

游戏规则与程序

（1）游戏背景：恭喜你！你获得了一次免费度假游的机会，有机会去下列6个岛屿中的一个。唯一的要求是你必须要在这个岛上待满至少半年的时间。请不要考虑其他因素，仅凭自己的兴趣挑出你最想前往的岛屿。

1号岛屿：自然原始的岛屿。岛上自然生态保持得很好，有各种野生动物，居民以手工见长，自己种植花果蔬菜、修缮房屋、打造器物、制作工具，喜欢户外运动

2号岛屿：深思冥想的岛屿。岛上有多处天文馆、科技博览馆及图书馆。居民喜好观察、学习，崇尚和追求真知，常有机会和来自各地的哲学家、科学家、心理学家等交流心得

3号岛屿：美丽浪漫的岛屿。岛上有许多美术馆、音乐厅、街头雕塑和街边艺人，弥漫着浓厚的艺术文化气息。居民保留了传统的舞蹈、音乐与绘画，许多文艺界的朋友都喜欢来这里寻找灵感

6号岛屿：现代、井然的岛屿。岛上建筑十分现代化，是进步的都市形态，以完善的户政管理、地政管理、金融管理见长。岛民个性冷静保守，处事有条不紊，善于组织规划，细心高效

5号岛屿：显赫富庶的岛屿。居民善于企业经营和贸易，能言善辩。经济高度发展，处处是高级饭店、俱乐部、高尔夫球场。来往者多是企业家、经理人、政治家、律师等

4号岛屿：友善亲切的岛屿。居民个性温和、友善、乐于助人，社区均自成一个密切互动的服务网络，人们重视互助合作，重视教育，关怀他人，充满人文气息

（2）首先，你最想去的岛屿是哪个呢？其次，在剩下的5个岛屿中你最想去的是哪个呢？最后，在剩下的4个岛屿中你最想去的是哪个呢？依次写下来：
① _____　② _____　③ _____

（3）按自己的第一选择的岛屿分组就座。同一岛屿的人交流一下：自己为什么选择这个岛屿，看看大家有什么共同的兴趣爱好，归纳为关键词把他们写下来，并给自己的岛屿命名。

（4）每个小组选出一位"岛主"，用3分钟时间展示自己小组的组名并在全班介绍自己小组成员的共同特点。

（5）教师讲解（或学生自学）霍兰德兴趣理论，了解各个岛屿对应的兴趣类型。

相关讨论
- 你的兴趣与你所学的专业匹配吗？如果不匹配，你打算如何处理？
- 如何将自己的兴趣与将来可能从事的职业和社会发展结合起来？
- 如何将自己的兴趣和创新实践结合起来？

总结
- 兴趣就是我们内心动力和快乐的最终来源。我们的满足感、幸福感往往来自从事某种活动，而不是无所事事或单纯地享乐游玩，这也正是工作和生活原本的意义所在。
- 兴趣可以划分为职业兴趣和非职业兴趣，并不是所有的兴趣都应该在自己的职业中体现，但几乎每一种兴趣都可以与某种职业联系起来，关键在于如何在工作和生活之间实现协调与平衡，以及怎样在工作与个人爱好之间适度统一。
- 我们常常需要反省的一个问题是："我为自己的兴趣做了什么？"

2．我自信，我快乐

游戏目的

帮助学生认识并肯定自己，树立自信。

游戏规则与程序

（1）自我欣赏

每8人一组，每个同学按下表完成语句。

我最欣赏自己的外表是_____

我最欣赏自己对朋友的态度是_____

我最欣赏自己对学习的态度是_____

我最欣赏自己的一次成功是_____

我最欣赏自己的性格是_____

我最欣赏自己对家人的态度是_____

我最欣赏自己做事的态度是_____

完成后，每人在小组中读出自己所写的内容。当有同学在分享时，其他人认真聆听，思考哪些与自己相同、哪些不同，为什么？

（2）优点挖掘

用自己的优点填空完成10句：我是一个_____的人。

然后，依次向同桌读出自己的优点，向本小组说出自己的优点，走向讲台，向全班同学大声宣告自己的优点。比如，我是一个喜欢我自己的人；我是一个负责任的人；我是一个常常帮助别人的人等。其他同学对台上同学鼓掌表示鼓励。

（3）优点"轰炸"

8个人一组，每人被"轰炸"一次，其他7位成员轮流表扬和欣赏一位成员，被"轰炸"

者要说出自己的感受。

（4）角色扮演

首先，说出自己最崇拜的一个偶像，并说明崇拜他的原因。

其次，想象自己就是自己崇拜的偶像，扮演一个小故事。扮演时不仅言谈举止像，更重要的是思想行为要像，并且反省自己：如果他是我，他会这么做、这么想吗？

再次，小组分享角色扮演的感受，最好将感受写下来。

最后，每个人将自己这样做的感受告诉同桌。

（5）体验成功

首先，写一份挑战书，向自己或者班上的某位同学发起挑战。挑战的内容可以是成绩、能力、品质、技巧等自己希望提升的方面，有明确的挑战实施计划，并承诺付诸行动。一段时间后，在课堂上展示自己的挑战书。

其次，给自己写一份挑战书，挑战自己已取得的成绩，或挑战自己的缺点，最终战胜自己。一段时间后，在课堂上展示自己的挑战成果。

相关讨论

- 如何让自己自信起来？
- 自信起来有何效果和作用？

总结

- 自信，就是自己相信自己。
- 自信是一种习惯，请养成和保持自信的习惯。

3. 独立性训练

游戏目的

培养学生在思维、行为、计划上的抗干扰能力

游戏规则与程序

（1）七嘴八舌

将学生分成若干小组，先请一位同学坐中间，从1写到500，其余同学在一旁说话、讨论、吃东西、走动甚至打架等，试图干扰这名学生。写完后检查错误数量，并进行角色轮换。

（2）我行我素

一个学生去图书馆自习室学习，其余同学想尽一切办法挽留他，干扰、阻止他去学习。然后，进行角色轮换。

（3）坚持梦想

先选一位同学大声说出自己的目标或理想，如创业、搞个小发明等，其他同学想尽一切办法打击他，第一个同学据理力争，用自己为实现目标做的充分准备反击，坚持自己合理的梦想。

（4）选一个创新创意的课题，独立将创意做出来，稍后择期将自己的作品拿出来展示，并做出评价。

相关讨论

- 如何做到不受干扰，保持自己的独立性？

总结

- 树立科学合理的目标，做到目标明确，牢记在心，才能坚持自我，取得成功。

4．价值观与责任心训练

游戏目的

反思人生的价值与责任。

游戏规则与程序

首先，将学生分为若干小组，10多个学生围成一个有缺口的圆圈，游戏的背景是大家都是朋友，相约在一个山洞里玩耍，这时突然发生了意外，一次只能有一个人逃出去，洞口随时都有坍塌的可能，越到后面出去越危险。

其次，大家依次陈述自己出去的理由，陈述完后一起表决第一个出洞的人，剩下的人再讨论决定下一个出洞的人。

最后，洞口在中途不幸坍塌，留下的人写遗书，出去的人写保证书。

相关讨论

- 你是否以认真的态度对待了这个游戏？
- 这个游戏有什么现实意义？
- 我们的责任有哪些？该如何对待自己的责任？

总结

- 责任心包括对自己的责任、对他人的责任、对学习和生活的责任、对社会的责任等。
- 我们要勇于承担责任，挖掘自己的潜能，实现自己的价值。

5．意志力训练

（1）偏向虎山行

游戏目的

训练学生的创新思维和解决困难的意志力。

游戏规则与程序

首先，将学生分成若干小组，每组接受一个"不可能任务"，如向非洲人销售羽绒服、向爱斯基摩人销售冰箱、向和尚卖梳子等。

其次，组员讨论，制订销售方案，并进行角色分配。

最后，组员进行角色扮演，向销售对象（由老师扮演）推销产品。

相关讨论

- 你觉得这样的问题难不难？你想过放弃没有？你是如何克服困难的？
- 在推销自己的商品时，你们是怎么分析特定人群和此商品的关系的？你们是否考虑过他们的习惯、需要、想法和价值标准呢？

- 你一定遇到过这种情况：有时候你的目标和他人的需要并不一致，你纵有雄心壮志却无人欣赏？在做这个游戏之前你怎么处理的？做过这个游戏后，你将如何改进你的方法？

总结
- 面对困难，我们不能轻言放弃。
- 克服困难除需毅力外，还需智慧和创新。

（2）销售中的异议

游戏目的

训练学生的意志耐受力、应变能力、解决问题的能力。

游戏规则与程序

4名大学生研制了一种创新产品，成立了一家小公司，分别担任经理、研发人员、销售人员和客售后人员。首先，将学生分成若干小组，小组内4个人扮演公司人员（A），另一些扮演客户（B）。

场景一：公司现在要将创新产品卖给客户，而客户想方设法地挑剔产品的各种毛病，公司人员耐心回答客户提出的这些问题，即便是一些吹毛求疵的问题也回答得非常好，做到让客户满意。

场景二：客户将本产品买了回去，但发现了一些小问题，客户讲一大堆对于商品的不满和难听的话，公司人员的任务仍然是耐心回答，帮他解决问题，提高其满意度。

交换一下角色，然后再做一遍。

相关讨论
- 对于A来说，B的态度让你有什么感觉？在现实工作中，你该怎样对待这些客户？
- 如何提高自己的耐受力？

总结
- 良好的态度是解决问题的基础。
- 平和的心态帮你渡过难关。

6．团队精神训练

游戏目的

提高团队创新能力、团结协作能力。

游戏规则和程序

首先，将学员分成10个人一组，然后发给每组一套材料，要求他们在30分钟内，建造出一处优雅美丽的景观来，要求景色美观、创意第一。

其次，要求每组选出一个人来解释他们景观的建造过程，如创意、实施方法等。

最后，由大家选出最有创意、最具有美学价值、最简单实用的景观，胜出组可以得到一份小礼物。

相关讨论
- 你们组的创意是怎样来的?
- 在建造的过程中,你们的合作过程如何?大家的协调性怎么样?各人扮演什么角色,这一角色是否与他的平时形象相符?

总结
- 创意好不好关系到景观的成败。如果一开始的思路就错了,或者根本没有明确的目标,就会在以后的工作中面临越来越多的问题,比如时间管理、审核标准、资源分析等。
- 当想出足够好的创意以后,每个人根据自己不同的特长选择不同的任务,比如空间感好的人就可以来搭建模型,手巧的人可以进行实际操作,但最重要的是一定要有一个领导者,他要统观全局,对创意进行可行性评估,以及最后进行总结。
- 对于组员来说,如果你有了新的创意,一定要跟其他人交流,让他们明白你的意思,并让大家评定你的点子是否可行。

创新思考与实践

1. 结合实际,谈一谈你该如何培养和提高自己的创新能力。
2. 结合实际,谈一谈创新人格的作用。
3. 结合实际,谈一谈如何培养自己的创新人格。

Chapter 3

第3章

创新过程

学习要点

1. 心理学角度的创新过程
2. 时间和空间角度的创新过程
3. 创造性解决问题的系统模型
4. 创新的一般过程

学习要求

1. 掌握创造性解决问题的系统模型。
2. 熟悉创新过程的四个阶段，以及按时间和空间角度区分的创新过程。
3. 了解创新阶段的其他说法。

教学原理

1. 创造性解决问题的系统模型，学生可以根据这个模型，按步骤多次训练，提高创造性解决问题的能力，更好地理解和认识创新的全过程。
2. 心理过程的四阶段，学生可以据此在创新过程中调节自己的情绪和状态，尽量缩短创意产生的时间。

  有天资的人，当他们工作得最少的时候，实际上是他们工作得最多的时候。因为他们在构思，并把想法酝酿成熟，这些想法随后就通过他们的手表达出来。

——达·芬奇

  很多人把创意归结为偶然。其实创意的由来并非大家所以为的"灵光一现"，积累是非常重要的过程。

——分众传媒创始人江南春

任何事物的产生和发展都有一个过程。各种创新成果的出现，都经过了一系列的发展程序，这一系列程序就是创新过程。所谓创新过程，是指运用自己的思维和实践能力酝酿和产生创新成果，并将其转化为现实生产力的一个不断往复的过程，它是人类进行科学研究、技术发明、艺术创作等的实践活动。一般来说，创新过程具有操作性、现实性和反复性的特点。同时，创新过程不单是一个思维过程，同时也是一个实践过程。这两个过程是互相交叉的。因此，从这个角度来说，对创新过程的划分一般有两个出发点：一个是从心理学的角度出发，另一个是从时间和空间的实践角度出发。

3.1 心理学角度的创新过程

心理学角度的创新过程是指个体从开始创造到产品落实的一段心智历程。人类的创新过程，是个复杂的心理过程。创新过程就是一个创意产生的过程。通过对古今中外杰出创意事例的深入研究以及相关领域的科学研究，我们发现创意活动过程表现出以下几个突出的阶段性特征：一是创意的准备期，即一个发现问题与界定问题的过程；二是创意的产生期，即一个提出假设、发挥构想、产生创意的过程；三是创意的验证期，即一个完善和发展假设、构想及评价优化创意的过程。本书中采用英国心理学家华莱士对创意过程的划分。华莱士认为：创新思维过程，自产生、发展直至完善的每一项创造活动过程，均具有明显的客观规律性。任何创意过程一般要经过四个阶段，即准备阶段、酝酿阶段、顿悟阶段和验证阶段（见图 3-1）。

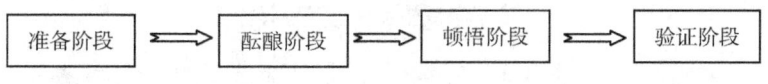

图 3-1 创意过程的四阶段

3.1.1 创新四阶段说

1. 准备阶段

创意活动的准备阶段就是提出有价值的问题，创新思维围绕这些问题展开，并确立思维方向的过程。创意的准备阶段是一个外部信息输入环节，包括确认问题和搜集材料。它是一个发现问题、界定问题和设立目标的过程。

创新思维是从怀疑和不满开始的，并从中发现问题和提出问题。创新所要求需要具备的素质之一就是要有怀疑精神。如果一个人认为哪里都没有问题，那他就不会有创新了。发现问题就等于解决问题的一半（见图 3-2）。爱因斯坦曾说："提出一个问题，往往比解决一个问题更重要。"因此，正确地发现问题或矛盾，并提出问题是创新的关键一步，是

图 3-2 发现问题等于解决问题的一半

创新活动的基础。

但到底什么是问题呢？所谓问题，是指社会实践活动预期效果、理想效果或应有效果与实际效果之间的差距，有差距就有问题。问题就是社会活动主体的期望、设想与现实的差距所形成的客观矛盾。问题就是矛盾，发现问题就是发现矛盾。毛泽东说过，什么叫问题？问题就是事物的矛盾。哪里有矛盾，哪里就有问题。可见问题就是矛盾，正确地认识和发现问题，就是要正确地认识和发现矛盾。反过来说，能够正确地认识和发现矛盾，也就是能够正确地认识和发现问题。

但发现问题并不是一项简单的工作，而是一项复杂且艰难的工作。毛泽东指出："提出问题，首先就要对于问题即矛盾的两个方面加以大略的调查和研究，才能懂得矛盾的性质是什么，这就是发现问题的过程"。发现问题要求创意人要进行调查研究，收集相关的资料和信息，对收集的资料和信息进行分析和研究，从他人的经验中获取必要的知识和启示，并从旧的问题和关系中发现新的东西，为解决问题做准备。要产生新构想，必须先熟悉别人的想法。如果只是简单地罗列堆积信息数据资料，不能对其做正确而深刻的分析，也就不能发现问题。调查和分析不是截然分开的两个步骤，而是紧密联系在一起的。一边调查一边就要用心去进行分析，边调查边分析。也就是说，创意人在创新之前，需要对前人在同类问题上所积累的经验有所了解，对前人解决到什么程度，哪些问题已经解决，哪些问题尚未解决，做深入的分析。这样，既可以避免重复前人的劳动，还可以使自己站在新的起点从事创造工作。从前人的经验中，不仅能获得知识，还能获得启示。

例 3-1　马克思写《资本论》

马克思写《资本论》（见图 3-3）时做了大量的准备工作，他参考了 1 500 多本书，每本书都做了笔记。为了广泛收集资料，他经常到大英博物馆的图书馆阅读，他总是坐在图书馆靠右边最后一排的第一个位置上，读到兴奋时，常常习惯性地用右脚在地上来回搓几下，他在那里看书的时间长达 25 年，把座位下面的那块坚硬的水门汀地板磨掉了一层。

图 3-3　《资本论》

资料来源：杨乃定. 创造学教程 [M]. 西安：西北工业大学出版社，2004.

例 3-2　爱因斯坦写《相对论》

爱因斯坦在青年时期，就对物理学中的基本问题感到不安，尤其是光的速度问题。他日夜为解决这个问题收集资料，深入思考长达 7 年之久。当他考虑到时间概念时，忽然觉得萦回在头脑中的问题可以得到解决了。这样，他只用了 5 周时间就完成了举世闻名的《相对论》（见图 3-4）。

图 3-4　《相对论》

资料来源：杨乃定. 创造学教程 [M]. 西安：西北工业大学出版社，2004.

另外，准备阶段的工作范围应尽量大些，包括相关学科、跨学科的知识汲取、方法的借鉴；准备的时间应充分些，在对资料、经验做深入整理分析的时候，无效的观念应予抛弃，对问题做多角度、多思路、多方法的试探解决，问题的本身也可在准备中重新界定。

2．酝酿阶段

酝酿阶段，又称沉思阶段或孕育阶段（见图 3-5）。

这一阶段主要表现为冥思苦想，是准备阶段之后、灵感出现之前的一个潜伏期，即对前一阶段，也就是准备阶段所发现并界定的问题，以及收集的资料、信息进行加工和处理，不断地从正反两面进行各种假设、构想，让各种知识、信息在头脑中反复地组合、交叉、撞击和渗透，创造性地加工，不断地否定、选择，不断地提出各种新的假设、构想，从而推断出问

图 3-5　酝酿阶段

题的关键所在，并做出解决问题的假想方案。酝酿阶段常常需要相当长的时间，是大脑高强度的劳动时期。经过反复的思考、酝酿，也可能有些问题仍没有理想的解决方案，你会一次或多次发生"思维中断"。因此这一阶段的时间差异也较大，少则几分钟，多则数日，甚至几年。在这一阶段，人们也会常常在一番紧张思考之后，主动暂时搁置问

题，做些其他的与想法无关的事情，比如试着睡觉和做梦，从而使这些信息处于孕育状态，让其逐渐成熟，等待着灵感和突变思维的降临。在这个时期，创新者的观念仿佛是在"冬眠"，他虽然不再有意识地努力去思考问题，但他的潜意识仍在围绕这个问题工作，等待着"复苏"。此时可以通过调整心态，换一种心情或状态来工作，也可以让脑筋休息一段时期。沃勒斯认为可以将前一个问题搁置而换一个其他的问题，然后有意地在半途予以搁置，再换第三甚至第四个问题。这种不断地进行交替工作，很可能同时得到几种结果，使孕育阶段得到充分利用。

例 3-3　科学家高尔顿在沉思阶段如何调节

英国科学家高尔顿兴趣广泛，他原来是学医的，但他对气象学、地理学、优生学、指纹学、创造心理学、数学都做过贡献。他往往是一个问题不能突破时，就暂时搁下，研究另一个感兴趣的问题，有时还会转到第三个问题，在适当的时候，又回转过来考虑第一个问题，这样交错穿插，他的创新成果非常多。若用头脑休息的方法，也有两类办法：一为静中养智，坐在舒适恬静的地方以澄清自己的心境，或松弛身心，听音乐、看电影、洗温水浴、做日光浴等都有助于休息；二为从事不剧烈的运动，如散步、游泳、旅游、干一件自己嗜好的事等。

资料来源：杨乃定. 创造学教程[M]. 西安：西北工业大学出版社，2004.

沉思阶段的存在说明，创新是一种有节奏的工作，有动有静，有行有止，有忙有闲，需要适时地协调。死读书和疲劳战，对创新有百害而无一利。

3. 顿悟阶段

创新思维的第三个阶段就是创意的诞生阶段，即顿悟和灵感的成形阶段，称为顿悟阶段，或者豁朗阶段、明朗阶段。

顿悟阶段是发现具体解决方法的明朗期，即发现了解决问题的途径与方法，形成了解决问题的初步假设，找到了问题的答案或得出了结论。顿悟是经过长时间的酝酿之后，创新思维火花猛烈爆发，新的观点在极短的时间里灵光一现，这个阶段中直觉、灵感等非逻辑思维往往起着决定性的作用。顿悟和突破虽然是在极短时间里出现的，但它们是整个创意过程中的转折点。这一时期就是灵感来临的时期。经过分析和冥思苦想后，在创新方法的启示下，在直觉、灵感、想象和联想思维的作用下，某个偶然的时刻，灵感降临，思路豁然开朗，创造性成果脱颖而出，产生了超常的新理论、新观念、新思想和新发明。这一心理现象人们通常称为灵感。

这里需要注意的是，灵感的出现不是轻而易举的，而是在艰苦的脑力劳动之后。灵感出现的时机不是在体力和脑力相当疲劳、心情烦躁或高度紧张焦虑时产生的，而是在思维活动长期紧张以后的暂时放松状态下产生的。因为大脑处于紧张状态时，是难以接受新信息并进行有效思考的，只有当大脑处于较松弛状态时，外界的有关信息才有可能与脑中原有信息重新组合沟通，使问题得到顺利解决。因此，暂时将一个冥思不得其解的问题搁置一旁，去听听音乐、散散步、看看电影，或者干点其他看似与问题无关的事情来帮助思考，也就是说能让大脑开始新的组合的活动都可以做。经过一段时间的孕育，在某个非常偶然的时刻，具有价值的新观念可能突然出现，从而出现豁然开朗的境界。

例 3-4　顿悟阶段

数学家庞加莱讲到，有次他在进行了一段时间紧张的数学研究以后，就到乡间去旅行，不再去想工作了。"当我的脚踏上刹车板时，突然想到一种设想……我用来定义福克斯函数的变换方法同非欧几里得几何的变换方法是完全一样的。"又一次，在想不出一个问题时，他走到海边，然后，想些完全不相干的事情。"一天，在山岩上散步时候，我突然想到，而且想得又是那样简洁、突然和直截了当：不定三元二次型的算术变换和非欧几里得几何的变换方法完全一样。"

文学家欧阳修自称："余生平所做文章多在'三上'乃马上、枕上、厕上也。盖唯此尤可以属思耳。"启迪阶段是创造过程的高潮，久攻不克的堡垒，突然间被打开一个缺口，创造取得了突破！创造者欣喜若狂，思绪万千，心理学家称为"有啦！"现象、"啊哈！"现象。

资料来源：杨乃定. 创造学教程[M]. 西安：西北工业大学出版社，2004.

灵感的出现，在时间上没有规律，但在出现的场合和范围上，却表现出共同的规律。其一，不论灵感多么飘忽不定，它总是出现在人们学有所长的领域中，这是显而易见的。郭沫若和茅盾同为文学大师，他们绝不会在导弹、火箭的研究领域中产生灵感；同样，钱学森、钱三强也绝不会在文学创作中产生灵感。其二，灵感总是出现在勤于思考、刻苦学习的人之中。也就是说，灵感不会降临在整天无所事事、缺乏思考的人那里。其三，灵感总是出现在人们对某个问题的专注之中。如果你是一个勤于思考的人，但考虑问题不专一，遇到困难就望而却步、见异思迁；或者考虑的问题很多，但都浮于表面，缺乏深度；或者爱在琐事、杂事上费工夫，灵感也就很难光临。

在这一时期，发现了解决问题的途径与方法，形成了解决问题的初步假设，找到了问题的答案或得出了结论。问题的明朗化可以是突发的、跳跃的，也可以是渐进的、连续的，可以是直觉的，也可以是逻辑的。但这一阶段获得的观念可能是正确的，也可能是错误的，这时产生的创意还有待进行验证。从心理状态上看，这一阶段是高度兴奋的。豁然开朗的领悟，常常是突如其来的，有时创意人自己也感到惊愕。就如同一两岁正在学说话的宝宝，当家长在日常生活中教他说一些词语、认识一些事物时，宝宝当时并没有反应，有时似乎也不是很感兴趣，但是可能过几天忽然给你带来了惊喜，叫了第一声"妈妈""爸爸"……对于小宝宝来说，这就是一个创新过程。而第一声"妈妈""爸爸"就是宝宝的顿悟阶段，这是在家长反复不断地教育的前提下，宝宝从不断地听和练的长期过程中的领悟。

> **创新故事**
>
> ### 一个青年发明家的诞生
>
> 　　20 世纪 70 年代初期，周林在上海上学。每年冬天，他和许多同学一样手脚长满了冻疮，痒痛难忍，四处求医用药，都治标不治本。冻疮的痛苦折磨着他，也引发了他的思考："难道世上就没有更好的办法对付冻疮吗？"带着这个问题，周林四处打听和查阅资料，结果都令人失望。在这种情况下，周林"独上高楼"，产生了求解冻疮治疗难题的"想法"。
>
> 　　彻底治愈冻疮的新办法在哪里呢？周林进入"苦苦思索"境界。他利用各种机会，收集民间偏方试验，分析打针、吃药、针灸方法，毫无进展。在反复琢磨中，他逐渐感到重复前人的研究是没有出路的，只有走前人没有走过的路才有希望。但是，这条新路又在何方？几年过去了，周林仍举目茫茫。毕业后，他在工作岗位上仍念念不忘治疗冻疮的课题，苦苦寻找新的治疗方案。在那些日子里，他走路想、吃饭想，连做梦也都在思索。体重减轻了，面容憔悴了，但顽强的周林对治疗冻疮的新方案"苦恋"不止。
>
> 　　终于有一天，周林步入"顿悟"境界，找到了攻克难关的新思路。那天，他在一台大型砂轮旁打磨铸件，沉重的铸件在砂轮的磨削下产生巨大的冲击振动。瞬间，一股强大的振荡冲击波从双手传递到全身，周林感到热血沸腾，此时，一个灿烂的创意火花在他脑海突闪："谐振？谐振？发热？治冻疮？"这一顿悟，使周林中断了的思维变得通畅，他想到了用电谐振刺激人体血液循环来治疗冻疮的原理。
>
> 　　从此以后，周林便潜心于从生物医学工程和现代频谱技术的结合方面进行研究，终于发明创造出一种治疗冻疮的仪器。这种仪器的核心部件是电热频谱管，它能产生特殊的谐振波。将患有冻疮的手脚放在管下，便开始治疗。实践证明，效果明显。1985 年 10 月，周林以其发明荣获首届世界青年发明家科技成果展览会金奖。
>
> 　　资料来源：赵明华. 创意学教程 [M]. 西安：西北工业大学出版社，2004.

4. 验证阶段

　　在启迪阶段所获得的灵感是否就是答案，是否就是一种可用的发明，尚须经过验证。从完整的创新过程来看，验证过程是一个必不可少的阶段。新的观点要经过逻辑的推敲和完善，并经过实践的检验。再好的创意、再好的灵感，如果不经过充分的验证，则无法去实施，创意只能成为"纸上谈兵"。因此创意的验证过程就是把灵感中产生的思维结果付诸实施，用新的技术方案去固化顿悟引发的创意思维成果。其实，创意方案的产生过程已基本完成。例如，对艺术家的创作来说，在思维豁然开朗后，就已经构成了解决问题的端倪和作品的轮廓。但是，新观念是否切实可行，还有待于进一步的验证和实践检验。

　　总之，经过验证阶段，可以使创造的成果得到进一步的完善和确认。灵感所获得的观念，必须经过审美、逻辑、实践等方面的检验。对创造成果进行科学的验证，利用观察和实验，分析、证明其发明的可重复性、合理性、严密性、可行性和发现的真实性，主要是从理论上验证，从行为上修正。在验证阶段，对假设的新观念、新设想完全不做修改的情况是不多的，甚至也可能因为可行性、重复性差等原因被否定，此时就要回到酝酿阶段重新冥思苦想。

例 3-5　　　　　　　　　　验证阶段的重要性

1934 年，物理学家费米发明了人工获得超铀元素的新方法：用中子轰击 92 号元素铀，这样就有可能产生在元素周期表上没有的第 93 号元素，费米称之为超轴元素。为此，他获得 1938 年诺贝尔物理学奖。但后来证明，这是一次发"错"了的奖金，因为费米得到的并不是超轴元素，而是地球上早已存在的钡元素。通过科学家的检验，不仅纠正了费米的失误，而且引出了"裂变"的新理论，导致了原子能的应用。

资料来源：杨乃定.创造学教程 [M].西安：西北工业大学出版社，2004.

以上，我们介绍了从心理学角度划分的创新四个阶段，应当指出：这四个阶段的划分并不是说创意活动一定要按照这一固定模式、程序去操作。将创意过程分为四个阶段，对四阶段不应教条地理解为把一切创造都一成不变地纳入四阶段的框框之中；顺序不可逾越。实际上，现实中的创造是复杂的，创新四阶段只有第一与第四这两个阶段可鲜明分开，其他几个阶段虽然在理论上可以分开，但在实践中很难划分。有的发明发现是偶然得到启发，旋即全力完成的，没有明显的孕育阶段。正如心理学家克雷奇指出的："虽然这个模式仅仅提供了关于解决问题过程的粗略描绘，而且往往颠倒了事件的实际次序，但对于进一步的分析，它却是一个有用的普遍的参照体系。"

【小训练】

看下面案例，找出下面案例中的四个阶段。

创新故事　　　　　　　　　　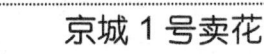京城 1 号卖花小丑

20 岁起就从山东临沂农村来北京"漂"的小宋，已在京城"混"了 11 年。这个初来乍到时挨骂受气的小饭馆伙计，眼下已摇身一变成了公司总经理，甚至连名字都从宋广斌改为宋非凡。"我喜欢非凡这名字，因为我的想法和做法与众不同。"他气定神闲地说。宋非凡打小就不安分，虽然七八岁时就跟父母下田拉犁、牵牲口、捡地瓜，但他可不想像父母那样一辈子埋头干农活，初中没毕业就做起小买卖，在集市卖瓜子，几年后又跑到北京打工。

2006 年年初，他逛王府井时，发现路边有不少卖花的小姑娘，虽然吆喝得挺起劲，但买花的人很少，有人甚至厌恶躲着她们。他琢磨开了："假如我卖花，能用什么方式吸引人呢？"

忽然，他想起在电视上看过马戏团的小丑，那滑稽逗人的模样令人难忘，"我要是打扮成小丑卖花，没准儿能给人个惊喜。"想出了这么个鬼点子，他忍不住偷着乐。

他找了家小裁缝店，给自己设计了套小丑服装，一半红一半黄的连衫裤和尖帽子，花了 200 多元，还用半个乒乓球做了个鼻套儿。然后买了口红，给自己涂抹了一张麦当劳叔叔的大嘴，对着镜子反复练习做鬼脸。一天晚上，乔装打扮成小丑的他

（见图 3-6），去花店买了几束鲜花，直奔北京后海的酒吧街。"哎哟喂，快看嘿，真好玩，这是干什么用的？"路人发出惊呼。知道他是卖花的后，有个小伙子说："今天是我女朋友生日，她在酒吧坐着呢，你给她送束花去。"当他把花送给那女孩，并说"祝你生日快乐"时，女孩兴高采烈地非拉着他合影。

那天晚上，他这个小丑很风光，后海很多卖花的，数他卖得快，不但赚了 100 多元，还有不少中外游客争着和他拍照留念。"百分之百的回头率呀！"兴奋之余，他打定主意开"小丑鲜花专递"店。

资料来源：杨敏. 创新与创业指导 [M]. 杭州：浙江大学出版社，2011.

图 3-6　京城 1 号卖花小丑

3.1.2　有关创新阶段的其他说法

还有不少人提出各种创新阶段说，三段、四段、五段、六段甚至七段的都有。例如以下几种。

（1）有位创造学者将创造过程分为三阶段，如图 3-7 所示。

发现问题 ⇒ 形成课题 ⇒ 解决课题

图 3-7　创造三阶段模式

第一阶段，发现问题，就是从平时忽视的事物中发现问题；第二阶段，形成课题，就是形成能够实际地得到解决和处理的具体课题；第三，解决课题，就是归纳收集到的情报，提出和完成假设，并进行验证。这时，在解决课题的阶段中，提出并完成假设的推理过程是十分重要的。

（2）苏联的创造心理学家鲁克提出"五阶段"模式，如图 3-8 所示。

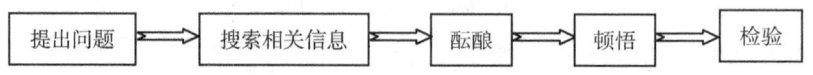

图 3-8　鲁克创造五阶段模式

（3）美国的创造学家奥斯本把创造分为七个阶段，如图 3-9 所示。

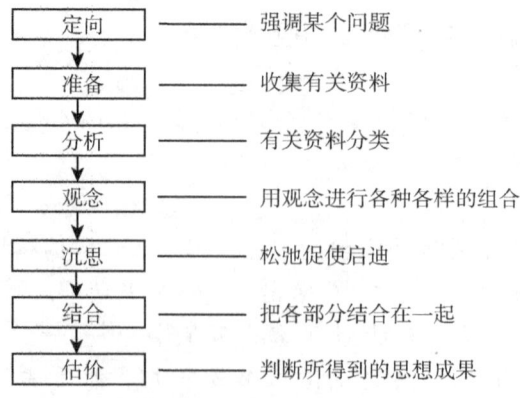

图 3-9　奥斯本创造七阶段模式

3.2 时间和空间角度的创新过程

心理学角度的创新过程更侧重于从心理层面、从思维领域分析创意产生的过程。如果从时间和空间角度出发，可以将创新过程分为四个阶段：明确问题阶段、确定方案阶段、实施方案阶段、回顾总结阶段，如图 3-10 所示。

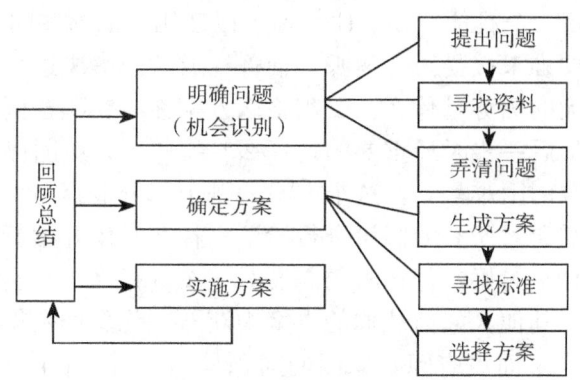

图 3-10　创造过程的空间和时间划分

资料来源：杨乃定. 创造学教程 [M]. 西安：西北工业大学出版社，2004.

虽然创新过程分为这四个阶段，而且这四个阶段在逻辑上存在着先后顺序，但其界限并不是十分明显，比如在实施方案阶段，在方案的实施过程中，发现该方案所解决的问题根本不能有效地解决现状，也就是说所针对的问题并不是真正的问题，那么就需要重新回到第一个阶段，重新明确需要解决的问题。再如回顾总结阶段，它应该贯穿于其他三个阶段之中。明确问题阶段和确定方案阶段如同于创意产生的阶段，已在上节从心理层面做了介绍，至于如何去明确问题和确定方案会在下节介绍。下面主要介绍一下实施方案阶段和回顾总结阶段。

3.2.1 实施方案阶段

实施方案阶段可以分为两个子阶段：制订计划、执行计划。计划是方案进一步细化的操作步骤。一个完整的实施计划应该针对的对象是谁、要做什么、在哪里、在什么时间、怎样做以及为什么做等要点进行详细阐述。这个行动计划应该包括对具体的时间、地点、执行人和方式等做详细阐述，还要考虑到责任者的动机和能力等问题。

一个完整的计划应包括三种行动：紧迫的、短期的和长期的。紧迫的行动是指那些需要至少在当天完成的事情；短期的行动是指那些计划在近期内（如一周或一个月内）要做的事情；长期的行动是指那些在一年或更长时间内要进行的活动，由于时间间隔比较长，往往这些行动最容易发生变化，因此在考虑长期计划时不要对它限制太多。

1. 制订计划

第一，分析两种因素，即帮助性因素和阻碍性因素。通过对两种因素的分析，可以决定选择最适合的行动来利用那些有利的因素，同时规避或减少有负面作用的因素。而且针对每个因素来决定具体的行动，也会使你的计划更加细致而容易执行。

第二，潜在问题分析。将潜在问题分析的结果加入到计划中，通过分析得到的数据决定具体行动的顺序。比如在实施中有些问题可能很好解决，就可以先进行与这个问题有关的计划，将复杂问题留到时间和精力更充沛的时候解决。

第三，制定实施清单。用一般提问法列出与问题的解决有关的人物、时间、地点等内容，来帮助你明确每一个具体行动。比如你可以使用下面这些问题：谁能够帮助你来实施这个方案？你需要谁来接受该方案呢？谁曾经成功地解决过相似的问题？什么最有助于实施？该方案最大的优势是什么？要实施该方案你需要哪些资源？实施第一步时最重要的是什么？实施最后一步时最重要的是什么？哪些个人或团体能够帮助你实施该方案？这个方案哪个部分的困难最大？这个方案的哪个部分最容易得到外部的支持？在这个方案的哪个部分你需要对所有的假设进行验证？什么时候开始行动？获得他人的支持和接受的最佳时机是什么时候？什么时候需要对方案进行修改？实施这个方案与其他方案的不同之处在哪里？其他人如何从你的方案中获益？你怎样获得他人的支持？你怎样得到方案成功的反馈？上面没有问及原因的问题是用来对所有的问题进行检验的问题。当你问完自己上面的问题后，再针对自己的回答问"为什么"，将使你的答案更加实际而合乎情理。当你试图解释所有问题的答案时，你会发现一些当初被自己忽略掉的要点，它们也会带给你新的启发。

第四，规定方案标准。考虑你在寻找解决方案时的选择标准，会促进方案的实施。而规定方案标准与潜在问题分析以及方案选择时制定的标准有对应的关系（详见例 3-6）。

例 3-6　耳机线改进方案

现有耳机线的主要问题	改进方案应考虑的标准
耳机线过长容易缠绕在一起	耳机线不易缠绕在一起
耳机线过短戴着不方便	耳机线的长度设计合理
耳机戴时间长了，耳朵不舒服	耳机设计遵循耳朵的结构，戴着舒服
耳机用完后不好携带	耳机不用的时候，耳机线缩短，容易携带

2．执行计划

在执行计划时，除了做好物质上的准备，还要做好心理上的准备，这样才能在遭受挫折时避免一蹶不振，才能使我们坚持不懈地执行计划，从而使梦想成为现实。

第一，物质上的准备。物质上的准备主要是资金的筹集。资金筹集涉及财务方面的知识。一般来说，如果是个人行为，属于比较小型的创新创造活动，资金来源以自有资金为主，也就是个人投入为主，负债资金，比如向他人的借款、银行贷款等为辅。如果是企业行为，需要大量资金，则这种创新创造活动的资金筹集有举债、自有资金、发行股票等多种形式。具体内容不再讲解。

第二，心理上的准备。心理上的准备体现的主要是从事创新创造活动的主体需要具有的心理素质。前面章节已讲解。下面再简单介绍一下。

（1）要有激情。即使一个比较完善的计划，如果没有激情，依然会停滞不前。这时，试着寻找一下，哪些因素曾经激发你把设想付诸行动？哪些因素曾经燃起过你的热情？比如事物的迅速发展。随着时间的变迁、空间的移动，去年有效的方法不一定就能够解决今年的问题，其他场合有效的方法也不一定适用于现在的场合，所以要不断地更新，以免自己的新设想还没有执行就成了古董。再比如对事物的不满足、期限的压力、欲望等。如果想停下来，想对前进路上遇到的障碍认输，就问问自己，有没有一团火能够激发自己的力量？

（2）激发勇气。勇气是人类首要的品质，如果缺乏勇气，一个小小的障碍就会把你打回原地。一个新设想在本质上必然具有异常性，实施它需要勇气以承担可能的失败和被拒于门外的风险。当你感到气馁时，就问问自己，哪些因素曾经给过你实验一个新设想的勇气？比如，潜在的巨大回报、别人的鼓励、对设想的信心、没有其他路可走等。

（3）迅速开始。对执行计划的最大损害莫过于拖延。行动才能实现你的设想。把自己放在实施你的计划的位置上。如果你想成为一个营销人才，不要"等着"变成一个营销成才，而是自己向自己、朋友、亲人推销一切可能的产品，去参加一些营销活动，也就是说一定要实际去做。计划、热情和勇气都要通过行动来表现，一个好的设想也只通过行动才能够让人们认识。只要有好的想法就迅速实施。

（4）丢开借口。不管什么样的理由，不管这些理由是好是坏，丢掉这些妨碍你把设想变成行动的借口，"背水一战"。

（5）扛住非议。有人说："脸皮厚是上帝的礼物。"要坚定地实现你的设想，就要有能抗住众多非议的韧力。新设想必然会受到威胁，因为依照创造的定义，新设想必然会冲击现存的规则、惯例、权威和假说。

当斯特拉文斯基第一次演出他的芭蕾舞剧《春之祭》时，迎接他的是一群骚乱的观众；当开普勒用椭圆而不是正圆计算天体的轨道时，他受到了教会和权威势力的严重指责；当早期的微型电子计算机的创始者于 1970 年要把他们的设想出售给一些大公司时，这些大公司纷纷对他们的设想嗤之以鼻。教育家伯利兹曾说："喜欢变化的只有新生儿。"

你最好的办法就是：加厚你的盾牌，抵挡住这些不分青红皂白的批评，不要因为太多的反对就放弃自己的计划。

（6）坚持不懈。要做好闪电般达到目标的准备，同时也要做好打持久战的准备。很多时候，一个新设想之所以得以实现，其 80% 的功劳应该归功于持之以恒的努力。每个人都会遇到挫折，这个时候，最重要的是坚持。

在实践中，我们还会遇到各种意想不到的问题和新情况。新情况的出现，可能会导致无法顺利实施计划，必须返回到某个阶段，比如回到查找资料或是选择方案阶段，对这些新问题进行分析和探讨，然后按照前面讲述的步骤重新来过，找到适应新情况的计划。

3.2.2 回顾总结阶段

如前所述，回顾总结工作是贯穿于整个创造过程的，所以它一般需要完成以下三部分工作，分别是验证结果、回顾全过程、利用导出结论。

1. 验证结果

问题解决了，并不意味着创新过程的结束。科学史上出现很多问题解决后，但事实上结论并不正确。比如，地心说曾是流传多年且人们都深信不疑的结论。如果无法对问题解决过程产生的结果进行很好的检验，则不能肯定结果的正确性的。

检验结果的方法主要有以下两种。

第一，使用常识检验。数学上运算的结果有的可以通过常识来检验，把它们同观测值或者可观测的在常识上的估计值相比较。每个老师在学生解题过程中都会出现很多可笑的结论。如有些学生求出父亲的年龄为 10 岁零 3 个月。对于这样的结论，有的学生竟然也深信不疑。这并不一定说明他们笨，而是因为他们没有在问题解决后进行验证。下面看一个使用常识解决问题的案例。

例 3-7　蒸汽机车的诞生

1804 年，世界上第一辆沿铁轨行驶的蒸汽机车在英国诞生了。创造者是 33 岁的机械技术专家特里维西克。他制造的机车依靠齿轮啮合轨道前进，运行时还会发出吱吱的声音，速度不快，很难投入使用。当时有位年仅 23 岁的司炉工史蒂芬森，他一直在思考怎样能提高机车的速度。"用齿轮怎么会比没有齿轮快呢？"他开始怀疑机车必须使用齿轮才能在轨道上前进的理论。经过实验，他横下心把齿轮取了下来，令人惊奇的事情出现了，机车的速度一下子提高了 5～10 倍，飞快地奔向前方，既没有滑走也没有脱轨，而且还消除了吱吱的响声。仅仅一个常识性的判断就使蒸汽机在实用化的道路上突飞猛进。

资料来源：杨乃定. 创造学教程 [M]. 西安：西北工业大学出版社，2004.

第二，使用特殊值检验。通过逻辑推理和演绎论证解决的问题，常常可以用特殊值来检验所得到结论的正确性。特殊值的挑选过程可以是随机的，也可以是精心挑选的，只要是理论上应该使结论成立的数值，都可以作为我们检验的手段。

2. 回顾全过程

在解决问题的整个过程中，回顾全过程是系统化解题过程和总结经验最关键的阶段。解决问题的过程，有时是思路清晰、洋洋洒洒、一蹴而就的，但有时也是思路混乱、绕过许多弯路，甚至到了真正把问题都已经解决了还不知道是怎么回事的地步。如果此时没有对过程进行很好的回顾总结，若下次遇到同样的问题，是否还能把问题解决就说不定了。回顾解题过程并不是在整个解题过程完成后附加的一个过程，其本身就是解题过程的一部分。如果没有对解决问题进行思路回顾和总结的习惯，那么解决问题的策略本身就存在着不完善。回顾总结不仅有利于解决问题的经验，而且会快速提高解决类似问题的速度，减少因之而浪费的时间。

3. 利用导出结论

聪明而富有策略的问题解决者，知道问题产生的结论和富有方案的问题一样，具有很高的价值。问题解决以后产生的结论，往往具有多种功能。它不仅是解决这个问题的经验，而且还可能是解决其他新问题的钥匙。

> **创新故事**
>
> **天花与牛痘**
>
> 　　天花是危害人类生命的一种疾病。天花曾在英国流行，先后夺去了20万人的生命。就是侥幸存活的人，脸上也会留下永久的疤痕。天花病毒到处传播，就是深居宫中的王室子孙也常常染上天花，死于非命。中世纪的欧洲，在大街上行走，不是麻脸的姑娘很少。
>
> 　　爱德华·琴纳是英国的一个乡村医生。他看到天花使无数孩子失去了生命，便一直在寻找战胜天花的有效办法。有一次琴纳在乡村行医，看到村里有许多美丽的姑娘，她们一个个面容姣好、脸色红润、非常健康。一打听，她们都是挤奶女工。琴纳感到很奇怪，挤奶女工为什么不生天花呢？他感到，世界上任何事物都有内在的原因，挤奶女工不生天花，其中肯定有原因，如果找到了挤奶女工不生天花的原因，就能找到制服天花的办法。琴纳向养牛工请教：是什么原因使挤奶女工没有患上天花。人们告诉他，牛也有类似天花这样的病，这就是牛痘。牛生牛痘的时候，症状与人的天花相似，也会发烧、出痘子，牛生的天花也会传给人。挤奶女工因为经常与牛接触，容易生这种病。不过生这种病不可怕，稍微有一点怕冷发热，几天就好了。而且，一个人如果患上牛痘，一辈子也就不会再生天花了。琴纳从挤奶女工那里得到启发：如果牛身上的牛痘传给人类，人也会生一种类似于天花的病，但是这种对牛来说可能会致死的病，对人来说却很轻微，而且一旦患了一次牛痘，一辈子就再也不会生牛痘，也不会生天花了。那么，为什么不有意识地给人种上牛痘，使人不再生天花呢？他决心对人进行这样的实验。他找了一名叫菲浦士的孩子，有一次，一个挤奶女工正患牛痘，琴纳从她身上的牛痘脓胞里取了一点液体，用针注入菲浦士的身体。一个星期后，这个孩子出现了一些类似于天花的症状，不几天，孩子一切正常。两个月后，琴纳把人类的天花接种到菲浦士的身上，这个孩子居然不再生天花，他对天花有了一种神奇的抵抗力。
>
> 　　琴纳从挤奶女工不生天花这个简单的事实，溯根寻源，寻找其中的原因，创造性地把牛身上的牛痘接种到人的身上，使人产生一定的免疫力，产生对天花病毒的抗病作用。琴纳开创了预防医学，也是免疫医学。他的创造和发现，使人类战胜了天花，拯救了无数的生命，保护了千百万名儿童的健康。
>
> 资料来源：杨乃定. 创造学教程[M]. 西安：西北工业大学出版社，2004.

　　第一，应用结论。大部分的问题结论都可以运用到其他问题中去，因为日常生活中的问题一般而言并不是独立的，而是一环套一环的，比如你在工作中得到升迁、工资收入水平提高，你就可以满怀信心地面对妻子和孩子，可以花些时间和金钱来改善家庭气氛等，因为前一个问题的解决为你后一个问题的解决奠定了基础。

例 3-8　　　　　　　　　　　　　　**电话卡文化**

　　日本电信电话公司（NTT）是电话卡的发明者。发明电话卡后，NTT公司大获其利，电话卡的销量年年跃升，热度不减，到 1988 年达到了 5 000 万张。可是，NTT 公司的总裁纲谷并没有到此就停止。电话卡的发明，应该怎样加以利用呢？他感觉到，这个主题并没有被挖掘尽。也就是说，电话卡的生命力远不止这些，还可以再挖掘出更新的东西。纲谷在打算赋予电话卡文化时是以邮票作为其心目中的蓝本的。随着电话卡收藏热不断升温达到白热化以后，他发现这股热浪开始降温了。他考虑再三，认为热浪消退的原因在于电话卡的文化太单薄、太小气，不能反映日本博大的文化气象。他决心不学邮票那样亦步亦趋，他要让电话卡成为大型文化史书的另一种形式。

在以大阪市建城 400 周年为题发行地方版电话卡大获成功后，NTT 以各地名胜古迹、祭典盛会和自然风景为题材的电话卡在各地风行起来，其中包括"明星系列""名画系列""万国博览会系列"等，还推出新业务——定做电话卡，为一些大公司、大企业或某些特殊客户根据各自需要特别设计电话卡，包罗万象的文化景象无不一一收于小小的电话卡这个方寸之地中。这种文化书式的电话卡，当然又再度掀起抢购热，这种热潮还波及众多的异国旅游观光者，他们也大量购买这些电话卡。

资料来源：杨乃定.创造学教程[M].西安：西北工业大学出版社，2004.

有时，在问题解决以后，得到的结果似乎并没有什么用。这时，应该积极去想象所有可能用到结论的地方，而不是放弃这个结果，或许这个看似无用的结果会是一个了不起的发现。

不干胶纸的发明就是一个极好的例证。

创新故事　　　　　　　　　　不干胶纸的发明

3M 公司是美国最有创意的公司之一，它的宗旨之一就是鼓励员工不断对现状进行改进思考、实施新的发明。一位员工经过努力，发明了一种胶，可是这种胶却不怎么粘，同事开玩笑称为"不干胶"，认为这个发明什么用也没有，让他感到很尴尬。这个结果真的没什么用吗？他仔细思考，经过别人的启发，他终于找到了不干胶的诸多用途：标记纸、注释贴、留言贴等。人们发现使用不干胶后用完了就可以撕下扔了，再也不用烦恼胶纸和胶水粘得到处都是了。这样，3M 公司制成不干胶纸销售，结果销路奇佳，成为 3M 公司的拳头产品之一。

资料来源：杨乃定.创造学教程[M].西安：西北工业大学出版社，2004.

第二，导出新问题。在解决一个问题以后，并不意味着结束。这个结论的出现，很多时候会影响到我们已有的一些结论和未知的某些结论。运用"普遍法"和"特殊化"就能很容易想出相关的新问题。我们从所得到的结论出发，用这些提到的方法导出新的问题，并由这些新的问题再导出别的问题，同时我们可以利用这个问题的解决方法来解决这些新问题，如此等等。从理论上说，这一过程是无限的，但在实际中，我们很少进行得很长，因为这样所得到的问题容易变得非常棘手。当然，推出一个既有趣又能轻松解决的新问题并没有那么容易，这需要经验、鉴别能力，还要有好运气。但是，在我们成功地解决了一个好问题之后，应该继续寻找新的好问题。

3.3 创造性解决问题的系统模型

上面两节分别从心理层面和时间、空间的角度介绍了创新过程。下面我们介绍一种创造性解决问题的系统模型，该模型显示了创新的过程。我们知道，是否具有创新能力以及创新力的水平高低，只有在解决问题的过程中才能表现出来。可以说，解决问题的过程就是创新的过程。创造性地解决问题按过程可划分为 6 个阶段：问题调研、设定目标、确定手段、解法最优化、制作和验证、说服他人。具体模型如图 3-11 所示。

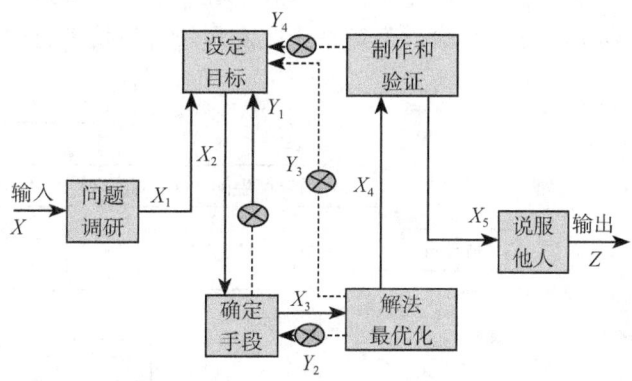

图 3-11 创造性解决问题的系统模型

资料来源：傅筠，黄道平. 创新·创业与就业 [M]. 北京：机械工业出版社，2011.

图 3-11 中的虚线表示反馈；实线表示各阶段的输入或输出。符号意义如下：

X——问题情境。

X_1——特定问题的最佳定义和有实现价格的解法概念。

X_2——可以接受解法的边界条件或目标集。

X_3——客观上的最佳解法。

X_4——对应用对象（主观上）的最优解法。

X_5——满足客观和主观要求，并得到证实的工作模型（成果）。

Y_1——验证所获得的手段是否满足目标要求。

Y_2——若客观上确定的最佳解法不能满足对象需求，则应从技术上修改现有解法，直到满足需求为止。

Y_3——评价最优解法实现预定目标的可能性。

Y_4——验证最优解法转化成的"硬件"是否能实现目标。

Z——可为他人所用的创造成果。

下面分阶段详细介绍。

1. 问题调研

问题调研阶段的目的是界定问题。界定问题就是要明确问题的性质和内容，即确定是什么样的问题，问题的实质和内容是什么等，也就是要明确创新对象"是什么"，使创新具有针对性，达到有的放矢、对症下药。只有正确辨别和明确问题性质后，创意才能做到针对性、高效性和高水平。界定问题是对问题的明确过程和把握过程。

 **创新思维中问题产生的三大源头**

创新思维中问题产生的三大源头（见图 3-12）是一个重要的结构性认识模型。其实，人的思维是受问题驱使的，如果某件事不是一个问题，我们就不会考虑它。比如在早期，汽车转向是通过从车旁伸出的人造手臂来模仿司机的手臂动作，表明方向。虽然这不是一种非常有效的方法，但这种情况持续了约40年，始终没有人提出过质疑。后来，它变为了转向灯，这个改变并没有依靠任何的技术突破，而是有人愿意考虑这个问题。

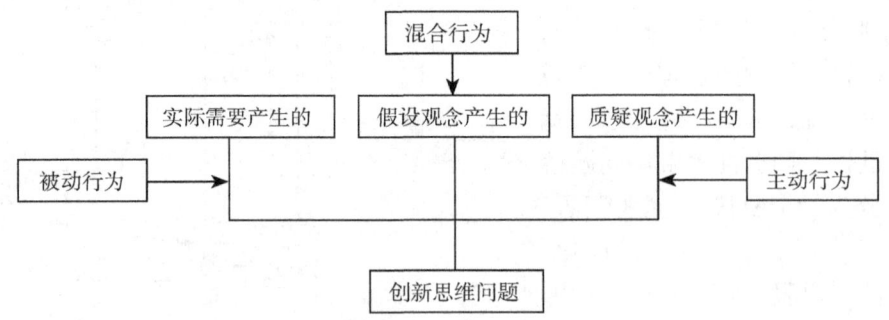

图 3-12　创新思维中问题产生的三大源头

资料来源：姚列铭.创新思维观念与应用技法训练[M].上海：上海交通大学出版社，2011.

创新问题的产生主要来自以下三个方面。

（1）实际需要产生的，是一种被动的满足行为。所谓的"实际需要"既包括创新主体的要求或欲望，也包括市场客体的要求或欲望，是通过满足而产生的创新问题。

（2）质疑观念产生的，是一种主动的质疑行为，是通过主体的疑问而产生的创新问题。

（3）假设观念产生的，是一种既有主动又有被动的行为，是通过主体的假设观念而产生的创新问题。

问题调研阶段的输入是一个"情境"，即"某人关于条件和环境的立场"。在一般情况下，解题者总是从问题情境出发，而不是从问题开始，只有遇到比较简单的问题（"教科书式"的问题）时，解题过程的输入才是明确定义的问题。该阶段的重点是问题，其输出主要是经过分析和确认的问题。问题调研阶段按次序回答下列问题。

（1）基本需要是什么。人们从所处的问题情境中意识到问题，这是第一步，即要有问题意识。它是整个创造性思维活动的开始，它要求人们对周围世界中的事件以及需要解决的问题非常敏感，并具有敏锐的观察能力。第二步是进一步辨认和确认需要，并概括出基本需要。

（2）基本问题是什么。首先提出不同的问题定义，其次判断每个问题是否满足基本需要，最后确定最好的问题，给出基本问题的定义。

（3）是否值得解决。根据现有的技术手段，形成初步的解法概念，讨论所获得的解法有何意义，推测对所确定问题的解法若完全实施可能引起的问题和结果，考察别人是否提出过这个构想、是否成功、结果怎样，以此来决定基本问题是否值得解决。

（4）是否可能解决。考虑与成功有关的已知和未知因素，在现有技术水平和资源基础上，评估问题解决的可能性。

（5）是否应当解决。粗略估计所需时间和资源，初步确定解决此问题可利用的资源，进行成本－收益核算，以此决定是否应当解决该问题。

例 3-9　　　　　　　　　　大学生九天创业

A君毕业于西安工程大学。"我完全符合当代优秀大学生的标准，成绩优秀、实践能力强、为人处世也不错。"A君说，"原来我非常自信，但是工作几个月后，我觉得自己得了抑郁症。"不到一年，A君换了好几份工作。刚开始他到某区政府机关谋职："我中午就走了，因为他们让我从最基层做起，做城管，成天去赶小商小贩，我一个大学生，做不出这种事。"经人介绍，A君又去了一所高校做辅导员。但他只做了5天，他说："负责学生报名、军训，很无聊，我又太认真，一个学生没回来，我一晚上没睡着。"后来，他去了一家装修公司拉业务，酷暑中天天到小区门口去发传单。三个月没到，一起去的人都走光了，A君也想到了辞职："每一天我都很迷惘，这里不属于我，但我属于哪里？" 11月，他又从装修公司辞职。此时，又一批大学生面临就业，竞争更加激烈。

A君家在咸阳农村，他是家里最小的孩子。那段时间，他不敢回去，不敢给亲戚打电话，怕人家说"你一个大学生，还不如没上过学的"。"年前我认为我好像活不下去了，工作不顺心，又没有钱"，他在家过了一个有生以来最郁闷的春节。

他应聘到西安一家著名的网络公司做网站设计，"从第8天起我就有了创业的想法，因为做这个利润很高。而且大公司有一个缺点，小单子看不上。有一家公司想做网站，公司太忙说不做。我就跟他说给3 000元就给他做"。19天后，A君再次辞职，开始筹备自己创业。

在一片支持鼓励声中，A君自信快乐地开起了公司。

"他的提议得到了很多同学和朋友的支持，很快有人表示愿意和他合伙干，其中有的今年将大学毕业，有的还正在上大学。A君东拼西凑了4万多元，其他7人共拿出2万多元，8名大学生用7万多元租房、买设备，开始创办自己的公司，结合自己的特长，公司主营域名注册、网站建设开发等项目，并取得了一种环保防水手电陕西总代理的业务，开始了他们的尝试经营。"

他说那段时间是他毕业以后最充实快乐的。从网络公司辞了职，白天做网站设计，晚上就去摆小摊卖环保手电，他说："我不可能永远摆小摊，我也想成就一番事业，我认为只要努力将来会好的。即使努力了不成功，我也无怨无悔。"

在中国东西部合作与投资贸易洽谈会（简称西洽会）上，A君第一次用上了"××科技有限公司"这个牌子。碰巧陕西省副省长前来视察，A君抓住机会向副省长演示了这种环保手电，被当地一家媒体作为配图刊发。

然而，不久A君的公司经营就出现了问题。A君办公司用的7万多元中，除了有1 000多元是自己的积蓄外，其余都是借的。他给记者看了一个笔记本，上面记着从2008年3月以来借的每一笔钱。其中有不少还许以高利息，比如一笔2.5万元的款项许诺一个月以后要归还4万元。A君说，公司经营之所以出现问题，是因为借款人提前催款，而他连吃饭的钱都没有了。借款人还搬走了他的传真机、打印机、笔记本电脑和手机，要他拿钱去赎。

7万元，9天就都用光了吗？A君认为他没有赔钱，只是钱都投入公司了。租办公室时，"所有的朋友都反对，认为设计网站只要有台电脑就可以了"，但A君还是把它租了下来，并花了2 000多元买了原房客的一些工艺品，又花了不少钱添置会议桌、办公桌以及二手的传真机、打印机等一大堆办公用品，"开公司就得有个公司的样子吧。我也到过很多公司，都很长时间了，还不如我的公司气派呢。"当时还有当地一家知名度不高的媒体记者鼓动A君做广告，尽管所有的朋友都反对，但A君说："觉得人家过来了，不好意思。我请他吃了肯德基，后来做了2 000元的广告。"

A君有时还是清醒的，网上很多对他的负面评论，说他是炒作："开公司不是过家家，你想开就开呀？"他说："我觉得他们说得非常对，在万事不具备的情况下，我居然把公司开起来了，破产也是必然的。"他承认有炒作的成分，但没想到影响会这么大。

上述案例当中，对创业项目的选择其实如同创新问题的选择一样，非常重要。上述案例失败的原因在很大程度上是资金的限制，项目启动时未能正确评估所需的时间和完成没有考虑自己是否能获取相关的资源，成本－收益核算没有做到实处。这些最终导致了该项目的失败。

在问题调研阶段回答以上五个问题的过程中，若有必要，可以反馈到前面的问题中进行讨论。问题调研阶段的最后输出是：最好的问题定义及有实现价值的解法概念。

2．设定目标

问题调研的成果是根据所看到的需要而提出的特定问题及有实现价值的解法概念，它将作为设定目标阶段的输入。该阶段的目的是：为成功解决问题规定必要的约束条件（可接受的限度）。设定目标是在问题调研成果的基础上，先设定总目标，再逐级分解总目标，建立目标集。该目标集是衡量具体解法是否能解决基本问题的标准，此阶段的输出是一个目标集或者"技术说明书"。

3．确定手段

确定手段阶段的目的是：确定使解题者基本满意的解决问题的最佳手段。此阶段输入的是解法必须达到的具体目标，输出的是所提出的最佳解法。所谓最佳解法是指最有可能实现预定目标且客观上优化的解法。对解题者来说，"确定手段"意味着为了"综合"出最好的解决方案而进行精细、艰难的创造性思考。

确定手段阶段又分为以下4个基本步骤。

（1）进行"手段预选"。
（2）对获得的手段进行评价。
（3）对满意的进行详细研究。
（4）根据预定的目标评估解法实现目标的可能性。

可能性大的解法方可进入下一阶段。当然有些问题是不可能解决的，若这个阶段没有成果，解题过程必须终结。此外，在解法数量上最好保留两个以上的解法，以便一个解法失败,还有"次佳"解法可以依靠。

4. 解法最优化

具体解法的"细枝末节"可能对对象是至关重要的,因此,在解题过程中需要专门考虑对象问题的阶段,我们称为"解法最优化"阶段。它的目的是:从对象的角度使提出的具体解法最优化。

该阶段从三个方面考虑:一是需要优化的具体解法;二是需要优化的指标;三是最终用户。概括起来,最优化有两种类型:技术上最优化和对用户是最优的。技术上的最优化,其最终目的在于提出对象能够接受的具体解法,因此,该阶段的最优化应是针对对象而言的。

解法最优化阶段,输入为"最佳的"解法,输出的是"最优的"具体解法。在此阶段,若解法不能满足对象需求,需返回上一阶段,对解法进行修改,并验证解法是否能实现预定目标。

5. 制作和验证

制作和验证阶段是将上阶段的成果——创造性想法变成实际有用的"硬件",构造一个实际模型并实现其性能,从而把抽象的思想变成现实。

制作和试验阶段的目的是为我们提出的新设想做出实际模型,表明设想是可以变成现实的,利用模型获取事实资料。事实资料主要包括模型运行的性能、能否实现预定目标、会出现什么样的技术和非技术问题、实际制造和运行的费用等。这些资料是完善模型的重要依据。该阶段输入的是一个经过优化的抽象模型,包括示意图、设计图、方案、计划等,这是前四个阶段的全部创造性思维的成果。输出的是一个经过证实的、可行的实际模型及有关其性能、特性和相关事实的资料。

总而言之,在制作和验证阶段,通过实际"硬件",可以发现我们的创造性设想是否正确。

6. 说服他人

仅仅成功地建造和试验一个新装置或新计划是不够的,还需要把它"推销"给其他人,这一新创造才可以产生有益的社会影响,否则,其创造性贡献的价值是不会实现的,即创造性过程的最后阶段,是我们称为"说服他人"的积极活动。

说服他人阶段的目的是使他人接受和实际应用我们的新创造。该阶段的工作依次是:

(1)分析和总结已获得的创造性成果;

(2)制定期望的行动目标;

(3)识别要被说服的他人;

(4)了解关键的人和集团;

(5)制定说服策略;

(6)贯彻到底。

说服他人阶段的输出为:有益于社会的新创造被应用。

3.4 创新的一般过程

根据前三节的讲解，我们知道，从心理学角度来说，创新过程一般可以分为准备阶段、酝酿阶段、顿悟阶段和验证阶段；从时间和空间角度来说，创新过程一般可以分为明确问题阶段、确定方案阶段、实行方案阶段、回顾总结阶段；从创造性解决问题的角度来说，创新过程包括六个阶段，分别是界定问题阶段、设定目标阶段、确定手段阶段、解法最优化阶段、制作和验证阶段、说服他人阶段。三个角度的分析从不同侧面说明了创新的过程，其中，心理角度的分析更侧重思维领域的发展过程；时间和空间角度的分析，更侧重于方案的选择和回顾阶段，即更多地考虑了确定方案之后创新过程会出现的一系列可能性发展；创造性解决问题的系统模型更侧重于创造力的训练过程，相对来说涉及的过程发展更完整。

为此，结合上述三节的分析，笔者总结创新过程如图 3-13 所示。

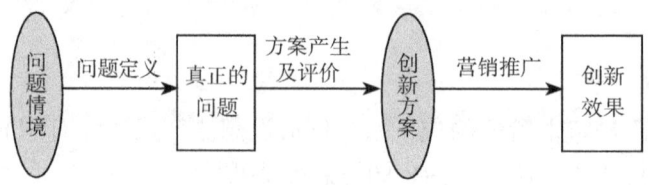

图 3-13　创新过程

也就是说，创新过程可以分为三个阶段：问题定义阶段、方案产生及评价阶段和营销推广阶段。

第一阶段：问题定义阶段。问题定义阶段就是界定问题阶段，即要弄清是什么样的问题或问题究竟是什么，问题的核心是什么，问题的要害是什么，问题的影响程度、重要程度有多大等。只有对问题的这些方面明确界定后才能把握问题。例如，明确问题是不是事关全局的根本性问题；是重点问题，还是一般问题；是表面性问题，还是潜在的深层次问题；是占主导地位的主干性问题，还是处于受支配地位的枝节性次要问题；是普遍性的问题，还是特殊性的问题；是现实问题，还是将来问题；是长期性问题，还是短期性问题；是新问题，还是老问题等。总之，要找到问题的要害和关键。这里要运用矛盾分析的方法去解剖矛盾、识别矛盾、分析矛盾的活动过程。需要注意的是，由于矛盾的不定性和变动性，在界定问题时应充分注意问题的相对性、变化性。问题的相对性是指问题的重要程度、影响力都是相对的，同一问题在不同的场合和条件下其重要程度和影响力是不一样的，问题作用力度的大小也是不一样的。问题的变化性是指问题性质和作用都是在不断变化的，在一些场合是关键、主要的问题，而在另一些场合则有可能是次要的、一般的问题；在一定场合下的次要问题，在另一场合很可能会成为根本、关键的问题，这就要根据具体的时间、地点、条件来认识和分析问题，这样才能真正把握住问题。

在这个基础上，选准创意问题，即选准作为创新对象的问题，以明确创意需要以及能够解决什么问题。创意要做什么，必须是明白无误的，否则就会导致创意失误。如选择了力所不能及的，在现有条件、能力以及主观努力下无法解决的问题，那就必然碰壁，遭到失败。如果确定要解决的问题轻而易举，则又失去了创新的意义。因此，创新活动必须正确界定需要解决的问题，就是要在识别创意问题的基础上，合理选择最有意义而又有能力解决的问题作为首要问题。我们都知道，无论组织或个人，在一定的时间阶段总会面临一系列的问题，而且由于人们的资源和精力在一定时间阶段总是有一定限度的，不可能同时解决所面临的所有问题，只能集中力量一个个地解决。为此就要首先选择关键性或有影响性的重点问题加以解决，即按轻重缓急、先后顺序解决。这就必然要求在对问题进行识别的同时，对创新问题做出最合理的选择。一般来说应把最具有现实意义和普遍意义，且是社会活动主体最感兴趣，又有能力解决的问题作为努力方向，而把所有存在问题都作为创新对象一锅煮、一把抓，那就必然造成吃力不讨好、最终一事无成的后果。经过问题定义阶段，找到真正的问题，也就是创意问题。

第二阶段：方案产生及评价阶段。找到问题的基础上，设定目标，根据设定的具体目标来确定方案。产生的方案并不一定是最适合的方案，或者是最优的方案。所以要将方案投入实践，检验方案的可行性。

第三阶段：营销推广阶段。产生的最终可行方案并不是创新的最终结果。创新是商业化的过程，应该通过合适的营销手段将停留在研究领域的创新方案和创新成果转化为对社会有意义、能够产生经济效益的创新效果。

例 3-10　可法姆人造皮革

20世纪60年代美国杜邦公司投入巨大的研究力量开发出一种称为可法姆的多孔聚亚安酯，可法姆几乎可以取代皮革，两者的差异应该都是无足轻重的特性，例如非均质、融解变硬和保养费用高（如需要经常抛光）。杜邦公司在进行了大量的市场分析后，发现结果是鼓舞人心的。尽管公司坚信这个产品优于皮革，但是由于制造成本高，可法姆的价格被定位在高端市场。自从1964年可法姆推出后，5年内共卖出大约7 500万双鞋。杜邦公司十分惊讶地发现，在这段时间，它在可法姆上损失了大约7 000万美元。消费者对产品反应之冷淡超出了杜邦公司的预期。其中一个原因是消费者称这些鞋不够舒适；另一个关键的因素则恰好是欧洲当时更流行用不同种类的皮革制鞋。1964～1969年，进口鞋种类从9%增至26%，而可法姆只提供一种皮型。由于缺乏灵活性，可法姆被排挤出了高档鞋的市场，造成严重亏损。1971年杜邦公司放弃了这种产品，把工厂和可法姆的制造工艺转手让给了波兰。

资料来源：史密斯．创新[M]．秦一琼，等译．上海：上海财经大学出版社，2008.

这个案例能传递的最有意义的信息就是营销的重要性，我们可以看到市场、特别是市场上的变化是如何导致创新失败的。对于这个案例，虽然潮流发生了变化，但是如果能在现有的条件下对产品进行有效的营销，也许会是另一番景象。这就是营销的重要性。

创新思考与实践

1．遵循头脑风暴法，以创造性解决问题的系统模型为参考，五六个人为一小组，确定一个生活中遇到的问题，按步骤进行解决。

头脑风暴法是用来快速产生大量创意的方法。头脑风暴的目的是针对某个特殊主题，组织一群人提出创意。头脑风暴法需要严格遵循几项规则：第一，参与者不能以语言或面部表情的形式批评或反驳其他人的发言，因为批评或反驳会妨碍参与者发挥创造性，并且阻碍创意的自由流动；第二，参与者可以不受规则约束地自由表达自己的想法和观点；第三，头脑风暴法的会议要快速进行，争取在最短的时间里以最有效的方式激发出多个好的创意，明确抓住每个创意想法的本质，并且记录下来；第四，鼓励跳跃式思维，鼓励参与者在别人创意的基础上产生新的想法。

2. 下述案例，描述的是创新过程的哪一个阶段？

双旋真空吸尘器的创新来自将工业除尘技术应用到家用真空吸尘器。在一个粉尘弥漫的工厂内，为除掉空气中过量的粉尘，戴森在安装一个含大型的 30 英尺[①]高的旋风式除尘器的工业除尘系统时想到了这个主意。正如戴森自己描述的那样："我当时一下子想到为什么不能使用这个设备的缩小版呢？我们可以使用一个像 Perrier 矿泉水瓶那么大的旋风器。"

3. 查找创新案例，分析创新过程。
4. 发现问题就等于解决问题的一半。分析"中国式过马路"的原因，找到根本问题所在，并提出对策方案。
5. 创新的商业化阶段为什么重要？请举例说明。

---

① 1 英尺 = 0.304 8 米。

Chapter 4
第4章
创新思维的基础理念

学习要点

1. 创新思维概述
2. 创新思维的特性
3. 常用创新思维介绍

学习要求

1. 掌握常用的创新思维有哪些，初步掌握发散思维的训练方法。
2. 熟悉创新思维的特性，认识到创新思维与一般思维方式的不同。
3. 了解创新思维概念。

教学原理

1. 利用案例对创新思维概念和特性进行讲解，帮助学生认识到创新思维方式和一般思维方式的不同，以及通过创新思维方式来解决问题的重要性。通过小训练和创新测验，使学生更好地自我审视，看自己是否具备创新思维。
2. 对常用创新思维的介绍，帮助学生们认识到常用的创新思维有哪些。在认识的基础上，以案例为载体的介绍形式，帮助学生们认识到不同创新思维的特点，掌握各种创新思维是通过什么样的方式去创新的。

　　思维是无形的，但是为了创造出有形的具有时代气息的东西，就有必要将思想表达出来。

——美国幽默家哈伯德

　　思维是灵魂的自我谈话。

——古希腊哲学家柏拉图

现在,创新是在我们国家出现频率非常高的一个词,企业家、政府官员、大学教授、学生,几乎都会时不时地提及创新。创新的主体是人,思维是创新的源头。

例 4-1　　　　　　　　　　"点石成金"的故事

从前,有两个穷人遇到了一位"点石成金"的神仙。神仙给他们每人100两黄金,甲很高兴地接了金子,乙却不要。神仙很奇怪地问乙:"你为什么不要?"乙说:"您给我金子,我很感谢您的帮助。但金子总会花完的,我请求您把'点金术'传授给我,这是对我最大的帮助。"神仙被乙的好学精神所感动,高兴地把"点金术"传授给了乙。一年后,甲的金子用完了,又成了穷人,而学会了"点金术"的乙,自己能"点石成金",成了一个大富翁。

资料来源:http://baike.911cha.com/M2s4eQ==.html.

拥有的财富再多,终有用完的那一天。一个人要想真正拥有财富,必须具有能够创造财富的能力。而一个人是否能够源源不断地创造物质财富和精神财富,就在于是否拥有进步的动力,而这种动力就是创新的能力。一个人的行为成功与否取决于他是否具有创新能力,而创新能力的体现在于他是否具有创新思维方式;一个人是否具有创新思维方式,则在于他是否具有创新思维。工欲善其事,必先利其器。只有有了创新思维,才能够产生新构思和新设想,才能最终产生创新产物,成为个人事业和社会发展的动力。

4.1 创新思维概述

4.1.1 思维概念

从本质上来说,思维是人脑对客观现实间接的和概括的反映,它是借助语言实现的、能揭示事物本质特征及内部规律的理性认识过程。语言、言语是人类交流的工具,也是思考的主要工具,是思想的直接实现。

思维的形式极为复杂,创新思维是思维的高级形式。

4.1.2 创新思维概念

创新思维是人类思维的高级形式,是创新的源头,它既是一种超越其他思维的独立思维、超常规思维、创造性思维、形象思维等综合性思维,又是对一切旧思维进行革命性的改革和更新的新型思维。一般来说,创新思维的获得始于灵感而终于构思。

如果要给创新思维下一个定义,可以概括为:创新思维就是以新颖独特的方式,对已有的知识轨迹进行改组和重建,创造出新的思维成果的过程。换句话说,创新思维就是构想创意的过程。

那么创新思维和一般思维有什么不同?我们来看这样的一个案例。

创新故事　　　　　　　　　　　　　**如何拆迁**

大概是在二三十多年前的北京，有一个文化馆需要重新修建，周边住着大概有100户居民。按照北京当时的物价，100户居民拆迁，大致需要2 000万元。但是上级主管部门只拨了1 400万元，也就是每户14万元。还差600万元，即每户少给6万元。该怎么办？按照惯性的思维，主要是通过做思想工作，从修建文化馆给人们带来的好处，要有顾全大局意识等方面来进行说服。但是效果不好，拆迁户谁都不理睬，因为他们没有地方住，有些拆迁户甚至说到总不能让我们睡在马路上。后来又有人提出，如果说服不行，来硬的，强拆。强拆于情于理都不合适，而且在北京的市中心，也是不可能的。后来请来一个叫何杨的人。这个人靠卖点子成了百万富豪。何杨说：我给你们想一个点子，我调查过了，如果这100户人家搬到郊区比较方便的地方，在那里买块地，盖上楼，800万元就可以解决这些人的住房问题，每户多出的6万元可以买一部微型轿车送给他，来解决交通问题，牌照统一做好。大部分搬迁户很开心，还有几个愁眉苦脸：我都72岁了，谁帮我开车，难道我自己学开车吗？这时，何杨又有一个点子，这100辆车，不要发给每一户，成立一个出租车公司，这100户人家都是投资者，他们平时要乘车，打一个电话，不管是哪，免费接送。根据出租车公司经营情况年底分红，一个个都变成了老板。这个点子一出，老老少少，都开心。从数学的角度来说，这个点子价值600万元，这种思维方式跟普通的思维方式不一样，这样一个处理问题的思维方式就是创新思维。

4.2　创新思维的特性

创新思维与一般思维相比，就是以新颖独创的方式方法来解决问题。不同于一般的思维活动，创新创意思维就是要求打破常规，将已有的知识轨迹进行改组和重建，创造出新的思维成果。创新创意思维以不断发展变化的动态社会为基础，不局限于某一种思维模式，是一种灵活多变的、富于探索性的、以不断变化的现实为标准的思维形式。和充满活力的年轻人一样，创新创意思维也追求个性。

4.2.1　创新思维的求异性

创新思维的本质是求异、求新，具有前所未有的特征。创新思维本身就是一个求异性的思维方式。求异性又叫做新颖性、原创性和突破性。而所谓求异性，是指在认识过程中着力于发掘客观事物之间的差异性、现象与本质的不一致性、已有知识与客观实际相比而具有的局限性，等等，是对常见现象和人们已有的习以为常的认识持怀疑、分析、批判的态度，在怀疑、分析和批判中去探索符合实际的客观规律。换句话说，也就是说学会用"新眼光"去看待问题，突破思维的惯性。比如可以在原料、结构、性能、材料、外形、色彩、包装乃至加工方法上找到新的方法。

一个好的创意会让人产生一种眼前一亮的感觉。这就源于创意思维的新奇，也就是求异性。如果老调重弹、平平淡淡，必然乏味。

例 4-2　"火烧希特勒"牌火柴

第二次世界大战期间，美国一家火柴厂发明了一种"火烧希特勒"火柴。该火柴盒贴面是一副希特勒画像，擦火柴的磷涂于人像的臀部。这样每擦一下仿佛火烧一次希特勒。对于热爱和平的人来说，似乎也以此解了恨。由于火柴构思新奇，深受大众欢迎。这种火柴一度成为畅销的热门货。

资料来源：傅筠，黄道平. 创新·创业与就业 [M]. 北京：机械工业出版社，2011.

例 4-3　变色杯

变色杯是一个随水温变化杯体颜色发生变化的杯子（见图 4-1）。当水温比较高时，杯体颜色比较浅；当水温比较低时，杯体颜色比较深。那么这样的杯子就和一般的杯子有所不同。

图 4-1　变色杯

例 4-4　卖苹果

在某高校门前，一对老夫妻从早晨开始摆摊卖苹果，到下午还是没有卖出多少。一位同学实在不忍心，就对这对老夫妻说："我帮你们卖吧。"该同学拿出一些红线，动手将两个苹果用红线绑在一起。然后就大声喊道："情人苹果，五元钱一对，快来买呀！"路过的三三两两的情侣感到好奇，都应声来买。不一会儿工夫，一筐苹果就卖完了。

资料来源：傅筠，黄道平. 创新·创业与就业 [M]. 北京：机械工业出版社，2011.

在该案例中，如果你是那位大学生，你还有什么好的办法把苹果卖掉？

【小训练】

1. 平常洗澡用的浴头，你认为还可以做得与一般的浴头有什么不同吗？
2. 吃饭用的筷子，你平时使用的过程中感觉到有什么问题，你认为还可以改进哪些地方，从而做得与目前的筷子有所不同吗？

4.2.2 创新思维的突发性

突发性，又叫做偶然性、意外性、非逻辑性。创新思维总是表现为在时间上以一种突然降临的情景标志着某一种突破的获得，表现了一种非逻辑的特征，这是在长期量变基础上的爆发性的质的突破。一般思维往往是逻辑思维，是在长期研究基础上顺理成章的结果，在时间上往往是顺延的。弗朗西斯·培根曾在1605年说："人类主要凭借机遇或其他，而不是逻辑创造了艺术和科学。"

当然，创造性成果的产生，是研究者长期观察、研究、思考的结果，是创新思维活动过程的产物。在这一过程中，往往存在着对于形成创造性成果有关键、决定作用的突发性思维转折点。"山穷水尽"时突然看到"柳暗花明"。这种突发性和偶然性表现在：思想火花的爆发没有固定的时机，它的出现带有极大的随机性。

创新故事　　　　　　　　　浮力定律的发现

关于浮力定律的发现，有这样一个故事。相传，叙拉古王国的赫农王让工匠为他做了一顶纯金的王冠。但是在做好后，国王疑心工匠做的金冠并非纯金，但这顶金冠确与当初交给金匠的纯金一样重。工匠到底有没有私吞黄金呢？既想检验真假，又不能破坏王冠，这个问题不仅难倒了国王，也使诸大臣面面相觑。一位大臣建议国王请阿基米德检验。最初，阿基米德也是冥思苦想而却无计可施。一天，他在家洗澡，当他坐进澡盆里时，看到水往外溢，同时感到身体被轻轻托起（见图4-2）。他突然悟到可以用测定固体在水中排水量的办法，来确定金冠的比重。他兴奋地跳出澡盆，连衣服都顾不得穿上就跑了出去，大声喊着："尤里卡！尤里卡（Eureka，意思是"找到了"）！"他经过了进一步的实验以后，便来到了王宫，他把王冠和同等重量的纯金放在盛满水的两个盆里，比较两盆溢出来的水，发现放王冠的盆里溢出来的水比另一盆多。这就说明王冠的体积比相同重量的纯金的体积大，密度不相同，所以证明了王冠里掺进了其他金属。这次试验的意义远远大过查出金匠欺骗国王，阿基米德从中发现了浮力定律（阿基米德原理）。

图4-2　浮力定律的发现

资料来源：http://baike.baidu.com/view/2131.htm。

创新故事

冰雹打烂的苹果

美国新墨西哥州有个叫杨格的果园主。又一次在天空中突降冰雹后，他发现已成熟的苹果个个被打得伤痕累累。正当全园的人为此唉声叹气时，杨格灵光一现，马上按合同原价将苹果送往全国各地。与往日不同的是在每个苹果箱里多了一张小纸片，上面写着：亲爱的顾客，这些苹果个个受伤，但请看好，它们是冰雹留下的杰作，这正是高原地区苹果特有的标志，品尝后你们就会知道。人们将信将疑地品尝后，禁不住个个喜形于色，他们真切地感受到了高原地区苹果特有的风味。

资料来源：傅筠，黄道平. 创新·创业与就业[M]. 北京：机械工业出版社，2011.

不管是突然悟到还是灵光一现，均表现了创新思维的这种突然降临的特征，都是在长时间思考的基础上的一个突破。一种新思想，可以是在读书时由于某段精辟的论述而突然萌发；也可以是在乘车、漫步、看戏、参加体育比赛时由一句台词或一个偶然的动作得到启发而爆发出来的；还可以是在与人讨论问题时突然受到启发而产生的某种新鲜见解；等等。创意的迸发不分场合、地点和时间，任何事物和事件都会给你带来灵感，让你在思维领域产生突破。

【小训练】你有没有突然间迸发出某种灵感？回忆一下，想一想，说一说。

4.2.3　创新思维的敏捷性

思维的敏捷性是良好心理品质的前提。敏捷性是指在短时间内迅速调动思维能力，具备积极思维、周密考虑、准确判断的能力，还必须依赖于观察力以及良好的注意力等优秀品质。没有对事物敏锐的洞察力和反应能力，很难从众多事物中发掘到"潜力股"、找到创新的起点。

创新故事

索尼的诞生

1947年12月，美国贝尔实验室的一个晶体管放大装置，清晰地将声频信号放大百倍以上，科学家肖克利对这种早期晶体管的工作做了分析，提出了一种PN结晶体管理论。1950年，世界上第一个PN结晶体管诞生了。当时，美国西方电子公司仅仅把这种晶体管用于助听器。受过高等教育、具有专业知识的日本人井深大和盛田昭夫得知这个消息后，立即飞赴美国考察。他们敏捷地发现，晶体管像电子管一样能够放大信号，而且反应快、体积小、耗电少、可靠性强，完全有可能取代电子管。于是1953年，井深大和盛田昭夫以2.5万美元的价格向美国西方电子公司买下了这项生产晶体管的专利，于1957年生产出命名为"SONY"（见图4-3）的世界上第一台能装在衣袋中的袖珍式晶体管收音

图4-3　索尼公司的图标

机。从此，索尼开始名扬天下，一举成为家电业的大公司。回首往昔，如果不是井深大和盛田昭夫的高度敏捷性，恐怕难有索尼的今天。

资料来源：http://www.xlzx.sdu.edu.cn/cx/zyzx/dzjc4.doc.

创新故事 "溴"的发现

德国化学家李比希成名前曾做过从海藻中提取碘的试验。当把氯气通入海藻中，得到了一种紫黑色固体——碘的结晶。可是提取碘后，还有一种深褐色的液体，他想当然地把它看作氯化碘，置于瓶中，贴上"氯化碘"标签不再探索了。1826年，法国青年波拉德在同样的实验中，也发现了这一现象，他高度警觉，细致研究，确认它是一种新元素——"溴"（见图4-4），并通知了巴黎科学院。当李比希读到波拉德发表的论文时，对自己没有抓住机遇、主观臆断的失误后悔莫及。

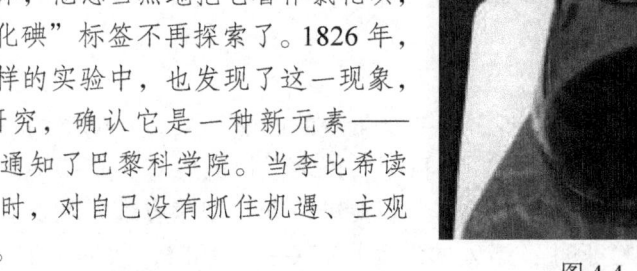

图 4-4　元素溴

可见，在创造过程中，出现机遇和灵感是可贵的，而具有把握机遇和灵感的敏捷性显得更为重要。

资料来源：傅筠，黄道平. 创新·创业与就业[M]. 北京：机械工业出版社，2011.

【创新测验】

思维敏捷度测试题目

妈妈在抽屉里发现了你的银行账单，打电话质问你为什么花的总比赚的多？你的回答会是_____。

A. 只要我喜欢的东西我就不计价钱，买下来的那一刻让我觉得特别满足。

B. 我等下再打给你，车子马上就要过隧道了，信号不太好。

C. 我刚刚失恋，要给自己一点补偿。

测试结果

A. 你是一个思维敏捷的人。你说话的技巧就是你用来达到目的强有力的武器。你事先不用任何准备，临场就能机智地予以回击。自我和自信，你一样都不缺。更绝的是你的针锋相对除了表明你的灵敏与活力之外，还让对方找不到任何反驳的机会，只能甘拜下风。你下一步的努力方向是尝试着减少语气或用词上的攻击性，多增加些幽默感，不要让对方被你的强势吓退。要让他们既怕被打败却又喜欢与你交锋。

B. 你是一个深思熟虑的人。如果有人对你说话的时候话中带刺，你就马上犯结巴。尽管搜肠刮肚地想给予回击，却是徒劳。能言善辩的即兴发挥并不是你的强项，不过一旦有足够的时间让你思考成熟，你就会变得坚不可摧，绝对能让对方哑口无言，但有时却为时已晚！纵然你在事后有滔滔不绝的千般道理，也无法体现你的睿智。不要认为不成熟和不完美的语句就代表没水准，重要的是你必须在瞬间给予回应。至于语言的雕琢，就在反复的练习中慢慢提升吧！

　　C. 你是一个反应迟缓的人。你有些害羞，对自己也没有足够的自信。面对需要快速回应的场面，你最多只是在头脑里有些模糊的概念，却缺乏说出口的勇气和速度，因此很难和别人形成你来我往的对峙状态。而事实上，你可能有别人意想不到的异常活跃的内心世界，只是你不知道自己是否有能力去和别人一争高下。想要训练自己的胆量，就先从与身边的人辩论开始，可以是你的妈妈，也可以是好朋友。一段时间之后，不管在什么场合面对什么人，你都会是占据上风的那一方了。

　　资料来源：http://xinli.9939.com/xlcs/zhcs/2010/0811/1199200.shtml.

4.2.4　创新思维的专一性

　　量变是质变的必要准备，质变是量变的必然结果。好创意的产生不是"三天打渔两天晒网"的结果，它需要专一的目标、持之以恒的思考、坚持不懈的努力。它与毫无根据的胡思乱想是有根本区别的。人们要进行创新创意思维，就要有专一性和确定性。创意思维心理学实验证明：当人的活动具有专一目标时，效率高；而当"一心二用"时，效率会大大降低。专一的目标越鲜明、越强烈，思维活动就越易集中，聚集于一个突破点上，产生聚焦突破效果。

　　所谓专一性，是指导引思维目标的确定性，是导引思维过程中已有概念、事物在显意识与潜意识两个层次的集中与凝聚的特征。而创新思维最重要的条件是所研究的问题已经成为研究者的优势目标，即心理学上所说的"优势灶"。专一性是创新思维的基本特性。

　　托马斯·爱迪生一生拥有 1 039 项专利，这个纪录至今仍无人打破。他给自己和助手确立了创新的定额：每 10 天有一项小发明，每半年有一项大发明。有一次他无意中将一根绳子在手上绕来绕去，便由此想起可否用这种方法缠绕碳丝。如果没有思维的连贯性和专一性，是不会有如此灵敏的反应力的。专一性的案例有还很多，浮力定律的发现源于阿基米德不断地苦思冥想；索尼的产生源于井深大和盛田昭夫在行业领域不断地思考和探索；等等。有了专一性，才有了相对于他人的"优势灶"。每一次的创新看似偶然而绝非偶然，偶然是必然的结果。

4.3　常用创新思维介绍

　　创新思维方式有很多种，包括想象思维（形象思维）、抽象思维（逻辑思维）、逆向思维、正向思维、发散思维、收敛思维、横向思维、纵向思维、转化思维、简化思维，等等。本节重点介绍几种创新思维，其中一些思维方式会放在以后的章节中介绍。

4.3.1　发散思维

　　发散思维是创新思维的主要标志和集中表现。发散式创意思维，是指在创造和解决问题的思考过程中，不局限于一点、一条线索或一部分信息，而是从已知信息出发，不受个人、他人意志或现存方法、方式、范畴或规则的约束，尽可能向四面八方扩展，在这种辐射式的思考过程中，找到多种不同的解决问题的方法，进而衍生出尽可能多的结果。

通过发散思维的训练，人们的思维会变得更加敏捷、思路更加活跃，能够提出大量可备选的方案、策划或建议。可以通过扩展一种事物的用途来进行思维的发散。比如马具，在汽车发明后，欧洲生产马具的工厂受到了影响。但是，也有极少数的马具商看到了那场变动所带来的新商机，转而生产皮鞋、提包等皮革制品。而漠视变革的部分厂商都落得个破产负债的下场。再比如拉链。最早的拉链发明者只是用拉链来替代鞋带，逐渐地，有些家庭服装店的老板发现，拉链还可以用在其他地方，比如钱包和衣服上，而且效果出奇的好。从此，拉链的使用领域越来越广泛，几乎遍及所有的生活用品。

【小训练】请同学思考一下，拉链、尺子、铅笔除了日常用途外，分别还有哪些用途？

当换一个视角（而且往往是强迫自己换一个视角）来观察这同一个世界的时候，才可能发现它有许许多多奇妙的地方，才能发觉原先思考的范围很狭窄。这种思维方式就是发散思维，它具有高度的灵活性（变通性）。

创新故事

卖梳子给和尚

在一次招聘会上，主考官出了一道实践题目：把梳子卖给和尚。众多应聘者认为这是开玩笑，最后只剩下甲、乙、丙三个人。主考官交代：以10日为限，向我报告销售情况。10天一到。主考官问甲："卖出多少把？"答："1把。""怎么卖的？"甲讲述了他历尽辛苦游说和尚应当买把梳子，结果没有什么效果，还惨遭和尚的责骂，好在下山途中遇到一个小和尚一边晒太阳、一边使劲挠着头皮。甲灵机一动，递上木梳，小和尚用后满心欢喜，于是买下一把。主考官问乙："卖出多少把？"答："10把。""怎么卖的？乙说他去了一座名山古寺，由于山高风大，进香者的头发都被吹乱了，他找到寺院的住持说："蓬头垢面是对佛的不敬。应在每座庙的香案前放把木梳，供善男信女梳理发髻。"住持采纳了他的建议。那山有十座庙，于是买下了10把木梳。主试者问丙："卖出多少把？"答："1 000把。"主考官惊问："怎么卖的？"丙说他到一个颇具盛名、香火极旺的深山宝刹，朝圣者、施主络绎不绝。丙对住持说："凡来进香参观者，多有一颗虔诚之心，宝刹应有所回赠，以做纪念，保佑其平安吉祥，鼓励其多做善事。我有一批木梳，您的书法超群，可刻上'积善梳'三个字，便可做赠品。"住持大喜，立即买下1 000把木梳。得到"积善梳"的施主与香客也很是高兴，一传十、十传百，朝圣者更多，香火更旺（见图4-5）。

图 4-5 和尚买梳子

资料来源：http://wenku.baidu.com/view/d95354d526fff705cc170a70.html。

创新思维是灵活的,创新路径是多样的。创新思维在解决问题时不会拘泥于一种路径,而是从收敛的问题出发,让寻找答案的思维发散起来,这可以得出意想不到的结果。在上述案例中,甲从梳子最常用的功能梳头角度出发,和尚本没头发,效果自然不好;乙从上山拜佛的香客角度出发,以头发吹乱是对佛的不敬来游说住持购买他的梳子,头发容易被大风吹乱是事实,所以效果还是可以的;丙从寺庙和佛法的推广角度来推销梳子,站的角度更高,所以才会取得卖出了1 000把梳子的好成绩。

> **创新故事** ▶
>
> ### 桶的大小是由你定的
>
> 从前,某国王有个习惯,每天早上接受大臣朝拜后,便让众臣陪同在宫殿周围散步。
>
> 一天,来到御花园,众人坐下观景,国王瞧着面前的水池忽然心血来潮,问身边的大臣:"这水池里共有几桶水?"
>
> 这个问题问得稀奇古怪,几桶水?谁答得确切?众臣一个个面面相觑。
>
> 国王很不高兴,便下旨:"你们回去考虑三天,谁能答出便能得到重赏。"
>
> 三天过去了,大臣中仍没有人能回答得出这个问题。国王觉得很扫兴。
>
> 这时,有个大臣诚惶诚恐地伏地奏道:"国王息怒,我等不才,无法解答您的问题,老臣向国王推荐一人,或许能行。"
>
> 国王闻言问:"你推荐谁?"
>
> 大臣说:"城东门有个孩子很聪明,是不是把他叫来试一试?"
>
> 不多时,那位孩子便被领进大殿。他落落大方,进了皇宫也毫无怯意。
>
> 国王便将那问题讲了一遍后,示意让人领小孩到池塘边去看一下。那孩子天真地笑道:"不用去看了,题太容易了。"
>
> 国王一听乐了,说:"哦,那你就讲吧。"
>
> 孩子眼睛眨了眨,说:"要看那是怎样的桶。如果桶和水池一般大,那池里就是一桶水;如果桶只有水池的一半大,那池里就有两桶水;如果桶只有水池的1/3大,那池里就有三桶水;如果……"
>
> "行了,完全正确。"国王重赏了这个孩子。
>
> 众臣一个个呆若木鸡,自愧不如。
>
> 资料来源:崔钟雷.创新——永不停止的探索[M].长春:吉林美术出版社,2010.

人的智慧要随着思维角度的转换而改变。因此,凡事切莫焦躁或是懈怠,用智慧的利剑从不同的角度切入问题,你就能轻而易举地理清头绪,从而找到解决问题的最佳途径。

4.3.2 逆向思维

逆向思维是从结果到原因反向追溯的思维状况,即对任何问题哪怕是现成的结论,都不满足于"是什么",而要多问几个"为什么",敢于提出不同的意见,敢于怀疑,反其道而行之。从广义上来说,一切与原有思路相反的思维都可以称为逆向思维。

例 4-5　祈祷和吸烟

一位教徒在祈祷时犯了烟瘾，就问神父："祈祷时抽烟可以吗？"神父狠狠地瞪了他一眼说："不可以！"另一个教徒在祈祷时也犯了烟瘾，他向神父问道："抽烟时可以祈祷吗？"神父赞赏地说："当然可以了！"

启示：从不同的角度去思考问题和提出问题，就会有不同的答案！

资料来源：http://www.tduanzi.com/tweets/8475.html.

创新故事　孙膑智胜魏惠王

孙膑是战国时著名的兵家，至魏国求职，魏惠王心胸狭窄，忌其才华，故意刁难，对孙膑说："听说你挺有才能，如能使我从座位上走下来，就任用你为将军。"魏惠王心想：我就是不起来，你又奈我何！孙膑想：魏惠王赖在座位上，我不能强行把他拉下来，把皇帝拉下马是死罪。怎么办呢？只有用逆向思维法，让他自动走下来。于是，孙膑对魏惠王说："我确实没有办法使大王从宝座上走下来，但我却有办法使您坐到宝座上。"魏惠王心想，这还不是一回事，我就是不坐下，你又奈我何！便乐呵呵地从座位上走下来，孙膑马上说："我现在虽然没有办法使您坐回去，但我已经使您从座位上走下来了。"魏惠王方知上当，只好任用他为将军。

启示：一味地钻牛角尖，不如从相反的方向思考，问题也许就会迎刃而解。

资料来源：http://www.795.com.cn/wz/91075.html.

创新故事　起死回生的一球

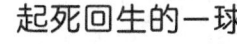

有一次欧洲篮球锦标赛上，保加利亚队与捷克斯洛伐克队相遇。当比赛只剩下 8 秒钟的时候，保加利亚队以 2 分的优势领先。但那次锦标赛采用的是循环制，保加利亚队必须在本场比赛中超出 5 分才能出线。可是在 8 秒钟内要拿到 3 分，可能性几乎是零。

这时，保加利亚队的教练站起来，要求暂停。许多人认为教练即使有回天之术，也无力改变大局，对此付之一笑。

暂停结束，比赛继续进行。这时一幕令所有人目瞪口呆的情景出现了：一名保加利亚队员拿到球后，迅速运球向自家篮下跑去，然后起跳投篮，球应声入网，双方打成平局。

紧接着，比赛结束的哨声响了。保加利亚队教练的脸上露出了一丝笑容，旁边的人以为他被气疯了，却很快就明白了：裁判宣布双方要进行加时赛。保加利亚队以这一惊人的一球，为自己创造了起死回生的机会。

加时赛的结果，保加利亚队赢了 6 分，如愿出线。

启示：置之死地而后生。退一步海阔天空，人们总是在追求进步，也许退一步将会给你带来机会。

资料来源：杨敏. 创新与创业指导 [M]. 杭州：浙江大学出版社，2011.

创新思维绝不是死钻牛角尖，只从单一角度考虑问题，当确认一个角度肯定不通时，与之相对立的另一个角度往往就是解决问题的光辉大道。

4.3.3 联想思维

联想思维是一种由此及彼、由表及里的思维，就是人们通过一件事情的触发而转移到另一些事情上的思维。许多发明和创新，都是因科学家的联想而产生的。

当人的思想受到某种刺激或在某种特定的环境下通过回忆可以产生三种类型的联想：相似联想、对比联想和接近联想。

（1）相似联想。相似联想是指思维主体（主要是人）把思考对象同储存在自己大脑中的相似经验、事物或动作进行比较的联想。

创新故事 ◆

鲁班发明锯子

大家都知道，锯子是木工师傅不可缺少的重要工具。那么，锯子又是谁发明的呢？传说，锯子是由春秋战国时期的优秀工匠鲁班发明的。一次，鲁班为了建造一座宫殿，带着斧头到山上去砍伐木料。用斧头砍树，又累又慢，一连砍了十几天，砍下来的木材离需要还差得很多。鲁班心里十分着急。有一天，他到山顶上去找木材时，突然手指被茅草拉了一道口子，鲜血直流。鲁班心想，茅草为什么这么厉害？他不顾伤口疼痛，聚精会神地研究起茅草来（见图4-6）。他发

图4-6 鲁班发现茅草

现，原来茅草边缘上长着又密又锋利的细齿。这个发现使鲁班心里十分高兴，他想：仿照茅草的样子，用铁打成边缘上有细齿的铁条，不是就可以拉树了吗？于是，他马上回去打了几十根边缘上带有小细齿的铁条。他用这种铁条去拉树，果然又快又省力，只用几天工夫，就把木料备齐了。这种带有细齿的铁条，就是我们现在使用的锯子的雏形。

资料来源：http://www.xici.net/d168414870.htm。

创新故事 ◆

孙思邈发明导尿术

孙思邈是我国古代著名医学家（见图4-7），传说有一次，一位得了尿闭症的病人找到他，神情十分痛苦。孙思邈仔细打量这个病人，只见他的腹部像鼓一样高高隆起。病人双手捂着肚子，呻吟不止。孙思邈见状，心里非常难过，他想：尿流不出来，大概是排尿的口子不灵。尿脬盛不下那么多尿，吃药恐怕来不及了。如果想办法从尿道插进一根管子，尿也许就能排出来。可是，尿道很窄，到哪儿去找这种又细又软、能插进尿道的管子呢？正为难时，他忽瞥见邻居家的孩子拿着一根葱管玩。孙思邈

图4-7 医学家孙思邈

眼睛一亮，也找来一根细葱管，切下尖头，小心翼翼地插入病人的尿道，并像那小孩一样，轻轻一吸，果然，病人的尿液从葱里缓缓流了出来。待尿液放得差不多后，他将葱管拔了出来，病人这时也好受多了，直起身来，连连向孙思邈道谢。所以说在医学史上，孙思邈是世界上第一个发明导尿术的人。

资料来源：http://www.100md.com/html/Dir/2002/03/21/0126.htm.

创新故事　　分期付款

被称为"企业全才"的美国企业家梅考克，在经营他的农业机械时，农业机械市场竞争激烈，而农民又很难用现款一次性购买农业机械，因此，农机的销路不好。在一个偶然的机会，梅考克从一个小孩向一个稍大的孩子分期付款买小糖块交易成功中得到启示，决定打破一次性现款购买农业机械的习惯，提出了分期付款购买农机的办法。这是世界上第一个想出分期付款办法的人。这个办法实行后，深受农民欢迎，梅考克公司的销售额直线上升，居然达到分期付款办法实行前的几百倍。

资料来源：黄晓荣.创新——奇思异想[M].上海：华东理工大学出版社，2007.

孩子间一个小小的交易与这位企业家经营的机械看起来风马牛不相及，但是梅考克却利用相似联想找出了这两者内在的联系，也解决了农民们资金不足的苦恼，推广了这种分期付款的交易方式。小孩子想到这种方法固然重要，但利用联想思维进行推广显得更为重要。

（2）对比联想。对比联想是指思维主体将所考虑的问题与储存于大脑中的已知信息或经验进行对照的联想。这种联想，可以是正面的对比联想，也可以是反面的对比联想，也可以是正反兼有的联想，还可以是正反对照以突出其反差的对比联想。

例4-6　　第二次世界大战逸事

在第二次世界大战期间，法国的侦察兵发现德军阵地后方的一片坟地上常出现一只家猫。每天早晨八九点钟，那只猫都会在坟地上晒太阳，而周围既没有村庄的房舍，也看不到有人活动。这位善于联想的侦察兵从空间位置的接近上，联想到坟地下面可能是个掩蔽部，而且还可能是个高级机关。于是发出通知，法国用6个炮兵营集中攻击这片坟地。事后查明，这里的确是德军的一个高级指挥部，掩蔽在里面的人几乎全部丧生。

资料来源：http://wenku.baidu.com/view/53caa487e53a580216fcfedb.html.

活动规律的猫和周围偏僻的环境，两者的对比联想带来了胜利。

（3）接近联想。接近联想是指思维主体借助时间和空间上与外界刺激有关的事物、动作或经验进行的联想。心理学研究表明，对任何两个毫不相干的概念，一般最多只需要经过四五步的联想即可将它们联系起来。比如"木质"与"足球"。通过木质可以想到森林，森林可以联想到草原，草原可以联想到足球。

【小训练】"钢笔"与"电视"如何联系起来？

创新思维具有由此及彼的联想力，这种联想有两个方向：一个是看到一种现象特别是反常现象，就向纵深思考，寻求其实质；另一个是横向，看到一种现象，就联想到与其相似或相关的事物。

4.3.4 简化思维

简而言之，简化思维就是思维简化。

例 4-7　　　　　　　　　　戈迪阿斯之结

在古希腊，弗里吉亚城的朱庇特神庙中，有戈迪阿斯王的牛车。来到朱庇特神庙的所有人，都要去看戈迪阿斯王的牛车。人们都称赞戈迪阿斯王把牛轭系在车辕上的技巧。"只有了不起的人才能打出这样的结。"有人这样说。"你说得对，"庙里的神使说，"但是解开这结的人，必须是更了不起的。""那是为什么呢？"参拜的人问。"因为能解开这个结的人，将把全世界变成自己的王国。"神使回答说。自此以后，每年有很多人来看戈迪阿斯之结。各个国家的王子和政客都想打开这个结，可总是连绳头都找不到，他们根本不知道从何着手。所以这么多年之后，朱庇特的神庙里，牛轭仍然还系在车辕的一头，没人能解开。有一位年轻的国王，从隔海遥远的马其顿来到弗里吉亚，他征服了整个希腊。他曾率领不多的精兵渡海到过亚洲，并且打败了波斯国王。"那个奇妙的戈迪阿斯结在什么地方？"他问到。于是人们领着他到朱庇特神庙。那牛车、牛轭和车辕都还原封不动地保留着原样。他仔细看了这个结，对身边的人说：过去很多人打不开这个结，都是陷入了一个窠臼，都认为只有找到绳头才能将结打开，我不相信我不能打开这个结。我找不到绳头，可是那有什么关系？说着，他挥剑而下，把绳子砍断，牛轭就落在地上了（见图4-8），这样砍断戈迪阿斯王打的结有什么不对？接着，他率领他那人马不多的军队去征服亚洲了，他就是亚历山大王。

图4-8　戈迪阿斯之结

资料来源：http://www.xr114.com/News_1442.html；http://wenku.baidu.com/view/743151ef0975f46527d3e1ad.html。

绳结打开是最终目的，无需考虑必须找到绳头这些无关紧要的条件，抓住主要矛盾，才可以快速解决问题。同学们可以思考一下，除了挥剑砍断绳子外，还有哪些办法？

例 4-8 司马光砸缸

有一次，司马光跟小伙伴们在后院里玩耍。院子里有一口大水缸，有个小孩爬到缸沿上玩，一不小心，掉到缸里。缸大水深，眼看那孩子快要没顶了。别的孩子一见出了事，吓得边哭边喊，跑到外面向大人求救。司马光却急中生智，从地上捡起一块大石头，使劲向水缸砸去，"砰！"水缸破了，缸里的水流了出来，被淹在水里的小孩也得救了。小小的司马光遇事沉着冷静，从小就是一副小大人模样。这就是流传至今的"司马光砸缸"的故事（见图4-9）。这件偶然事件使小司马光出了名，东京和洛阳有人把这件事画成图画，广泛流传。

图 4-9 司马光砸缸

资料来源：http://baike.baidu.com/view/1324266.htm.

这是一个耳熟能详的故事，但是小时候，老师和家长向我们讲述这些故事的时候，往往进行的是小朋友间要互相帮助这样的道德教育，其实司马光砸缸也教给了我们处理问题的简单思维方式。

创新不是从复杂开始的，而是从省略开始的。创新思维在解决一个复杂的科学或现实问题时，会提炼出、抽象出主要矛盾，将其余的条件全部略去。将复杂问题简单化，是一个积极的思维习惯。而要简化得恰到好处，是一个需要积累和训练的思维能力。

4.3.5 转化思维

转化思维是指：在解决问题的过程中遇到障碍时，把问题由一种形式转换成另一种形式，使问题变得更简单、更清晰。

创新故事 围魏救赵

公元前353年，魏国国君魏惠王派大将庞涓带兵去攻打赵国，团团围住了赵都邯郸。

情况非常危急，赵国的国君赵成侯派使者到齐国去求援兵。齐国的国君齐威王很痛快，立刻派田忌为大将，派孙膑为军师，发兵去救赵国。田忌打仗非常勇敢，但智谋不足，又是个急性子，奉命之后，便想立刻赶到邯郸去与魏兵厮杀，可孙膑不同意。

孙膑，是我国历史上著名的军事学家孙武的后代子孙，也是我国历史上一位有名的军事学家，田忌很佩服他。田忌问孙膑为什么不同意赶赴邯郸去与魏军厮杀，孙膑说："凡是要解开杂乱打结的绳索，一定要冷静地找出它的结头，然后慢慢去解，切不可心急地使劲去扯，或用拳头猛捶；还有，要排解开两个人相互的斗殴，万不可卷入去打，而要避开双方拳来脚往的地方，寻找机会用拳猛击其中一方空虚无备的腹位。待挨揍者双手捧着肚子跪下，原来对打的形势，便会有所改观，而斗殴的局面，也会顿然停止。现在魏国出兵攻打赵国，魏国的精兵锐卒，一定倾巢开赴邯郸，只剩一些老弱残兵留守国内。咱们为何不利用这个机会，带兵直捣魏国都城大梁，占据他们的交通要道，袭击他们守备空虚的地方呢？那样，他们在外的大军，必然会放下赵国赶回相救。这样一来，我们岂不是一举解决了赵国的危急，同时还让魏国尝尝我们的厉害吗？"田忌认为孙膑的话很有道理，便带兵直捣魏国都城大梁。

齐国的大军刚到桂陵（今河南省长垣县西北），孙膑便叫田忌下令停了下来，孙膑说，当魏军从邯郸往回的时候，一定要经过桂陵。因此，应该在此设伏，布下阵势，到时好一举把魏军歼灭。田忌又依孙膑的计谋而行，很快将军队埋伏了下来。齐兵要攻打大梁的军情，很快，庞涓就知道了。他立刻命令从赵国退兵救大梁。魏军久围邯郸，已经非常疲惫。庞涓救大梁心切，又下令要急行军，这使魏军更为疲惫不堪。魏军进入了齐兵埋伏的桂陵地带。只听一声号令，齐军从路的两侧一齐奋勇杀出。突遭袭击，疲惫不堪的魏军哪里还能抵挡得住？他们战死的战死，受伤的受伤，不多时，魏军大败，死伤两万多人，齐军大胜而归。孙膑、田忌这一仗打得好漂亮！既为邯郸解了围，又教训了魏国（见图4-10）。

图4-10　围魏救赵

资料来源：http://www.31ian.com/zl/2012/01-08/96633.html。

创新故事　　　怀丙捞牛

宋代河中府有一座浮桥，用八头铁铸的牛来固定着它，一头铁牛将近几万斤重。宋英宗治平年间，洪水把浮桥冲断，牵动铁牛沉入河底。为了重新固定浮桥，河中府四处张榜聘请有办法打捞铁牛的人。真定有个名叫怀丙的和尚，用两只大船填满土石使船浮在水面，把铁牛用绳子绑在两只大船之间的横木上，慢慢去掉船上的土石，借助水的浮力将铁牛吊起，铁牛被打捞出来。转运使张焘把这件事汇报给朝廷，皇上赐给怀丙和尚一件紫衣。

资料来源：http://baike.baidu.com/view/886116.htm。

不管是围魏救赵，还是怀丙捞牛，都体现了一种转化思维，前者是从战略上的转化，"救赵"转化为"围魏"；后者是技术上的转化，用人力捞牛很难，借助水的浮力来捞铁牛就显得容易得多。转化思维就是借助工具通过技术和思维等方面的转化，将难的事物转化成容易操作的事物。

4.3.6 整体思维

整体思维又称系统思维，它认为整体是由各个局部按照一定秩序组织起来的，要求以整体和全面的视角把握对象。

> **创新故事**
>
> **田忌赛马**
>
> 齐国的大将田忌，很喜欢赛马，有一回，他和齐威王约定，要进行一场比赛。他们商量好，把各自的马分成上、中、下三等。比赛的时候，上马对上马，中马对中马，下马对下马。由于齐威王每个等级的马都比田忌的马强一些，所以比赛了几次，田忌都失败了。
>
> 有一次，田忌又失败了，觉得很扫兴，比赛还没有结束，就垂头丧气地离开赛马场，这时，田忌抬头一看，人群中有个人，原来是自己的好朋友孙膑。孙膑招呼田忌过来，拍着他的肩膀说："我刚才看了赛马，威王的马比你的马快不了多少呀。"孙膑还没有说完，田忌瞪了他一眼："想不到你也来挖苦我！"孙膑说："我不是挖苦你，我是说你再同他赛一次，我有办法准能让你赢了他。"田忌疑惑地看着孙膑："你是说另换一匹马来？"孙膑摇摇头说："一匹马也不需要换。"田忌毫无信心地说："那还不是照样得输！"孙膑胸有成竹地说："你就按照我的安排办吧。"齐威王屡战屡胜，正在得意洋洋地夸耀自己马匹的时候，看见田忌陪着孙膑迎面走来，便站起来讥讽地说："怎么，莫非你还不服气？"田忌说："当然不服气，咱们再赛一次！"说着，"哗啦"一声，把一大堆银钱倒在桌子上，作为他下的赌注。齐威王一看，心里暗暗好笑，于是吩咐手下，把前几次赢得的银钱全部抬来，另外又加了1 000两黄金，也放在桌子上。齐威王轻蔑地说："那就开始吧！"一声锣响，比赛开始了。孙膑先以下等马对齐威王的上等马，第一局田忌输了。齐威王站起来说："想不到赫赫有名的孙膑先生，竟然想出这样拙劣的对策。"孙膑不去理他。接着进行第二场比赛。孙膑拿上等马对齐威王的中等马，获胜了一局。齐威王有点慌乱了。第三局比赛，孙膑拿中等马对齐威王的下等马，又胜了一局。这下，齐威王目瞪口呆了。比赛的结果是三局两胜，田忌赢了齐威王。还是同样的马匹，由于调换一下比赛的出场顺序，就实现了转败为胜（见图4-11）。

图4-11 田忌赛马

资料来源：http://baike.baidu.com/view/62706.htm.

当两个系统进行较量时，系统的整体效益具有最大的价值，系统结构的较量，与组成系统的局部的较量，具有同等重要的作用，因此不要把目光都集中在局部之间的较量上，调整一下结构往往会有出人意料的变化。

创新思考与实践

1. 什么是创新思维？请举例说明。
2. 创新思维的特性有哪些？请分别举例说明。
3. 什么是联想思维？联想思维分为哪几类？请举例说明。
4. 一个卖西瓜的老人，在一间破房子里避雨，房子眼看就要倒塌了，老人却浑然不知。这一情景正好被一个聋哑人见到了，他想了一个绝妙的方法，老人立刻跟着跑了出去。你觉得他想了什么方法呢？
5. 有个装满水的杯子，请你在不倾斜杯子或打破杯子的情况下，设法取出杯中全部的水。

Chapter 5

第5章

创新思维障碍及方法训练

学习要点
1. 思维定势
2. 创新思维障碍类型
3. 创新思维训练

学习要求
1. 掌握各种创新思维训练方法。
2. 熟悉思维定势的积极性和消极性,以及各种类型的创新思维障碍类型。
3. 了解思维定势的概念。

教学原理
1. 通过对思维定势以及各种类型创新思维障碍的讲解,使学生能够结合自身情况,对号入座,看自身具有哪些类型的创新思维障碍。
2. 帮助学生根据自身障碍类型进行有目的的思维训练,克服自身障碍。同时学生通过创新思维训练,提高自身的创新思维能力。

构成我们学习的最大的障碍是已知的东西,而不是未知的东西。

——法国科学家贝尔纳

我们这一代人一直在探讨关于时间和空间的问题,而爱因斯坦说出了其中最具独创性、最深刻的东西。你们可知道这里的原因吗?那就是因为,有关时间和空间的全部哲学和数学,爱因斯坦都没有学过。

——数学家希尔伯特

心理学研究表明,人在学习过程中使用某一认知方式进行思维,重复的次数越多越有效。那么,在新的相似情境中就会优先运用这一方式。这是一种自觉发生的行为,它是思维的"惯性"现象,是人的一种特别本能和内驱力的表现。

例 5-1　思维定势小测验

如果有人问你："什么老鼠用两条腿走路？"刚听到这个问题，你一时可能有些茫然。如果有人提醒你："想想动画片中的卡通形象……"稍加提醒，你就会迅速找到答案，"米老鼠！"如果接着问你："那么什么鸭子是两条腿走路的？"相信你一定会脱口而出，"唐老鸭！"

但是，两三秒以后，可能在别人的提醒下，也可能你自己突然意识到：所有的鸭子不都是两条腿走路嘛（见图 5-1）？！

图 5-1　鸭子

你或许认为这是别人捉弄你，其实，这是关于"思维定势"的心理游戏。

5.1　思维定势

5.1.1　思维定势概念

在人们的日常生活、学习、工作中，会经常处理大量的常规问题，即使遇到新问题，但随着这些问题的一次次解决，人们形成解决这些问题的特定思维模式、方法和思路，并在大脑中留下烙印。久而久之，这种特定的思维过程就会成为习惯。每当遇到类似问题，就会习惯性地搜索脑子中已有的类似答案，并迅速做出反应。这就是思维定势。

所谓思维定势，就是按照已有的思考和解决问题的思维规律，以及长期积累的思维活动经验教训，在长期不断反复使用过程中形成相对比较稳定、定型化的思维方式、路线、模式和程序。

5.1.2　思维定势的积极性和消极性

思维定势具有积极性和消极性。思维定势是一个人们非常熟悉的词语，一提到它，大部分人都会认为思维定势一定是不好的，但应用这种习惯性思维可以帮助人们解决每天碰到的 90% 以上的问题。学习的迁移理论指出：当遇到一个新问题时，原有的知识和经验对解决这个新问题一定会产生各种影响。也就是说，新问题和旧问题之间总是存在着一定的联系。从某种意义上说，问题是否得到成功解决，以及解决问题的效率如何，很大程度上取决于在解题过程中所发生迁移作用的知识、经验的数量多少和质量高低。良好的思维定势可以有效地促进知识和经验的正迁移，它使解决问题者将若干问题求解的成果推广到众多同类问题上，从而为新问题的解决做好积极的心理准备，省去许多摸索、试探的步骤，缩短思考时间，避免不必要的精力和智力浪费，提高效率。其中有一些程序、步骤甚至沉淀到潜意识，成为不自觉、下意识的习惯性反应。不仅一般人靠它来简单、方便地处理日常生活与工作问题，各级公务人员也要依靠熟练掌握上级的各项方针、政策、法律、法规、规章制度来高效地处理大量、烦琐的日常事务。专家之所以成为专家，正是因为他们积累了大量丰富的专业理论与经验，其中比较成熟的还可以整理出来，系统化，编出程序输入计算机，成为应用广泛的专家系统。专家们积累的丰富经验，有许多靠现有的科学技术理论还无法解释，往往是只知其然不知其所以然，但在处理、解决问题时确实有效。我国传统医学中的中医、针灸、气功等至今基本上仍然处于这种状态。中医处理一些疾病的思路，都与西医有很大差异，这是传承了几千年的思维定势。其实，不仅中医、藏医如此，世界其他国家与地区也有他们的传统医学，也属于这样的思维定势。因此，它在常规思维活动中的积极作用，必须充分认识。

恰当地利用人们的心理定势思维，我们常常能够解开很多生活中的难题。

例5-2　华盛顿与偷马人

有一天，华盛顿的一匹马被人偷走了。华盛顿同一位警察一起到偷马人的农场里去索讨，但那人拒绝归还，一口咬定说："这就是我自己的马。"华盛顿用双手蒙住马的双眼，对那个偷马人说："如果这马真的是你的，请告诉我们，马的哪只眼睛是瞎的？"偷马人犹豫地说："右眼。"华盛顿放下蒙着马右眼的手，马的右眼并不瞎。"我说错了，马的左眼才是瞎的。"偷马人急着争辩说。华盛顿又放下蒙着马左眼的手，马的左眼也不瞎。"我又说错了……"偷马人还想狡辩。"是的，你是错了。"警官说，"这足以说明马不是你的，你必须把马还给华盛顿先生。"

资料来源：宋宝萍，魏萍.创新思维心理学——培养与训练[M].北京：电子工业出版社，2012.

当然，思维定势同时也非常容易形成思维惰性，阻碍新思想、新观点、新技术、新形象的形成与传播，成为创新的阻力。

例5-3　关于思维定势的脑筋急转弯

有这样一道题：某局的一位局长在路边同一位老人谈话，这时跑过来一位小孩，急促地对局长说："你爸爸和我爸爸在家吵起来了！"老人问局长："这孩子是你什么人？"局长回答说："是我儿子。"现在的问题是：这两个吵架的人和局长是什么关系？很多人绞尽脑汁，百思不得其解，于是一口咬定这道题肯定有问题。其实，你只要想到局长是位女局长，就能得出正确答案。

资料来源：宋宝萍，魏萍.创新思维心理学——培养与训练[M].北京：电子工业出版社，2012.

按照我们的习惯思维，听到"局长"这个词的时候，我们首先在心理就认定了他是男性，自然找不到答案，这就是我们惯有的思维对我们的判断起到了负面影响。法国科学家贝尔纳说过："构成我们学习的最大障碍是已知的东西，而不是未知的东西。"当一个问题的条件发生质的变化，要求我们开拓新思路和新方法时，思维定势会使解题者墨守成规，难以涌出新思维，做出新决策。我们把思维定势的消极面称为思维障碍。

5.2 创新思维障碍类型

下面介绍几种常见的创新思维障碍类型。

5.2.1 从众型创新思维障碍类型

1. 从众型创新思维障碍介绍

从众是指个人受到外界人群行为的影响，而在自己的知觉、判断、认识上表现出符合公众舆论或多数人的行为方式。通俗点说，就是"跟着大家走"的意思。"从众"几乎是每个人都具有的思维倾向。学者阿希曾进行过从众心理实验，结果在测试人群中仅有 1/4～1/3 的被试者没有发生过从众行为，保持了独立性。人类是群居性动物，思维上的"从众定势"，使得个人有一种归属感和安全感，能够消除孤单和恐惧等有害心理。另外，枪打出头鸟，以众人之是非为是非，人云亦云随大流，也是一种比较保险的处世态度。当你到某地时，如果不能"入乡随俗"，往往寸步难行。因此，从众性在很大程度上是维持社会稳定的一个重要支撑。个人服从群体，少数服从多数的准则，就是为了维持群体的稳定。

然而，这个准则随后会超出个人行为领域发展成为普遍的行为准则和个人思维准则，进而逐渐形成从众的创意思维障碍。一般来说，思维从众比较强烈的人，在认识事物、判定是非的时候，往往缺乏独立思考的创新观念，人云亦云，附和多数（见图 5-2）。

图 5-2　从众倾向

```
例 5-4                    关于从众心理的描述
```

美国人詹姆斯·瑟伯有一段十分传神的文字，来描述人的从众心理。

突然，一个人跑了起来。也许是他猛然想起了与情人的约会，现在已经迟到很久了。不管他想些什么吧，反正他在大街上跑了起来，向东跑去。另一个人也跑了起来，这可能是个兴致勃勃的报童。第三个人，一个有急事的胖胖绅士，也小跑起来……十分钟之内，这条大街上所有的人都跑了起来。嘈杂的声音逐渐清晰了，可以听清"大堤"这个词。"决堤了!"这充满恐怖的声音,可能是电车上一位老妇人喊的,或许是一个交通警察说的,也可能是一个男孩子说的。没有人知道是谁说的,也没有人知道真正发生了什么事。但是2 000多人都突然奔逃起来。"向东!"人群喊叫了起来。东边远离大河,东边安全。"向东去! 向东去!"……

资料来源:http://wenku.baidu.com/view/187e782f0722192e4536f677.html.

一般来说,对于一个团体而言,"一致同意""全体通过"并不见得是件好事,它的背后可能隐藏着"从众定势"。

例 5-5 左撇子、右撇子

我们习惯于右撇子为正常状态,但对于婴幼儿来说,他们还没有受到这种所谓"正常状态"的影响,吃饭的时候,一会用左手,一会用右手。然而,大人们往往会在这个时候说,"吃饭的时候要用右手",常常把小孩子的左撇子硬生生地纠正过来,这难道说不是"从众"的思维定势在作怪。殊不知,左撇子的小孩因其经常使用左手反而开发了他的右脑,往往比一般的孩子更聪明(见图 5-3)。

图 5-3 左撇子、右撇子

左右半脑知识扩展

我们都知道,大脑分为左、右两个半脑,它们的功能各不相同。美国斯佩里教授通过实验研究,揭开了左右两半脑的奥妙,发现左、右半脑分别处理不同的心理活动。

左半脑:逻辑、列表、线形、词汇、数字、次序、分析、时间等。

右半脑:节奏、颜色、想象、唯独、白日梦、空间感、视觉、音乐等。

有趣的是,左半脑所处理的都是那些人们通常认为脑子比较聪明的人所擅长的,而右半脑处理的则是那些一般而言人们觉得比较有创意的事情。

既然右半脑思维是创造性的基础。怎样才能更好地发挥右脑优势以获得创意呢?目前,为了调动右半脑功能发挥其优势,国内外已经有很多人在进行探索。例如,多做身体左单侧体操的训练,同时,在学习、工作的间隙或业余时间,多写写诗、读读小说、听听音乐或演奏一两种乐器,看看画册,运用右半脑的思维活动区体验、评价、鉴赏。调动右半脑功能发挥作用,不仅可以解除由于长期的逻辑推理等抽象思维而产生的左脑疲劳现象,而且着眼于创造性想象的培养,还可以运用形象手段开发右脑功能。一般来说,把具体的、形象的思维与抽象的、概括的知识结合起来,就能充分发挥大脑两个半球功能的优势,从而使大脑功能更协调地学习或工作。这就要求更多使用作为形象手段的视听器材和设备。此外,还可以用"图形化"的方法,就像用化学反应式来表示化学反应一样,用各种图形如曲线、表格、流程图等来表达人们潜意识中的各种思维过程。

在创造过程中，人们常常借助于画草图、做模型等方法来完善创造过程，也是充分调动右脑形象思维的优势。

开发右脑功能优势有助于创造力的培养。仅重视左脑功能，满足于左脑功能是片面的，要重视右脑开发，并使双侧大脑协调发展。事实上左右半脑所做的都是有创意的事情。因为语言是有创意的，科学、写作也和艺术一样，都是需要创意的。

资料来源：傅筠，黄道平. 创新·创业与就业 [M]. 北京：机械工业出版社，2011.

【小训练】

1. 仔细看一下左右半脑的16种活动，从中找出你最擅长的6种。你是否留意到自己的思考风格，是偏左、偏右，还是比较平衡？

2. 思考一下那些很有创意的人，是擅长用左半脑、右半脑，还是两个半脑平衡使用？你觉得为什么？

对于从众型创意思维障碍，我们应该正确对待，因为真理往往掌握在少数人手中。

日本一家编织公司的董事长，名叫大原总一郎，他曾提出一项维尼纶工业化的计划。但是，这项计划在公司内部遭到普遍反对。大原总一郎不屈不挠，坚持推行自己的原定计划，终于大获成功。大原总一郎之所以能力排众议坚持己见，是因为他坚信父亲经常对自己说的一句话："一项新事业，在10个人当中，有一两个人赞同就可以开始了；有5个人赞同时，就已经迟了一步；如果有七八个人赞同，那就太晚了。"⊖

但真理的获得，是极其艰难的，不仅需要有强大的自信心，而且要想成为少数人，注定是孤独的，所以第二点就是要有光荣的孤立的心理准备。当然更要有"举世皆浊我独清，众人皆醉我独醒"的勇气，正如电影《唐伯虎点秋香》中，那句"别人笑我太疯癫，我笑他人看不穿"。

2. 针对从众型创新思维障碍类型的脑力训练

（1）在美国通用汽车公司的一次董事会议上，有位董事提出了一项决策方案，立即得到大多数董事的附和。有人说，这项决策能够大幅度提高利润；有人说，它还有助于打败我们的竞争对手；还有人说，应该组织力量，尽快付诸实施。但是，会议主持人则保持了冷静的思考，他说："我不赞同刚才那种团体思考方式，它把我们的头脑封闭在一个狭小的空间里，这会导致十分危险的结果。我建议把这项方案搁置一个月后再来表决，请各位董事各自独立地想一想。"一个月后，重新讨论那项方案，结果它被否决了。

请问：为什么一个月前大家都赞成这项决策方案？主持人让搁置一下的做法有什么好处？

（2）动动你的脑筋，想出一种与众不同的观念，这个观念只要与人们的日常习惯相冲突就可以，不追求高明和实用。然后把自己的新观念告诉朋友和家人，听听大家的反响。在这个过程中，体会社会的从众势力有多强大，也能锻炼你"反潮流"的胆量。面对大家的指责、嘲讽和反对，你应心平气和地辩解，尽力说服他们，让多数人承认新观念中有可取之处。当然，你还可以发明或改进一种物品，只要与传统观念中的物品不同

⊖ 宋宝萍，魏萍. 创新思维心理学——培养与训练 [M]. 北京：电子工业出版社，2012.

就行,同样要大力宣传、辩护,仔细观察不同人的不同反应。例如,提出"寒冷的冬天穿着短袖和短裤出门"的想法,把眼镜的镜片设计成一大一小,并戴着这样的眼镜出去试试。通过这类练习,你能够体会到众人的评论和嘲笑没什么了不起,从而逐渐削弱思维中的从众定势。

5.2.2 权威型创新思维障碍类型

1. 权威型创新思维障碍介绍

在思维领域,不少人习惯于引证权威的观点,不假思索地以权威的是非为是非。记得我们在小学作文中,为了证明自己的观点是正确的,往往会引述一些名人名言,如伟大的发明家爱因斯坦曾经说过、伟大的物理学家牛顿曾经说过……甚至某句话明明自己想出来的,但是为了提高可信度,我们就会在前面加上,某个伟大的数学家曾经说过,等等。这些都源于对权威的某种崇拜。可以说,有人类群居的地方就有权威,权威是任何时代、任何社会都存在的现象。人们对权威普遍存在崇拜之情,这是可以理解的,然而这种尊崇常常演变为神化和迷信。一旦发现与权威相违背的观点或理论,便想当然地认为其必错无疑,并大张挞伐。这就是创新思维的另一重大障碍——权威型障碍。

例 5-6　　　　　　　　　　气味是"信"出来的

美国某大学心理系曾做过这样一个心理学实验。一天,上课前,教授向学生介绍了一位德国来宾,名叫冈斯·施米特的化学博士,是"世界闻名的化学家","这次是被特别邀请到美国来研究某些物质的物理化学特性的"。课堂上,这位博士用德国人特有的语调向学生们解释说,他正在研究他所发现的集中物质的特性。这些物质的扩散速度极快。人们能够马上闻到它的气味。他说,由于同学们是研究感觉问题的,所以,他就同大家一起来做个实验。他从皮包中拿出一个装有液体的玻璃瓶,对大家说:"现在我就拔下瓶塞,这种物质马上就会从瓶中挥发出来。这种物质是完全无害的,只是有那么一点气味,就跟我们在厨房里闻到的那种气味差不多。这个瓶子里装的是样品,气味很强烈,大家很容易闻到。不过,我有个请求,你们谁闻到了这种气味,就请把手举起来。"说完,这位化学家拿出秒表,上紧发条,并问大家有没有什么问题。停了一会,实验者拔出瓶塞。没多久,学生们从第一排到最后一排依次举起了手。施米特博士对学生们的配合表示感谢,并带着满意的神情离开了教室。后来,心理学教授自拆骗局。哪里有什么德国来宾,这位"施米特博士"不过是德语教研室的一位教师。而所谓的带有强烈气味的物质,原来是蒸馏水。

资料来源:赵明华.创意学教程[M].西安:西北工业大学出版社,2004.

例 5-7　　　　　　　　　　孟德尔的遗传定律

1865 年年初,孟德尔经过 9 年的反复试验,揭示了生物遗传中的分离定律与自由组合定律。他把论文先后寄给了世界植物学界的诸多泰斗和权威人物，但是却反应冷淡，没人理睬，被埋没35年。直到1900年，三个不同国度的人，在不知道孟德尔论文的情况下，重新发现了孟德尔的遗传定律（见图5-4），这才引起科学界的重视。其原因在于当时的一些权威根本看不起没有博士学位、教授职称的"小人物"孟德尔。耐格里见到孟德尔的论文与信后，虽然回信答应重复孟德尔的豌豆杂交试验；一些植物学权威，只懂得本学科的知识，根本不懂数学，因此，根本看不懂孟德尔论文中的定量计算，甚至一见这些计算就烦。这表明这些"权威"的权威本身就有很大的局限性。然而，可悲的是这些"权威"对自身的局限性根本没有认识，仍然以权威自居，从而延缓和阻碍了遗传学新理论的发现和传播。

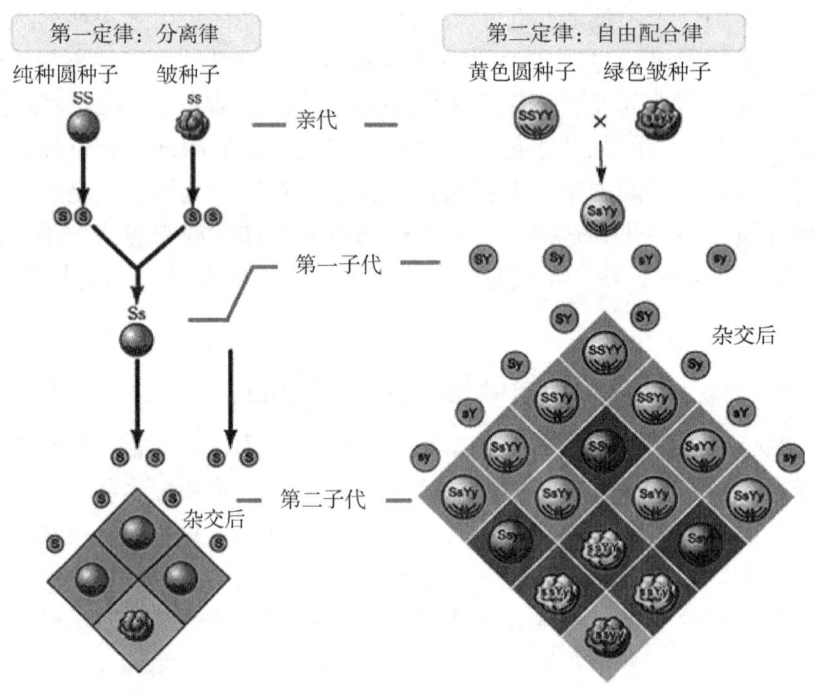

图5-4　孟德尔的遗传定律

资料来源：宋宝萍，魏萍. 创新思维心理学——培养与训练[M]. 北京：电子工业出版社，2012.

"纸上得来终觉浅，绝知此事要躬行"。要想突破权威型创新思维障碍，首先要有怀疑精神，敢于对权威提出质疑，李四光"中国有油论"的提出就是对"中国无油论"权威的挑战；哥白尼"日心说"的提出就是建立在对"地心说"怀疑的基础上。笛卡尔曾经说过："很久以来，我就感觉到我自从幼年时期起就把一大堆错误的见解当作真实的接受了，因此，我建立的那些东西也是十分靠不住的。我认为如果我想要在科学上建立起某种坚定可靠、经久不变的东西的话，就必须在有生之日认真地把我历来信以为真的一切见解统统清除出去，再从根本上重新开始。"换句话说，人们一生中的许多观念都是在儿童时代接受下来的，而在人们成年之后，并没有获得检验。所以，人们在认识事物、获取知识、建立自己的哲学体系的过程中，首要原则就是要确立"普遍怀疑"的精神。"要想追求真理,我们必须在一生中尽可能地把所有事物来怀疑一次"。但是,笛卡尔强调,怀疑并不是要打倒一切,它只是一种手段,目的是更好地认识世界。

例 5-8　为什么要去掉一块

女儿回到家里,听到妈妈在厨房切东西的声音,走近一看原来妈妈在切火腿。末了,只见妈妈将火腿末端的一段切下,随手就扔掉了。女儿心想:扔掉一块多可惜呀,但不知是为什么。妈妈平时省吃俭用,扔掉这一块总有她的道理吧。于是就好奇地问妈妈,为什么要去掉这一段呢?妈妈回答说:"我也不知道为什么,小时候看见外婆总是要去掉末端这一段的。"女儿实在忍不住了,便打了个电话问外婆。外婆说:"那时候锅小放不下,只能去掉这一段。"原来如此!现在有大锅了,根本不需要再去掉这一段了。

资料来源:姚列铭. 创新思维观念与应用技法训练 [M]. 上海:上海交通大学出版社,2011.

巴尔扎克曾说过:"打开一切科学的钥匙都毫无异议地是问号,我们大部分的伟大发现应该都归功于'如何',而生活的智慧大概就在于逢事都要问个为什么。"质疑观念的核心特征是它的疑问性——"为什么"或"是什么",这是求索问题的切入点,也表达了一种探索、求知、解疑的心理欲望,是一把发现问题、提出问题的钥匙。

其次,质疑不是停留在口头上,要能够在质疑的基础上提出问题、提出假设,并对自己的假设进行验证。也就是说对权威的质疑不是信口开河,而是需要理论和实践的论证,最终验证自己的怀疑是正确的。假设是以事实和科学知识为根据的,它是人类认识接近客观真理的方式和途径,也是人类洞察世界的能力和智慧的高度表现。假设一种命题,具有问题的性质,比如,"关于火星上可能有生命的假说"等。假设提出、假设修正和假设验证,是假设活动的三大基本过程。

(1)假设提出。所谓假设提出,是指根据已知的科学原理和一定的事实材料对事物存在的原因、普遍规律或因果性等做出有根据的假定、说明和科学解释的方法。

(2)假设修正。假设在其发展过程中,不能简单地被否定或轻易地被证实,而是经过一系列的补充和修改,到最后才能够形成精确的科学理论或某种结果。

(3)假说验证。假说验证就是对所提出的假设进行实践的检验。一般来说,关于自然科学的假设是否能够成立,要经过科学实验和生产实践的检验;关于社会科学的假设,要经过社会实践的检验。

2. 针对权威型创新思维障碍的脑力训练

(1)以权威人物的某种论断进行突破权威型障碍的训练。找出某位权威人物的某种论断,一是要求这种论断尽管是正确的,但却与人们的常识或直觉相违背;二是要求这段论断的传播范围比较窄,一般人不太了解。比如,爱因斯坦相对论中的"尺缩现象",即物体运动时长度不变只是低速世界的特殊现象,长度随速度而变才是宇宙的一般规律。然后,你把这一权威论断告诉周围的人,但不要打着权威旗号,比如可以说成自己或朋友的新发现，听别人的反应和评价。你还可以把同一论断告诉另外一些人，首先声明是某权威的观点，把大家的反应和评价进行比较，看从中能悟出什么道理。

（2）没有永久的权威，任何权威都只是一时的。随着时间的推移，旧权威不断地被新权威所替代，清楚这一点，会大大削弱对权威的敬畏心态。请在自己头脑中回忆一两个10年或20年前自己敬畏的权威，了解一下如今他们还是权威吗？

（3）一位电影明星能推荐一种感冒药，一位体操健将就肯定能制造出高质量的运动鞋吗？这都是"别的领域的权威"。面对权威漫天"泛化"的怪状，请自问自答：推广人是哪个领域的权威？他对这一行有研究吗？他是这一行的权威吗？他那些振振之词对这个领域有价值吗？

（4）"那与权威的自身利益有关"。即使是一位真正的权威，而且是在他的权威领域发表意见，也要看看是否与权威的自身利益有关。一位科学家提出一种新的理论，那么他自己对该理论的评价就会至少部分失去权威性。一次科研课题或产品鉴定会，假如权威受到优厚的款待，鉴定结果是否有足够的权威性就值得怀疑。在进行训练时，看到某权威在卖力地推荐某产品或某观念，首先想一想，他与权威的利益有没有关系？

5.2.3 书本型创新思维障碍类型

1. 书本型创新思维障碍介绍

"读书破万卷，下笔如有神"，"熟读唐诗三百首，不会写来也会吟"……（见图5-5）都是来指学习知识的重要性。

图5-5 《论语》等经典

具有丰富而广博的知识是创新的基础，牛顿不仅是物理学家，同时还是哲学家、数学家、天文学家；阿基米德是哲学家、数学家和物理学家；爱因斯坦是著名的物理学家、思想家和哲学家，等等。一般来说，一个人的专业知识越丰富，涉猎面越广，就越容易创新。但是对于大多数人来说，知识的获得更多是通过学校所受的正规教育来获取的，从幼儿园到大学，在校园度过了20年左右的时间。然而，从创意思维的角度来说，一个人接受正规教育的时间越长，其思维受到束缚的可能性也就越大。

例 5-9　阿西莫夫的故事

阿西莫夫是美籍俄国人，世界著名的科普作家。他曾经讲过这样一个关于自己的故事：阿西莫夫从小就很聪明，在年轻时多次参加"智商测试"，得分总在 160 分左右，属于"天赋极高"之列。有一次，他遇到一位汽车修理工，是他的老熟人。

修理工对阿西莫夫说："嗨，博士！我来考考你的智力，出一道思考题，看你能不能正确回答。"

阿西莫夫点头同意，修理工便开始说思考题："有一位聋哑人，想买几根钉子，就来到五金店，对售货员做了这样一个手势：左手直立在柜台上，右手握拳做出敲击的样子。售货员见状，先给他拿来一把锤子，聋哑人摇一摇头。于是售货员就明白了他想买的是钉子。"

"聋哑人买好钉子，刚走出商店，接着进来一位盲人。这位盲人想买一把剪刀，请问：盲人将会怎样做？"

阿西莫夫顺口答道："盲人肯定会这样——"他伸出食指和中指，做出剪刀的形状（见图 5-6）。

听了阿西莫夫的回答，汽车修理工开心地笑起来："哈哈，答错了吧！盲人想买剪刀，只需要开口说'我买剪刀'就行了，他为什么要做手势呀？"

阿西莫夫只得承认自己的回答很愚蠢。而那位修理工在考问之前就认定他要答错，因为阿西莫夫"所受的教育太多了，不可能很聪明"。

图 5-6　盲人买"剪刀"

资料来源：赵明华. 创意学教程 [M]. 西安：西北工业大学出版社，2004.

例 5-10　灯泡的体积

爱迪生在研制灯泡时，他想知道灯泡的体积，便让大学数学专业毕业的助手阿普拉去测量。阿普拉接到任务后，又是测量灯泡的直径，又是测量灯泡的周长，然后列出公式进行计算。由于灯泡不是球形，计算起来十分复杂，算了密密麻麻几大张纸，仍然没有结果。过了个把小时，爱迪生催问结果，阿普拉还没算好。爱迪生一看，他算得太复杂了，便拿起了灯泡，沉在水里，让灯泡充满了水。然后把灯泡中的水倒入量筒中，看完量筒的读数，便轻而易举地知道了灯泡的体积。

阿普拉大学数学系毕业，学历不算低，可在碰到测量灯泡体积这一并不超出其专业范围的问题时，却还不如只念了 3 个月小学的爱迪生。

资料来源：宋宝萍，魏萍. 创新思维心理学——培养与训练 [M]. 北京：电子工业出版社，2012.

因为受的教育多，所以就非常容易产生书本型创新思维障碍。大数学家希尔伯特曾经很幽默地评价爱因斯坦的相对论，他说："我们这一代人一直在探讨关于时间和空间的问题，而爱因斯坦说出了其中最具独创性、最深刻的东西。你们可知道这里的原因吗？那就是因为，有关时间和空间的全部哲学和数学，爱因斯坦都没有学过。"那这个时候，大家可能会有疑问：我们是否还需要去接受教育，是否需要去努力学习专业知识？个人认为，不同层次的教育对个人的成长是非常有益的，我们仍然需要去学习，有条件的话仍然需要去接受教育。我们需要做的是调节自己以克服书本型创新思维障碍。

例 5-11　　　　　　　　　　　学禅的奥妙

有位年轻人想学禅，找到一位著名的禅师。禅师开导他很长时间，年轻人还是找不到入门的路径。于是，禅师端起茶壶，向年轻人面前的碗里倒茶。茶碗已经斟满，禅师却还在不停地倒。年轻人终于忍不住，提醒说："师父，别倒了！茶碗已经装不下了。"

禅师这才停手，慢悠悠地说："是啊，装不下了。你也是这样，要想学到禅的奥妙，就必须把头脑腾出空来，把充塞其中的幻象和杂念清除出去。"

听了此言，年轻人当下大悟。

资料来源：赵明华. 创意学教程[M]. 西安：西北工业大学出版社，2004.

学禅的奥妙告诉我们在面对新情况、解决新问题时，要能够自主地放空自己的头脑，自主地抛弃自己所学的全部知识，跳到"无知"的另一面，以旁观者的角度来看是否有什么好的解决方案、解决方法，以此来克服书本型创新思维障碍。

2．针对书本型创新思维障碍类型的训练

（1）"正分合"读书法。拿到一本理论类的书，认真用不同的方法和眼光读三遍，你会有一种全新的感觉。第一遍是"正读"，首先假定书中的说法完全正确，你十分赞同作者的观点。你一边读，一边为书中的看法补充新的证据、材料和论证方法。第二遍是"反读"，你假定书中所有的观点都是错误的，你读此书的目的，就是找出错误而一一驳倒它们。也许一开始很困难，这一方面是过去读书的习惯使然；另一方面是因为你还没真正把握书中所讲的内容。任何理论上的阐述，都不可能天衣无缝。第三遍是"合读"，就是把"正读"与"反读"的结果综合起来，在此基础上对书中所讨论的内容，提出自己的新看法。到这一步，应该说达到了读书的最高境界——既能读"进去"又能读"出来"。

（2）找出书本与现实的差距。想一想，怎样从现实中找到具体事例反驳下列知识性论断：男人比女人有力气；开卷有益；众人拾柴火焰高；冬天比春天冷；瑞雪兆丰年；用计算机写作既方便又迅速。

（3）设想多种答案。书本上提供的答案往往是"唯一的""标准"答案，它会束缚头脑，降低创新意识。如果我们面对一个问题，尽可能多地给出越新奇越好的多种答案，创意思维水平就可以提高。例如："大雁为什么向南飞？"答案：向北飞要飞过北极会饿死；向北飞路太远；去会见去年结识的女朋友海鸥；锻炼小大雁的翅膀，免得沦落为"抱大的一代"；消耗身上的脂肪以治疗肥胖症；北方是工业地区，南方是经济不发达地区，工厂少，空气好……

就以下问题设想多种答案：面条是怎样做成的？天空为什么是蓝的？浪花为什么是

白的？熟人见面为什么要打招呼？花朵为什么颜色不同？

5.2.4 经验型创新思维障碍类型

例 5-12　关于经验型思维的小测验

阿拉伯数字"1"所能排列成的最大的数是多少？人们都会在片刻思索之后回答"11"；如果紧接着问，由 3 个阿拉伯数字"1"所能排列成的最大的数是多少？一般都会短暂思索后，便回答"111"；如果再接着问，由 4 个阿拉伯数字"1"所能排列成的最大的数是多少？一般都会不假思索地回答"1111"，其实正确的答案，应该是 11^{11}。

资料来源：赵明华. 创意学教程 [M]. 西安：西北工业大学出版社，2004.

我们之所以会快速地给出答案，是因为我们从前两问中获得了经验。在生活中，我们时时处处都在获取经验、加工经验、应用经验，甚至依靠经验。从幼年到成年，我们看到、听到、感受到、亲身体验到各种各样的事物和现象，它们都在我们的大脑中留下烙印并积淀成丰富的经验。

1. 经验型创新思维障碍介绍

在一般情况下，经验是处理日常问题的好帮手，如果你具有某一方面的经验，那么你在应付这一方面的问题时会得心应手。特别是技术方面的问题，经验丰富的司机比新司机能更好地应付各种复杂路况；老会计比新会计能更熟练地处理复杂的账目。在很多场合中，经验常常就是一种创新。据说，哥伦布发现美洲大陆时，就是由于海员看到一群鹦鹉朝东南方向飞去，根据经验认为陆地一定就在东南方，于是跟随鹦鹉向前追去，终于发现了新大陆。但是，我们也要看到，经验又是相对稳定性的东西，它在某种程度上对创意思维会形成很大的障碍。如果我们对经验过分依赖，形成固定的思维模式，就会削弱大脑的想象力，引起创新思维能力降低，形成经验型创新思维障碍，有时甚至会造成严重的后果。

例 5-13　马尔科夫之死

在日常生活中，因凭经验处理问题而产生偏差和失误的实例不胜枚举。马尔科夫之死就是一个典型的例子。1978 年 9 月，保加利亚叛逃者马尔科夫在英国首都伦敦被刺客用装有暗器的雨伞击中。人们很快将他送到了医院，医生检查他的伤口，未发现炎症，便根据经验对他进行了处理，并认为他很快就会痊愈。不料 4 天以后，马尔科夫突然死亡。医生大吃一惊，经仔细研究发现，刺客用的是带了剧毒的铂－铱子弹，由于铂具有抑制细菌的作用，因此在伤口处找不到炎症，但毒液却进入了马尔科夫的体内，最终导致了他的死亡。

资料来源：宋宝萍，魏萍. 创新思维心理学——培养与训练 [M]. 北京：电子工业出版社，2012.

在这例事故中,医生的失误在于过分相信长期医疗实践中形成的经验,即如果伤者中毒,那么伤口处则必然会有炎症,而马尔科夫的伤口处没有炎症,又没有击中要害,因此不需要做特殊处理就能痊愈。刺客显然十分了解存在于医生头脑中的这一经验定势,巧妙地骗过了医生,达到了刺杀马尔科夫的目的。

初生的牛犊没有见过老虎,它对老虎没有任何经验。当它看到老虎的时候,只是把老虎看作一个普通的"入侵者",于是便本能地弓起腰、低下头奋力用角去顶。而老虎却凭着以往的经验认为:"怎么回事?是牛吗?这么厉害!快跑!"于是溜之大吉。

创意思维要求我们必须拓展思路,海阔天空,束缚越少越好。从某种意义上讲,经验在大多数人的思维里就是一种框框,是一种指导我们"只能这样""绝不那样"的行为守则。也许,少年儿童的"经验少"并不是缺点,而是一大优点,是"敢闯敢干"的代名词。

例5-14 我只带来两个大人

有一对夫妻带着自己5岁的孩子进城租房,好不容易找到一家房东。房东遗憾地说:"啊,实在对不起,我们公寓不招有孩子的住户。"夫妻俩听了不知如何是好。

夫妻正要准备转身离去时,孩子忽然又去敲了房东的大门。

房东又出来了。孩子精神抖擞地对房东说:"老爷爷,我要租房。我没有孩子,我只带来两个大人,一个是我母亲,另一个是我父亲。"

房东听了哈哈大笑,把钥匙高兴地交给了那个聪明的孩子。

资料来源:赵明华. 创意学教程[M]. 西安:西北工业大学出版社,2004.

【小训练】

有个人连续扔了10次硬币,结果每次都是有字的一面向上,一切情况照旧,他又扔了第11次。请问:这一次有字的一面朝上的可能性是不是比开始的时候要小?

2. 针对经验型创新思维障碍类型的脑力训练

(1)仿盲人训练。经验大部分是通过感觉得来的,而感觉中由视觉获得的信息占全部信息的85%以上。过分发展的视觉反而妨碍了其他感官功能的发挥,有必要体会一下盲人的感觉,来充分发挥其他感觉的功能,使你获得意想不到的丰富的外界信息。训练方法是:用布或者完全不透光的眼镜使自己看不到外界,先在室内走动,再去室外熟悉处走走,最后在朋友的引领下到陌生的地方走一圈,这种地方最好是景观、人员等比较集中的地方,完全依靠你的听觉、触觉、方向感和平衡感去了解外界。如此训练几次,肯定会有丰富的收获。

(2)"逆经验反应"训练。大量日常经验使每个人对外界刺激形成一套固定反应模式,打破它对增强创新意识大有帮助。训练原则即如此,内容可自定。例如:下雨时不打伞走出去;收到信不拆,扔在桌上不管它;电话铃响着,不去接。

5.2.5 自我中心型创新思维障碍类型

1. 自我中心型创新思维障碍介绍

"自我中心型"就是"自以为是"。在日常的思维活动中,人们自觉或不自觉地按照自己的观念、站在自己的立场、用自己的目光去思考别人乃至整个世界,由此产生了自我中心型思维定势。

例 5-15　都是自我偏向

有一天吃晚饭的时候,正在上小学的弟弟给全家人提出了一个很奇怪的问题:"要是全世界的电话线路都断掉了,会产生什么结果?"

当医生的爸爸回答说:"病危的人就不能得到及时的救治,使死亡率上升。"

当消防队员的哥哥回答说:"报警速度将会降低,使火灾的损失大大增加。"

热恋中的姐姐回答说:"两人约会的次数一定会大大减少。"

善于持家的妈妈高兴地说:"那太好了,我们就不用付电话费了!"

资料来源:姚列铭.创新思维观念与应用技法训练[M].上海:上海交通大学出版社,2011.

在这种思维定势的束缚下,个人的思考以自己为中心,听不进别人的意见和建议,总认为自己的思考没有任何问题,是完全正确的,甚至认为就是真理。岂知,所谓"真理"都是相对的,具有一定的时空性,在这一场合正确的观点,换个场合也许就是错误的;现在没有问题的东西,随着时间的推移,过一段时间就不一定没有问题了。

例 5-16　爱迪生的错误

伟大发明家爱迪生,一生差不多都在与电打交道,在电学方面的发明数不胜数,可是当其他人提出交流电可能有广泛用途时,他以老资格自居,说那可不行,交流电太危险,不能在实际生活中应用。为了证明,他还当众把一条狗用交流电电死吓唬大家,劝大家千万不要使用交流电(见图 5-7)。但他确实犯了自以为是、自我封闭的错误。

资料来源:http://www.docin.com/p-542279928.html.

图 5-7　爱迪生和他的灯泡

每个人都会犯错误,即使是傻瓜也会为自己的错误辩护。但能承认自己的错误,多听取别人的意见和建议,对我们的进一步思维也许就起到了抛砖引玉的作用。

2. 针对自我中心型创新思维障碍类型的训练

(1)冷静法。当别人对你的某种观点提出质疑时,不妨让自己冷静一段时间。过一段时间,你再考虑这个问题,并思考别人给你的建议,也许你会改变自己的想法。

（2）尝试法。如果条件允许的话，可以尝试一下别人给你的建议，看效果如何，和自己的做个对比。

5.2.6 其他类型创新思维障碍

除了以上介绍的 5 种创新思维障碍类型外，还有很多其他类型的思维障碍，其表现的严重程度因人而异，以下简单介绍几种。

1．自卑型创新思维障碍

自卑型创新思维障碍就是非常不自信，由于过去的失败或成绩较差，受过别人的轻视，产生了自卑心理。在这种心理支配下，不敢去做没有把握的事情。

具有这种障碍的人应该尽可能多地想到自己的长处和优点，多发挥自己的长处，对于自己不自信的方面，应该尽可能多地去了解和学习，累积知识量，最终实现从量变到质变的突破。

2．麻木型创新思维障碍

麻木型创新思维障碍表现为不敏感、思维不活跃。有这种思维障碍的人注意力不够集中，兴奋不起来，对什么事物都习以为常，对关键问题不能够及时捕捉。具有麻木型创新思维的人应找到麻木的根源，想想自己究竟对哪些感兴趣，激起自己的兴奋点。

3．偏执型创新思维障碍

具有偏执型创新思维障碍的人，大多数颇为自信，但有的爱钻牛角尖，明知这条道路走不通，非要往前闯，直到碰得头破血流才罢休。另外还喜欢跟别人唱反调，别人让他往东，他偏往西，走了许多弯路还不愿回头。对这种类型的创新思维障碍，停一停也许是最好的选择。

在广阔的科学领域里，有很多经过深入研究最后获得了重大成果的现象，其实早就有不少人都遇到过。但为什么总是只有极个别的人才会注意、重视和研究它，最后取得成果呢？其中一个重要的原因就是，一般人都是以固定的思维模式进行思考，受到思维定势的束缚。有很多看起来很难解决的问题，实际上它们并不是难在想不出办法，而是难在不容易突破思维障碍，有的问题甚至只要突破了思维障碍，就能很快找到解决问题的办法。突破创新思维障碍，很大程度上可以说是创新思考的第一步。

以上讲了这么多类型的思维定势，是否对你有所启发？请结合自身情况，分析自己具有哪些类型的创新思维障碍？举例说明。

5.3 创新思维训练

人人都是创新之人。从降生到这个世界上时开始，我们便有许多东西需要学习、理解和掌握。如果只是记住几条创新规则，而没有改进自己的思维习惯，那就等于什么都没有学到。只有通过思维的训练，才能逐步提高创新思维水平。

所谓创新思维训练，就是采用一定的方案，对思维能力、思维方法、思维知识和思维态度等进行系统训练，从而使人的创新思维水平得到提高的过程。

创新思维是可以训练的。第一，从已有的研究成果来看，思维是可以训练的。思维的生理基础是大脑，大脑的特点决定了人的聪明程度。大脑神经元的数目可达 1 000 多亿，而实际使用的却不到 10%，余下的神经元都未被开发利用。研究发现，生理上的变化可引起思维的变化。人类的思维能力随着社会的发展不断提高，这正是长期学习和训练的结果。环境和教育，可以使思维的发展加速或延缓。第二，创新思维训练具有悠久的传统。思维训练从古时就有了，只是从 20 世纪以来，通过大量的研究和实践探索，才使人们认识到了思维训练对提高民族素质的重要作用。在西方，最早采用系统方法进行思维训练的人，也许可以追溯到古希腊时代的苏格拉底。

当前，人类正处于向知识经济过渡的时期。为迎接知识经济给人们带来的挑战，提倡和鼓励创意，培养人的创意能力，正在成为时代的潮流。创新思维是创新的基本条件。在许多需要创新的领域，诸如，科学研究、科学决策、产品设计、广告策划中，情感、意象、形象、直觉、灵感以及经验、联想、想象、猜测、美感等创意素质直接制约着创新的水平。因此，创新思维的培养和训练至关重要。

5.3.1 发散思维训练

发散思维，即从一个基本点出发，思维就如同旋转喷头一样，朝向四面八方做立体式的放射思考，力求提出大量富有价值而又新颖独特的设想；发散思维，即充分运用想象力，调动起积淀在大脑中的知识、经验、信息和观念，并加以重新排列组合，从而产生更多更新的设想和方案（见图 5-8）。发散思维有利于提升思维的广阔性和开放性，也有利于思维在空间与时间上的拓展性和延伸性。

图 5-8　发散思维

发散思维指一种不依常规、寻求变异、从多方面寻求答案的思维方式。宽广的知识面可以使人们见多识广，思路宽且灵活。因此，人们要注意培养广泛的兴趣；要尽可能地从各个方面去吸取信息和知识；重视各种环境下的实践。发散思维是根据已有的知识结构，围绕某一个问题，重组已有的信息，获得解决问题的多种方案的思维活动。这种思维往往使创意发明产生"一树结多果"的奇特效应。

1. 发散点训练

发散思维训练的核心是发散点训练。一般从用途、功能、结构、形态、组合、方法、因果、关系等 8 个方面向外延扩散。

（1）用途发散。所谓用途发散就是以某物品作为发散点，设想出它的多种用途。

例如，在 5 分钟内尽可能多地说出订书钉的各种用途：订书、订报纸、订杂志、订装纸盒、订壁画、做牙签、做成掏耳勺、在皮带上钉出一定的图案、做装饰、可作为项链的一次性用锁、弯曲做成五线谱的音符、做成圆珠笔的尖头、做成发夹、做造型各异的饰品、做成别针、用在广告中人物化、钉在木板上、将一头磨圆、制成钢刷、当筷子用、在太空中可用来击穿飞船、弯成圆形扣在一起做装饰品、用来拆一些小食品的塑料袋、连接两个很小的物体、做敲击乐器、当作针来引线、塞进枪膛做子弹、扭弯后做成手链、做成一次性拉链、将它放在外星球上作为人类文明的标志、制作强力订书机、可钉接金属片、做成鱼钩、熔化后做成饭盒、可做积木、用来搭东西、可做圆规的针尖、雕刻一些细小的物品、变形做钉子、做固体奶油的内杆、做成奶油棒、可用来扣一些东西、使接口牢固、挑刺儿、订衣服、充当纽扣、做焊接材料、做耳环、做鼻环、做固定电线、开启软盒饮料、写字、熔化后做成别的合金、做成各式各样的形状、给小孩玩、做导体、用来拆封、做成各种艺术品、折成数字教小孩算术、可作为一些软物品的固定器、订墙纸、弄直以开锁、将其一端磨尖用来文身、做成裙子的流苏、弄直可以挑细小的物品、涂上彩色油漆用来拼图案、做发饰、制作标本时的订装、修理东西……

用途发散训练的题目形式是"在一定时间内说出某物品的各种用途"。

用途发散有两种思维方式一种是根据物品的特征进行发散，想出可能的用途。例如，订书钉是铁制的，铁可以导电，于是我们就可以想到订书钉可以用来做导线、做启动日光灯等。第二种就是进行强制性的思维发散，即随便想出一个事物，把该事物和作为发散点的事物强制地联系在一起，寻找作为发散点物品的新用途。例如，忽然间想到扣子，那么可以把订书钉卷子圆形，做扣子用；当然也可以做成订书钉形状的扣子。第二种方式对于发现某种材料的新用途能起巨大的作用，有时还会取得辉煌的成果。特别是一种新材料发明以后，可以应用物品用途发散的第二种方式寻找适用的领域，一定会得到用其他方法得不到的新奇构思。

【小训练】

1. 以扣子为发散点，从用途发散的两种思维方式考虑，扣子有多少种用途？至少回答 10 种。

2. 以铅笔为发散点，从用途发散的两种思维方式考虑，铅笔有多少种用途？至少回答 10 种。

（2）功能发散。功能发散是从某事物的功能出发，构想出获得该功能的各种可能性。如对"怎样才能达到照明的目的"这一问题，有人做出如下构想：点油灯、开电灯、点蜡烛、划火柴、烧纸片、用手电筒、点火把、燃篝火、用镜子反射太阳光等。从发散思维的角度出发，没有废物或废料，只要能合理地借助功能发散（有时加上视角转换），一定能变废为宝。一位商人说：他可以利用猪身上的一切，除了猪的叫声。进一步说，猪的叫声也可以利用，比如进行科学研究或制成"猪音乐"，用于对猪舍的管理。

下面以红砖的用途为例，说明如何进行功能发散。

● 红砖最常用的功能是作为建筑材料使用，那在哪些方面可以实现红砖这一功能呢？可以在盖房子（包括盖大楼、宾馆、教室、仓库、猪圈、厕所……）、铺路面、修烟囱等方面实现红砖作为建筑材料的功能。
- 红砖从其物理性质来看，它具有一定的重量，这也可以说是它的一种功能，那在哪些方面能够体现红砖的重量？它可以当作压纸、腌菜、凶器、砝码、哑铃练身体等。
- 红砖的形状是长方体，在哪些方面能够体现红砖长方体的特征？它可以当作尺子、多米诺骨牌、垫脚等。
- 红砖的颜色是红色的，可以通过在水泥地上当笔、画画、压碎做红粉做指示牌、磨碎掺进水泥做颜料等实现红砖的这一功能。
- 红砖的硬度较硬，可以用做凳子、锤子、支书架、磨刀等，体现红砖的硬度较硬，说明红砖能够承受较大的重量，同时也比较耐磨。
- 另外红砖的吸水性较强，可以用它来吸水。
- 还可以将红砖刻成一颗红心献给心爱的人；在砖上刻下自己的手印、脚印变成工艺品留念。

【小训练】

1. 以书本为发散点，从功能发散的角度进行发散，即先考虑书本有哪些功能？在哪些方面又能实现这些功能？
2. 夏天天气特别热，如何能够达到凉快的目的？

（3）结构发散。结构发散是以某个事物结构为扩散点，设想出利用该结构的各种可能性的思维活动。

例如，尽可能多地说出含圆形结构的东西：太阳、水滴、酒杯、西瓜、扇子、瓶盖、镜子、螺丝钉，等等。经常进行这种思考，可以增加我们头脑中的形象储备，锻炼想象力。

【小训练】

1. 写出包含这种 ⌒ 结构的事物或现象。
2. 写出包含方形结构的事物或现象。

（4）形态发散。形态发散是以事物的形态（如颜色、形状、音响、味道、明暗等）为发散点，设想出利用某种形态的各种可能性。例如，你能设想出利用红色可做什么或办什么事吗？这是一种形态发散思考，如利用红颜色可做信号灯、红墨水、红围巾、红灯笼、红粉笔、红喜报等。

【小训练】

1. 利用白色可以做什么或办什么事情？
2. 利用蓝色可以做什么或办什么事情？

（5）组合发散。组合发散是以某一事物为发散点，尽可能多地设想出与另一事物联结成具有新价值的新事物的可能性。

组合发散是一种强制性思维的发散方法，即你想到什么就与发散点的事物组合在一起。

组合思维是一种非常重要的创意思维方法，组合思考不仅数量要多，更重要的是组合要新奇而合理。经常进行组合发散思考，将会提高我们的创意能力。

例如，尽可能多地说出手电筒可以同哪些东西结合在一起。如果想到了钥匙、手表、钟、鞋子、笔、衣服、书、桌子、帽子、汽车、教室，那么与手电筒一组合就有了带手电筒的钥匙、带手电筒的手表、带手电筒的钟、带手电筒的鞋子、带手电筒的笔、带手电筒的衣服、带手电筒的书、带手电筒的桌子、带手电筒的帽子、带手电筒的汽车、带手电筒的教室等。从中可以发现一些很好的创意。如带手电筒的钥匙，我们知道，在生活中尤其是晚上开门的时候，如果楼道灯不亮，是很难开门的，有了带手电筒的钥匙，就可以不用为此烦恼；带手电筒的表，其形式有夜光表和带灯的电子表；带手电筒的笔，这种笔对夜间或暗处写字很有用处；带手电筒的书对住集体宿舍的"夜猫子"来说真是福音，自己怎样熬夜都行，也不会影响别人休息。

组合发散和前面讲到的用途发散中的强制性思维发散方式有相似之处，也有不同之处。相似之处在于两者都是想到一种事物，将这种事物与发散点进行联系。不同之处在于组合发散是把发散点与这种事物结合起来，形成一个新事物；而用途发散是将发散点来代替这种事物，从而发现发散点的新功能。例如，以钥匙为发散点，随机想到一种事物是手电筒，按照组合发散的思维方式，两者就能结合形成新的事物——带手电筒的钥匙；按照用途发散的思维方式，由手电筒联想到，钥匙是否具有一种新功能，钥匙能够当手电筒用。

【小训练】

1.以眼镜为发散点，按照组合发散的思维方式，看能够有哪些新事物的产生（至少10种）？其中，哪些比较有创意？

2.以杯子为发散点，按照组合发散的思维方式，看能够有哪些新事物的产生（至少10种）？其中，哪些比较有创意？

（6）方法发散。方法发散是以人们解决问题或制造物品的某种方法为扩散点，设想出利用该种方法的各种可能性。例如，说出用"吹"的方法可能做的事或解决的问题：吹气球、吹口哨、吹笛子……这是一种方法发散思考。方法发散，是人们创新创意能力中的一项重要素质。平时，人们要多掌握一些前人解决问题过程中积累下来的成功方法和技术，并能把这些方法辐射出去，用到新领域、新事物上去，从而大大地提高我们的创新创意能力。

家庭主妇的创新

日本有一厂家生产瓶装味精，质量好，瓶子内盖上有4个孔，顾客使用时只需甩几下,很方便。可是销量一直徘徊不前。全体职工费尽心机,销量还是不能令人满意。后来,一位家庭主妇提了条小建议。厂方采纳后,不费吹灰之力便使销售量提高了近1/4。那位主妇的小建议是:在味精瓶的内盖上多钻一个孔。由于一般顾客放味精时只是大致甩个两三下,四个孔时是这样甩,五个孔时也是这样甩,结果在不知不觉中多用了近25%。

资料来源:http://www.docin.com/p-397652876.html.

这个案例是根据使用味精时,甩的动作而想到的,把四个孔的内盖变成了五个孔。

【小训练】
1.用"吹"的方法可以办哪些事情或解决哪些问题(至少10种)?
2.用"吸"的方法可以办哪些事情或解决哪些问题(至少10种)?

(7)因果发散。因果发散是以某事物发展结果起因为扩散点,设想出该事务出现的原因或该事物可能产生的结果。例如,你发现地上有一摊水,你推测造成地上有水的各种可能的原因;你发现地上有一摊水,你猜测这摊水会造成什么样的后果呢。这就是因果发散。

具体来说,因果发散包括原因发散和后果发散。原因发散是以某事物发展的结果为发散点,推测造成此结果的各种可能的原因。如尽可能多地说出玻璃杯破碎的各种可能原因。答案如下:落地摔碎、被汽车轧碎、开水冲进杯子时炸碎、杯子结冰涨碎、被火烧裂碎、被子弹击碎等。后果发散是以某事物的起因为扩散点,推测可能发生的各种结果。如尽可能多地说出拉上开关后可能发生的各种结果。答案如下:灯不亮、灯亮、灯亮了马上灭掉、灯泡冒出白烟、灯泡爆炸、保险丝断、电线起火等。

人们在进行科学研究时,经常会碰到认识事物因果关系的问题。因此,进行因果发散思考训练,有助于培养我们的科研素质,去发现事物、认识事物的内在规律。

【小训练】
1.请尽可能多地说出玻璃杯破碎后造成的各种可能结果。
2.你打羽毛球的时候,忽然球拍断了,请分析出现这种情况的原因有哪些?后果有哪些?

(8)关系发散。关系发散是从某一对象出发,尽可能多地设想它与其他对象之间的关系。

例如,每个人都可以从自我出发,想出自己与其他社会成员之间的关系,除了日常的一些基本关系之外,每个人还可能是听者(相对于演讲者)、观者(相对于哑剧表演者)、读者(相对于图书管理员和书商)、选民(在选举活动中)……确定事物之间可能的关系发散有以下两种方式。第一种是从某一事物出发,尽可能设想出与其他事物的各种关系。例如,"你是谁?"你是你父母的女儿,你是某高校某系某班的学生,你是女生,你是舞者等。尽可能说出你与社会各方面及各种人物之间的关系。第二种是给出两个事物,请说出这两个事物之间的各种关系。例如,父亲和儿子之间可能有什么样的关系?答案有:父子关系、医生和病人的关系、师生关系、同事关系、上下级关系、原告和被告的关系、游戏伙伴的关系、谋害者和被害人的关系、病人和护士的关系、营业员和顾客的关系等。

【小训练】

1. 说说你是谁?
2. 猫和狗有哪些关系?

2. 转换视角训练

一位学者说过:你在做事时如果只有一个主意,这个主意往往是最危险的。我们同样有理由认为,你在思维时如果只有一个视角,这个视角也是最容易引人进入歧途的(见图5-9)。

图 5-9　不同视角下的水杉林

例 5-18　让画满字的白纸开出花朵

上课铃声响过之后,每个学生都正襟危坐,充满敬仰,甚至有些诚惶诚恐地等待着老师。老师终于走了进来,他是一位头发花白、精神矍铄的老教授。教授登上讲台后,什么也没说,自顾自地将一张白纸贴到黑板上。然后,教授转身扫视了一下同学,进行自我介绍后,说道:"现在,轮到我来认识你们了,大家都上来,将自己的名字写在这张白纸上。这里有一盒彩笔,有很多颜色,可以随意挑选……"

教授和蔼的声调让严肃的课堂活跃起来。同学们按次序一个接一个地走上讲台,写着自己的名字……很快,黑板上的那张白纸就斑斓起来,写到最后,已经没有空白了。所有同学都写完自己的名字后,教授问道:"谁能够在这张纸上画一幅画啊?什么都可以,比如一只小猫、一棵树或者一朵花……"

同学们都面面相觑,没有人站起来。教授开始逐一问每个同学:"为什么不上来画呢？"得到的答案非常统一："已经没有空间，画不了了。"教授没再说什么，只是取下了黑板上的纸，然后伏在讲台上挥毫作画。少顷，当他将纸重新粘贴到黑板上的时候，一朵娇艳的花已经开在上面。原来，教授把纸翻了过来，用纸的另一面作画。

"不要只看到纸的一面，只要用心，就可以发现机会。"教授的话一直回响到今天。翻过来是绝境逢生，翻过来是柳暗花明，翻过山坡，山坡的背面竟然鲜花灿烂……

资料来源：崔钟雷. 创新——永不停止的探索[M]. 长春：吉林美术出版社，2010.

不拘泥于条条框框，当你敢于打破常规、变换思维时，你会发现，荒芜凄凉的沙漠中也有令人惊喜的绿洲。发散思维就是用不寻常的视角去观察寻常的事物，让事物显示出某种不寻常的性质。而这不寻常的性质，有时并非事物新产生的性质，而是一直存在于其中，只不过人们以前从未发现罢了。改变视角能够产生创意，但改变视角并不是一件容易的事。为了增强改变视角的能力，可以进行转换视角的训练。

（1）定性泛化的综合训练。人们思考时总爱在脑子里给这个事物下一个定性的判断，并以此来表明我们对它的基本态度。如果对某个事物或现象，我们能通过"肯定"和"否定"两种视角进行思考，那就会避免偏颇，发现其中不为人知的新东西，提高创新创意思维能力。

【肯定视角训练】

请用"肯定视角"思考下列事物和观点，就是找出它们的好处和积极因素，找出的因素越多、越新奇越好：世界性经济不景气；产品的市场占有率逐年降低；自己刚配好的一副眼镜摔碎了；在车上丢了100元；工厂发生火灾；自己期末考试三门不及格。

【否定视角训练】

请用"否定视角"思考下列事物和观点，就是找出它们的坏处和消极因素，找出的因素越多、越新奇越好：我考上大学了；父亲的工资增加了一倍；天下太平，盗贼绝迹；衣服价格降低；抽奖得了一辆自行车；久病得愈；爸爸从处长升为局长；多劳多得。

【"否定视角"与"肯定视角"互换训练】

请用"否定"和"肯定"两种视角，思考下列事物和观点，找出它们的好处和坏处、积极因素和消极因素，找出的因素越多、越新奇越好：全球性气候变暖；废除死刑；全国普降大雨；获得一种魔力，想要什么就有什么；各级领导干部由抽签产生；人长生不老；衣服不会脏。

（2）主体泛化的综合训练。我们总是习惯以自我为中心去观察和思考外界的事物，并以自己的标准尺度来衡量和评价好坏优劣。这并没有错误，唯一的问题是我们应该时刻提醒自己：别人与我不完全相同。然而真正认识到这一点并不容易。

"自我视角"中的"自我"包括个人、团体、民族和人类四个层次，即从"个人自我"到"团体自我"；从"团体自我"到"民族自我"；从"民族自我"到"人类自我"。"团体自我"指团体内的个人都以本团体为中心，以其独特的眼光来观察和理解其他团体乃至整个外部世界。"民族自我"指民族中的个人都是用本民族的独特眼光来观察和理解其他民族和整个世界的。同样，"人类自我"总是习惯按照人类自身的标准来界定得失祸福。

从创新思维来说,首先,自我视角会使眼界狭窄,不利于创新思维,应多进行非我视角的训练,力求超越自我,充分发挥思维主体的"视角转化功能",学会从非我的角度观察和思考事物。其次,自我视角的反照能够促进创意的产生,即用非我视角来观察和思考自身。

非我视角可以使人理解其他的人、团体和民族的观点及行为也同样具有某种程度的合理性,但从非我视角来思考问题时就十分困难。它既需要训练,也需要经验和见识的积累。

用"自我视角"和"非我视角",思考下列关于个人方面的事物和观点,要特别注意其中的合理性和不合理性:烟酒不是毒品;吃生大蒜;少数服从多数;逆境出人才;动物园。

5.3.2 逆向思维训练

逆向思维也叫求异思维,它是指对那些习以为常的、似乎已成定论的观点或事物进行反向思考的一种思维方式。也就是说,逆向思维是让思维向对立面的方向发展,从问题的相反方向进行深入的探索。人们总是习惯于顺着事物发展的正方向去思考问题,并寻找解决问题的办法。其实,对于某些问题,尤其是一些特殊问题,从结论往前推(也就是倒过来思考),从求解回到已知条件,或许会使问题简单化(见图5-10)。

具体来说,逆向思维可以从以下几个方面进行训练。

图 5-10 逆向思维图片

1. 作用颠倒

任何事物都能起各种各样的作用。一个事物对另一个事物来说,既可以起正作用,也可以起反作用。就事物对人的利害关系来说,既有有利作用,也有不利作用。人们通过采取一定的措施能够改变事物所起的作用,其中也包括能够通过使事物某方面的性质、特点发生改变,起到同原有作用正好相反的作用。比如使事物对人不利的作用变为对人有利的作用。基于这样的事理,如果我们对事物的某种作用进行逆向思维,就有可能想出更好利用该事物或与该事物相关的新设想、新主意来。

例 5-19 小偷与防盗专家

各地的警察局在抓到了盗窃汽车的惯偷以后,一般都会将他们囚禁起来,不让他们的偷车技术再发挥作用。国外某地警察局,有一次抓到了一个专门偷汽车的大盗。据介绍,此人18岁开始偷汽车,一般的高级轿车,最多只需一分钟就能偷走。他偷过的汽车总价值在5亿元以上。他已因盗窃汽车坐过11年牢。对于这样一个人,警察局局长觉得,让他的"高超""精湛"的偷车技术闲而不用,未免"可惜"。经过一番深思熟虑,这位局长想出了一个发挥其偷车特长的办法,聘请他担任该局的"汽车防盗技术指导",

并且成立了一个技术小组,专门研制汽车的防盗设备。果然,经过他的指导而研制出的汽车防盗设备,质量特别高,效能特别好。这位警察局局长通过逆向思维,想出来的这个"用其所长"的办法,不仅对防止汽车被盗、维护社会治安起了重要作用,还卓有成效地将一个惯偷改造成了能将其"技术"服务于社会的守法公民、防盗专家。

资料来源:赵明华.创意学教程[M].西安:西北工业大学出版社,2004.

例 5-20　　避短扬长皆天才

《淮南子》中曾讲述过这样一个故事:楚国大将子发与齐国作战,屡战屡败。无奈,他只好听从谋士"广罗天下奇才"的建议,大张旗鼓地招揽能人奇士。有一惯盗者前来求见,自称身怀绝技,可以在军中为楚国效力。子发发现他其貌不扬,意欲不收。可盗者再三表示希望能给他一次施展所长的机会。如果不能建立功业,他会自动离去。就在子发接收他的当天晚上,这名盗者潜入齐国军营把对方将军战车上的帷幔偷了来。子发随即派人送还给齐国。第二天晚上,盗者又潜入齐军大帐,偷走了将军的枕头,子发同样派人送了回去。第三天晚上,盗者居然又把将军的发簪取回,子发再一次派人送回。这下齐国大将非常惊恐:"如果再不退兵,恐怕连脑袋都保不住了。"于是退兵而去,楚国靠盗者之力三天就转危为安了。

资料来源:崔钟雷.创新——永不停止的探索[M].长春:吉林美术出版社,2010.

【小训练】

网络是当今社会不可缺少的,就如同空气一般。请问网络对人们来说有哪些有利作用,有哪些不利作用?对于不利作用,如何将其变为有利的?

2. 方式颠倒

事物都有自己"起作用的方式",它也是事物的一种基本属性。此方式发生变化,事物的性质、特点和作用也会随之变化。我们如果从某种需要出发,采取一定的措施,使某一事物起作用的方式有所颠倒,那就可能会引起该事物的性质、特点或功能相应地产生符合人们需要的某种改变。基于事物同其起作用的方式之间的这种客观存在的关系,就可以进行创新思考,也可以就事物起作用的方式倒过来想。

例 5-21　　"穿地"火箭

火箭本来是以"往上发射"的方式起作用,苏联工程师米海伊尔却反其道而行之,终于于1968年设计、研制成功了"往下发射"的钻井火箭。后来他在此基础上与人合作,又研制出了钻冰层火箭、穿岩石火箭等。人们把这些向下发射的火箭统称为钻地火箭。这些钻地火箭的重量,只有起同样作用的钻地机械重量的1/17,能耗可减少2/3,效率能提高5~8倍。钻地火箭的发明引起了一场"穿地手段"的革命。

原来的破冰船起作用的方式都是由上向下压，后来科学家倒过来想，研制出了潜水破冰船。这种破冰船将"由上向下压"改为"从下往上顶"，既提高了破冰效率，又减少了动力消耗。

资料来源：赵明华. 创意学教程 [M]. 西安：西北工业大学出版社，2004.

创新故事

一则电视广告

20世纪80年代中期，日本五十铃汽车公司在美国推出的一则轰动一时的电视广告，由滑稽艺人大卫·里特饰演一个名叫"五十铃约瑟"的"吹牛皮大王"。镜头一，里特说："五十铃房车被汽车杂志权威评为汽车大王。"字幕打出一行醒目的字：他在说谎！镜头二，里特说："五十铃房车最高时速可达300英里[一]。"字幕打出：他在说谎！镜头三，里特说："五十铃房车经销商非富即贵，因此，他们把它贱卖，只售9美元！"字幕打出：他在说谎！镜头四，里特说："假如你明天来看看五十铃的话，你可得到一栋房子做赠品。"字幕打出：他在说谎！镜头五，里特说："我绝不会说谎，绝不是吹牛皮的人。"字幕打出：他在说谎！这则广告推出后，产生了强烈的轰动效应，不但得到了消费者的一致好评，而且使五十铃在美国取得了前所未有的销售业绩。这则广告为什么能收到如此出其不意的效果呢？

这就是所谓"方式颠倒"的逆向思维。美国实业巨子艾科卡曾经说过一句耐人寻味的话："表扬某个人，用公文；批评某个人，用电话。"这话道出了批评更要尊重人的深刻道理。而上面的广告之所以能产生如此出其不意的效果，则是因为它与一般广告所运用的思维方式不同而产生的奇效。一般广告都赞扬自己的产品，而这则广告却反其道而行之，故意说自己在说谎。因而给消费者一种耳目一新的感觉，反倒觉得这种产品更可靠了。于是，出奇制胜的效果也就这样产生了。

资料来源：杨敏. 创新与创业指导 [M]. 杭州：浙江大学出版社，2011.

【小训练】

我们平时洗脸的时候，一般会打开水龙头，水从水龙头中流下来，我们手捧着水洗脸，或者用洗脸盆接点水洗脸。请问，关于水的流向能有什么创新吗？

3. 过程颠倒

事物起作用的过程具有确定的、显著的方向性。过程颠倒作为一种逆向思维的创新思考方法是指：事物起作用的过程一旦方向有所颠倒，人们对它的认识和态度便会有所改变。所以，如果有意识地就事物起作用的过程从相反的方向思考，便有可能从中引发新的设想。

[一] 1英里=1609.344米。

例 5-22　　　　　　　　　　　　　动与静的艺术

在电影院里看电影，历来都是银幕上的画面动，观众坐着不动。看地铁电影、隧道电影则刚好倒过来，画面不动，人动。这是怎么一回事？这是把画面画在地铁、隧道的墙壁上，同时像电影胶片那样，每个动作都画 24 幅。如果列车以每小时 70 千米的速度运行，那就正好相当于一般电影的一秒钟换 30 幅画面，再配上壁画顶部的灯光和车厢里的音响设备，人坐在车厢里看壁画，也就如同坐在电影院里看电影一样了。乘客坐车经过日本津经海峡的隧道，就能从窗外欣赏到引人入胜的隧道电影。据报道，现在，柏林、伦敦、巴黎等西方的许多大城市都已在积极筹建地铁电影。

资料来源：赵明华. 创意学教程 [M]. 西安：西北工业大学出版社，2004.

创新故事　　　　　　　"坎路生产方式"的汽车生产线

1984 年，瑞典坎路汽车公司所生产的 T 型汽车市场需求量急剧增长，供不应求，主要原因是工人手工组装汽车的生产方式落后。总经理德拉汉姆格外着急。有一次，他去一家肉食品公司参观，发现该公司的屠宰场是由一条条先进的生产线组成的，只见牲畜被送进去，经过流水线，被制成一块块、一包包肉食产品。整个过程只需要十几分钟。他深深地被这一场景所吸引，心里问自己：能不能把屠宰场的这种生产方式运用于汽车生产呢？汽车生产的过程和屠宰场相仿，能否将汽车的零部件送进去经过流水线后就组装成一部汽车呢？于是，就按照这种设想，从欧洲各国请来了设计高手，与本公司的专家共同研究，经过一次次试验，终于研制出了被称为"坎路生产方式"的汽车生产线，结果大大提高生产率，很快在全球范围内掀起了一场全新生产方式的革命，各种工业生产都先后从"坎路生产方式"中得到了启发或借鉴。

资料来源：杨敏. 创新与创业指导 [M]. 杭州：浙江大学出版社，2011.

【小训练】生活中有哪些运用过程颠倒的例子？

4. 位置颠倒

两个（以及多个）事物之间在空间上总是保持着一定的位置关系。或两两相对，或一前一后，或一上一下，或一左一右……从甲所处的位置看乙与甲的关系，从乙所处的位置看甲，以及看甲与乙的关系，得出的认识往往不同。在创新思考过程中，将事物之间的位置关系倒过来思考，也有可能产生新的看法和设想。

创新故事　　　　　　　　　　在锅盖里安装电炉丝

日本有一位家庭主妇，煎鱼时对鱼总是会粘在锅上感到很恼火。煎好的鱼常常东缺一块、西烂一片，令人见了大倒胃口。她经过仔细观察，发现这是由于锅底加热后，鱼油滴在热锅底上造成的。有一天，在煎鱼时她突然产生了一个"倒过来想"的念头：能不能不在锅的下面加热，而在锅的上面加热呢？这一念头，使她先后尝试了好几种从上面烧火，把鱼放在下面的做法，效果都不理想。最后她想到了"在锅盖里安装电炉丝"这么一个从上面加热的办法，终于制成了令人满意的"煎鱼不粘锅"。这种锅不仅能使鱼不致煎糊、煎烂，而且还能既不冒烟又省油。

资料来源：赵明华. 创意学教程 [M]. 西安：西北工业大学出版社，2004.

【小训练】利用位置颠倒的思维方式考虑，如果把鞋前后穿反，是什么样的感觉？对你有什么帮助？你也可以试着倒立看这个世界，你会有什么发现？

5. 结果颠倒

结果颠倒作为一种逆向思维的创新思考方法是指：对具有因果关系的事物之间，从作为结果的事物乙出发，倒回去思考作为原因的事物甲，以及思考事物乙发生、发展的过程，往往能获得新的认识和设想。

根据化学能可以转换为电能，英国物理学家戴维最终发现了电能也可以转化为化学能；根据电能生磁，英国物理学家法拉第最终发现了磁也能生电；意大利物理学家伽利略曾应医生的请求设计温度计，但屡遭失败，有一次他在给学生上实验课时，由于注意到水的温度变化引起了体积的变化，这使他突然意识到，倒过来，由水的体积变化也能看出水的温度变化。循着这一思路，他终于设计出了当时的温度计；科学家在发现各种元素都有自己独特的光谱以后，根据不同元素有不同的光谱进行反推：有某种光谱存在，也就能断定必然有某种与之对应的元素存在。在这一思想的指导下，科学家不但发现了太阳上也有地球上所存在的氦等元素，还由此而提出了在科学技术研究中发挥巨大作用的光谱分析法。

【小训练】生活中有哪些事物和现象是利用结果颠倒发现的？

6. 观点颠倒

理论观点是人主观意识的产物，但它们归根到底都是客观事物及其规律在人们头脑中的反映。既然我们可以对客观事物进行逆向思维，那么对思想观点自然也可以，也就是将一种观点从相反的方向思考，以便从中获得新的认识，形成新的见解。这就是所谓的"观点颠倒"。人们对许多理论观点通过逆向思维而有所创新的事例表明："观点颠倒"也是理论、知识创新的一种重要的思考方法，在生活和工作中有重要的应用。

创新故事

混 纺 线

日本一家人造丝织品公司曾从美国杜邦公司获得了尼龙和涤纶的垄断权，刚开始的时候销路异常火爆。后来，由于化纤制品声誉日渐下降，该公司不得不一再减产，企业出现了严重的危机。正当此时，这家公司的一位班长发现，所有丝织行业都是将5根纱纺成1根线，为了提高质量，都在想方设法地让这5根纱粗细均匀。经过研究他打破了这种传统观点，大胆提出了自己的设想：有意识地将粗细不匀的线混纺在一起，岂不是一条更好的新路子吗？于是，他将这种设想作为一项提案送到了公司高级管理层，立刻引起了公司的高度重视。公司立即组织有关人员研制开发。而此时社会上出现了喜欢穿表面粗糙而手感松软的衣服的潮流。要制成这种面料，就必须要加入30%像被虫蛀过一样的粗细结合的混纺线，而这种混纺线正是公司已经成功开发而且获得专利的实用新型产品。由于对这种产品实现了垄断，该公司再次获得了巨大的利益，化解了企业的危机。

资料来源：杨敏. 创新与创业指导[M]. 杭州：浙江大学出版社，2011.

【小训练】还有哪些体现了观点颠倒的案例？

5.3.3 联想思维素质训练

联想思维是指人脑记忆表象系统中，由于某种诱因导致不同表象之间发生联系的一种没有固定思维方向的自由思维活动。一般是看到一种事物或事件的表象或动作而联想到其他事物或事件的表象或动作的心理过程（见图5-11）。

日本创造学家高桥浩曾说过：联想是打开沉睡在头脑深处记忆的最简便、最适宜的钥匙。

联想是开发创新创意能力的翅膀，通过联想，可以发现无生命物体的象征意义，可以寻到抽象概念的具体体现，从而使信

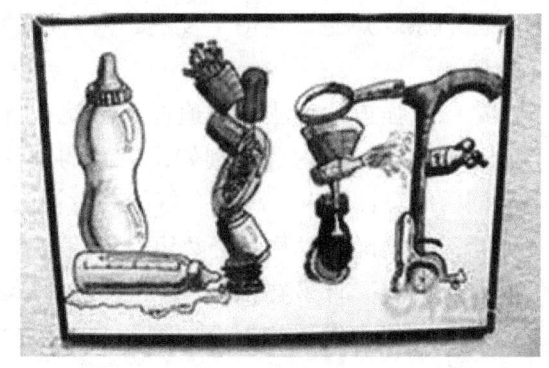

图5-11 联想思维图片

息具有更强的刺激性和冲击性，可以使人的认识大大超越时间、空间等具体条件的限制，极大地丰富人们的精神世界，成为推动人类社会进步的精神动力。平时积累知识越多、经验越丰富的人，一般他的联想力就越强，联想的范围也就越广。丰富的知识储备使人容易从一种事物联想到另一种事物，容易在相似、递进、对比和相关的事物间展开联想，但这种联想常常摆脱不了逻辑和理性的束缚。在现有知识和经验的基础上训练活跃的联想能力，会产生许多意想不到的创意设想。

 "小孔"

美国一家制糖公司，每次往南美洲运方糖都会因受潮而蒙受巨大损失。结果有一个人考虑：既然方糖用蜡密封还会受潮，不如用小针戳一个小孔使之通风，经试验，果然取得了意想不到的好效果。这个人申请了专利，据媒体报道，该专利的转让费高达100万美元。

日本的一位先生听说戳小孔也算发明。于是也用针东戳西戳埋头研究，希望也能戳出个发明来。结果，他发现，在打火机的火芯盖上钻个小孔，可以使打火机灌一次油的

使用期由原来的 10 天变成了 50 天。发明终于给他"戳"出来了。

还可以在哪里戳孔呢？日本盛行一时的"香扣子"出口贸易，就是因为有人发现，在衣扣上戳个小洞注入香水，香水不但不易消失，而且"永远"香味扑鼻。

资料来源：宋宝萍，魏萍．创新思维心理学——培养与训练 [M]．北京：电子工业出版社，2012．

此案例中，在美国制糖公司戳小孔获专利之后，日本人从另外的角度利用针孔搞发明运用的就是联想思维。

联想思维的训练方法有以下几种。

第一，直接类推法。有意识地让自己突发奇想，把自己想象成所要解决问题的因素，这个因素可以是人、动物、植物，然后运用知识的迁移来展开联想。例如，可以把自己想象成一个电子表，当电子表运行的时候是什么样的感觉？当没有电的时候，是什么样的感觉？这种非逻辑的类推强调移情介入，要求个人暂时失去部分自我，而且"失去自我后产生的观念与正常情况差异越大，联想的非逻辑性就越强，从而越富有创意性"。因为自己的原认知能力获得了发展，对自己的思维过程可以调控，故这种离奇性一般不会导致偏激。

第二，强迫冲突法。强迫冲突法就是将两个截然相反的概念联系在一起，想象可能产生的各种奇怪的内涵。例如，破碎的铁片、无情的爱、可怜的富人、冰冷的火焰……两个词的冲突性越大，越会有好的创意被激发出来。

第三，先确定对象，将两组对象组合在一起，说明它们之间的关系。看看你的四周，你所看到的每一件事物都是和其他事物有关联的，即使你一下子还看不出来，但如果仔细研究一下你会发现，无论把哪两个东西放在一起，你都可以在它们之间找到一些更深层或潜在的联系。我们试着把 CD 和名片这两件事物联系起来看看，尝试寻找两种事物间的相似之处，再从这些联系当中想出什么新的创意。首先思考 CD 和名片的特征，它们有以下的共同点：都是长方形的、都有许多颜色、都写了字、都反映了持有者的名字甚至个性、都经过精心设计。接着进一步找出它们相互之间的联系和差异。对于 CD 盒来说，它易碎、可以打开、比名片大些、里面装有歌手及曲目内容的小册子、有条形码、有艺人的照片等，而 CD 本身则有以下特征：圆形、需要音响播放、有光泽、内含录制的歌曲、中间有个孔；而名片则拥有以下特征：比 CD 片轻薄、更易保存、可以折叠、表明详细的个人联系方式、可以便宜批量制作用以分发。通过对这些相同与差异之处的了解，我们可以想出名片和 CD 以及 CD 盒应该如何改进。例如，是不是可以把自己的照片或其他人的照片印到名片上？用塑料制作名片？把名片做成一个迷你 CD？让名片可以说话或唱歌？制作一本你个人和公司的小册子？加上条形码方面扫描？CD 能否变成可抛弃式的？尺寸再小些？CD 盒的材质是不是可以更有弹性？变得更薄些？

事物之间都是可以相互联系的，只要投入足够的脑力，一定可以在任意两个事物之间建立起联结，获得新的创意。现在，你所要做的就是尝试着去发现身边新的联结。再如，关于人和蚊子的关系，两者目前存在的联系是蚊子叮人，人可以灭蚊。我们可以接着想，人和蚊子的共同点是：都会传染疾病，夏天都喜欢有水的地方。也就是说人和蚊子是敌人，但也有共同点、共同的爱好，那能否成为好朋友，一起旅行呢？

【小训练】
1. 假如你现在正在电梯里，突然间电梯失控，先迅速到顶层，紧接着坠向最底层，瞬间你可能会涌现出哪些可怕的联想？
2. 把自己想象成投入洗衣机中的衣服，联想整个洗衣过程，你是什么样的感觉？
3. 当你看到高速公路上风驰电掣般的汽车时，你可能会联想到哪些与其截然相反的事物？
4. 把闹钟和西瓜进行联系，分别找到两种事物的特点，两种事物的相似点和差异点，是否会产生好的创意？也可以试着将周围看到的任何两种事物进行联系，看是否能产生好的创意？

5.3.4 想象思维素质训练

通过想象，人们可以从现在回溯人类的远古时代，又可以从远古时代而来到遥远的未来；可以在想象中飞离地球，进入银河系中的任何一个星球，通过想象我们甚至可以进入某种完全梦幻般的意境。想象是提出问题和解决问题的形象化，又是思维中的各种因素辩证联系的真实写照。钱学森曾说过，人的创造性思维过程绝不是单纯的抽象思维，总要有点形象思维，甚至要有灵感思维。因此，离开抽象思维或形象思维，就没有创造性思维。

创新故事　　　　　　　　精彩夺目的"眼睛"

山东有位科技个体户，乘车时突发奇想，两辆汽车夜行开大灯对射易出危险，能不能把车灯变成会眨眼睛的？这对整个国际汽车制造业而言都是一种创新。日本公司曾经发明了一种手动的"车灯眼皮"，当对面来车时，拨一下转动杆，"眼皮"半合，减小亮度。

于是，他设计了一个电筒式玩意儿，前端是一个光敏元器件，后面是一套复杂的调压线路。两车交汇时，光敏元器件测到对面车灯时就指示自己的灯减压减光，温柔地让对方通行。对方也如此办理，两车错过，再自动亮起精彩夺目的"眼睛"。这个小玩意儿成本才三十几元，效果不说自明。因此，在1986年深圳举办的出口工业交易会上，它大爆冷门，一技压群芳，夺得了2 000万元的订单。

资料来源：傅筠，黄道平. 创新·创业与就业 [M]. 北京：机械工业出版社，2011.

上述案例的成功便源于大胆的想象。在创新思维的过程中，少不了想象这种思维因素，它是一种能驰骋于宇宙的自由思维活动。

例 5-23　　　　　　　　投篮心理意象实验

心理学家希尔进行了有名的投篮心理意象实验。这项实验是针对学生的运动成绩进行的。实验者将受试者分为三组。

第一组学生在 20 天内每天练习实际投篮 20 分钟,并把第一天和最后一天的成绩记录下来。

第二组学生记录下第一天和最后一天的成绩,但在此期间不做任何练习。

第三组学生记录下第一天的成绩,然后每天花 20 分钟做想象中的投篮,如果投篮不中时,他们便在想象中做出相应的纠正(见图 5-12)。

实验结果可能把你吓一跳:第一组学生命中率增加了 24%;第二组学生因为没有经过练习,毫无进步;第三组学生每天通过想象练习投篮,命中率增加 26%。

图 5-12 投篮图片

资料来源:宋宝萍,魏萍. 创新思维心理学——培养与训练 [M]. 北京:电子工业出版社,2012.

想象思维是创新思维的基础。新成果、新东西的产生只有借助于想象思维的开展才有可能实现。就好像工程师要建楼,没有图纸就不知道怎样下手。我们要有目的地进行创新活动,就好像在头脑里画好这样一张图:先把头脑中已有的记忆表象调动出来,再运用自己的想象,选择、加工,最终图画好了,我们所需要的结果就清晰地呈现在脑海里了,创新的目的就达到了。从其性质来看,想象的自由存在着不同的层次,大致可分为直觉想象、形象想象、抽象想象三种基本形式。

直觉想象是受经验或实物诱发的一种下意识的意象,其想象的目的是把人的各种行为(喜、怒、哀、乐)与经验范围内的事物联系起来,并对生活中的某些现象发生的原因做出说明或解释。原始人类的想象,大多属于这种情形。他们在反映周围世界时常采用摹写、幻化两种手段:通过摹写以把握事物的外部特征、功用及该事物与其他事物之间的关系;通过幻化,把自己的生命、力量、情感、意志和智慧赋予被反映的对象。他们通过幻想,经常赋予非人的事物以人的品质、气质和人的性格。结果,在原始人的心目中,各种事物似乎都有善良与丑恶、勇敢与怯懦、刚强与软弱、温顺与暴躁、聪明与愚笨、敏捷与迟钝的区别。当然,这样的直觉想象,往往会导致现实关系的颠倒。在现代人中,直觉思维是在已经建立现代生活经验或事物的直接感知的基础上,由原始直觉想象发展而成的高级形式,虽然这种直觉想象也有荒唐的时候,但更多的时候则是进行科学创意的重要形式。[一]

形象想象,是直觉想象的深化和发展。它不完全是凭借直觉来进行想象,而是凭借形象的观念和典型来进行想象。因此,这种想象形成的新的形象典型,往往会以凝聚的形式,最深刻地反映出一类事物的本质,它来自现实并高于现实。

抽象想象,从对事物内在本质的了解出发,将事物的内在结构进行组合,形成一个整体,并以某种近似实物的图形或网络呈现在人们眼前。抽象想象是形象想象发展的新成果。

[一] 赵明华. 创意学教程 [M]. 西安:西北工业大学出版社,2004.

例 5-24　关于原子结构的研究

关于原子结构的研究，就出现过多种想象的模型，例如，1898 年汤姆逊提出的"西瓜"模型、1903 年勒纳提出的"配偶"模型、1909 年卢瑟福提出的"太阳系"模型等。这种想象的模型，既形象又深刻，往往能揭示或反映事物的内在本质。"太阳系"模型至今还是描述原子结构的理想图形（见图 5-13），只是这种想象应以抽象为主、形象为辅，其前提是对事物内部结构的本质认识。

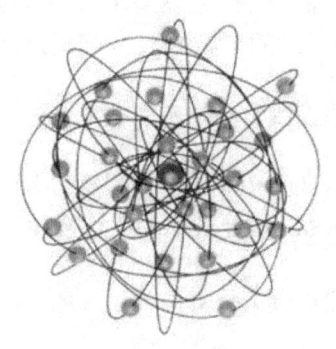

图 5-13　原子结构

资料来源：赵明华.创意学教程[M].西安：西北工业大学出版社，2004.

例 5-25　胰岛素的发现

1923 年的诺贝尔医学奖颁给了加拿大医生班廷和麦克劳德，原因是他们共同发现了能控制糖尿病的胰岛素。这个发现源于班廷的一个想象。他在研究中发现糖尿病患者的胰腺暗点比正常人要小得多，于是他就想，这会不会是患者体内糖分成倍增长形成糖尿病的原因呢？

从此为切入点，班廷展开了研究，证实了胰岛素对粮尿病的治疗作用，最终在麦克劳德的帮助下使胰岛素的提取实现了工业化。

资料来源：宋宝萍，魏萍.创新思维心理学——培养与训练[M].北京：电子工业出版社，2012.

直觉想象、形象想象、抽象想象三者是递进的关系，直觉想象是形象想象的前提，形象想象又是抽象想象的前提。随着从直觉想象到抽象想象的不断递进，想象的结果越脱离现实，也越高于现实，创新的可能性也就越大。当然不论是直觉想象，还是形象想象，抑或是抽象想象，从想象发端和结果来看，它们都要受某种逻辑关系的约束。比如，人们从鸟在天空中自由飞翔而想到人也可以飞上天空等。然而，想象一经发生，它就很快成熟起来并独立行事，因而总想摆脱逻辑思维的限制。

一般来说，具有丰富知识经验的人更易于产生新颖的想象和独到的见解。然而很多学生在有有意无意之间，会把探索真理的学习变成了对分数的片面追求，缺少思维自由发挥和想象的空间，对许多学科知识的掌握反倒禁锢了大学生的思维。那么大学生怎样才能把掌握的多学科知识变成有利于创意的优势呢？想象思维正是依赖对知识的整合加工，使智力活动驰骋于整个认识空间，这是一种横向复合性思维。

想象思维的专项训练如下。

1. 图形想象

（1）图形意义想象，即给出一个图形，尽可能想象出图形形象所表示的东西和意义。例如，尽可能多地写出什么东西与 ◉ 图形相像。

蚊香、弹簧、漩涡、盘着的大蛇、指纹、妇女头上盘起来的发髻、葱花饼上的细纹、卷尺、码头上卷着的缆绳、盘山公路、唱片上的纹路、小提琴手柄上雕刻的螺旋花纹、卷起来的纸筒截面、草帽顶上的细纹、对数螺线……

【小训练】尽可能多地写出什么东西与 S 图形相像。

（2）图形组合想象，即给出几个图形，要求利用这些图形尽可能做出不同的组合，并说出组合出来的图形表示的事物和意义。

【小训练】给出两个三角形和两个正方形，做出不同的组合，并说明每种组合的含义。

2. 制作想象

给出一些材料，自己设计、制作出有意义的东西；或者根据具体要求，自己选材、设计和制作。

【小训练】
1. 给你零碎的布片，请设计和制作出有意义的东西。
2. 给你棉签和扣子，请设计和制作出有意义的东西。

3. 假想性推测

"假想性推测"是假设一件一般情况下不可能发生的事情，当这个不可能事件发生后，对产生的后果进行自由想象。一般的思考模式是"假设/如果……将会……"，这是兼具"关系发散"和"因果发散"中由因及果的训练因素。例如，假如人类长生不老，世界将会怎么样？人类的生育欲望降低，会间接减少出生率；国外枪支等相关产业丧失市场；人满为患；资源枯竭；环境恶化；人类变异；人类可能会为所欲为，因为不再害怕死亡……

【小训练】
1. 假如世界上没有老鼠，将会怎么样？
2. 假如恐龙现在还活着，将会怎么样？
3. 假如人有 7 个手指将会怎么样？
4. 假如地球的大气突然消失，将会怎么样？

5.3.5 简化和转化思维训练

1. 简化思维训练

哲学中的矛盾观，指出任何事物中矛盾是普遍存在的。其中在事物发展过程中处于支配地位、对事物发展起决定作用的矛盾称为主要矛盾；在事物发展过程中处于被支配地位、对事物发展不起决定性作用的矛盾称为次要矛盾。两者相互依赖、相互影响，并在一定条件下相互转化。方法论要求我们办事情要善于抓重点、抓关键、抓中心，但又不忽视一般，统筹兼顾。简化思维正是运用了哲学中这种方法论，重在善于抓重点。

简化思维，有一个较为有名的法则"奥卡姆剃刀"。其提出者奥卡姆·威廉有一句著名的格言："如无必要，勿增实体。"不要把事情看得那么难，那样只会使导致自我束缚。许多问题解决起来，既不需要太复杂的过程，也没必要有太多的顾虑，绝妙常常是存在于简单之中的。简化思维训练的一般思路：当遇到一件需要处理的事情或事物时，要首先分析当前的主要问题或主要矛盾是什么，其他矛盾、因素或问题是否可以不用考虑，如果可以舍弃，解决主要问题最快的方法是什么，从而找到最快速的方法。简化思维是需要长期训练的，只有大量的、长期的训练，才能在处理问题时迅速发现主要问题，并找到解决问题的最快方法。简化思维对提高工作效率，进行创新有着重要的作用。

【小训练】举例分析简化思维的好处有哪些。

2. 转化思维训练

转化思维主要就是学会把问题转换。问题转换是指可以在思考过程中，把不可能解决的问题转换为可以解决的问题，把复杂问题转换为简单问题，或者把自己生疏的问题转换为自己熟悉的问题，从而找到有效解决问题的可行办法。

在天文研究中，要直接考察一个天体演化的全过程是不可能的，天文学家想出了从观察和分析天体的形态着手，以推知天体演化过程的办法。这种将研究"天体在时间长河中的变化"，转变为研究"天体的形态变化"，从思考方法的角度来看，属于把不可能解决的问题转换为可以解决的问题。

人们熟悉的曹冲称象是将复杂困难问题转化为简单容易问题的一个典型事例。

创新故事 ◆◆◆ **"钢筋混凝土"的发明**

19世纪末，法国园艺家莫尼哀想设计制作一种牢固坚实的花坛。可是设计、建造花坛并不是他的强项。作为园艺家，他对植物十分熟悉。于是他将"花坛的构造"转换为"植物的根系"来思考：盘根错节的植物根系，是因为牢牢地和土壤结合在一起。如果把植物的根系转换为一根根铁丝，将土壤包裹根系转换为用水泥包裹铁丝，用这样方式建花坛是否会很牢固？通过这样的转换思考和反复实际操作，莫尼哀成功建造了一座牢固坚实的新型花坛，而在建筑史上起着划时代作用的新建筑材料"钢筋混凝土"，便由莫尼哀这位建筑业的门外汉这样发明出来了。

资料来源：赵明华. 创意学教程[M]. 西安：西北工业大学出版社，2004.

由花坛到钢筋混凝土是将生疏问题转换为自己熟悉的问题，也可以说是联想思维的作用。

【小训练】

春天是放风筝的好季节，可是你在公园放风筝的时候，由于技术不太好，风筝掉到树上了，你根本够不着，怎么办？

创新思考与实践

1. 地球重力是月球重力的6倍,一种鸟,在地球上飞行每千米要用1小时。如果把它放在月球上,那么它飞行两万米要用多长时间?
2. 假如我们把苹果皮均匀而连续地削下来,然后平整地铺在桌面上,将会出现什么样的图形?
3. 有24个人要排成6列,要求每5个人一列,应该怎么排呢?
4. 尽可能多地写出废旧牙膏管的各种用途。
5. 尽可能多地写出塑料薄膜的各种用途。
6. 尽可能多地写出橘子皮的各种用途。
7. 尽可能多地写出火柴盒的各种用途。
8. 尽可能多地写出毛巾的各种用途。
9. 尽可能多地写出报纸的各种用途。
10. 怎样才能达到降温的目的?
11. 怎样才能去除脏衣服上的污垢?
12. 怎样才能激励员工努力工作?
13. 怎样才能达到身心放松的目的?
14. 怎样才能达到平衡的目的?
15. 尽可能多地写出像"热爱祖国""保卫家乡"等动宾结构的词组。
16. 尽可能多地画出包含"△"结构的东西,并写出或说出它们的名称。
17. 尽可能多地列举出像"书页式"结构的东西(已发明或自己设想出来的)。
18. 尽可能多地列举出包含"心形"结构的东西。
19. 尽可能多地列举出包含"四面体"结构的东西。
20. 尽可能多地设想出利用铃声可以做或办什么事。
21. 尽可能多地设想出利用椭圆形可以做或办什么事。
22. 尽可能多地设想出利用鼓声可以做或办什么事。
23. 尽可能多地设想出利用浆液状态可以做或办什么事。
24. 尽可能多地设想出利用香味可以做或办什么事。
25. 尽可能多地设想出利用幽暗的光可以做或办什么事。
26. 利用组合发散思维,尽可能多地写出钥匙圈可以同哪些东西组合在一起,形成新的有创意的事物。
27. 利用组合发散思维,尽可能多地写出伞可以同哪些东西组合在一起,形成新的有创意的事物。
28. 利用组合发散思维,尽可能多地写出书可以同哪些东西组合在一起,形成新的有创意的事物。

29. 利用组合发散思维，尽可能多地写出小刀可以同哪些东西组合在一起，形成新的有创意的事物。
30. 利用组合发散思维，尽可能多地写出手机可以同哪些东西组合在一起，形成新的有创意的事物。
31. 利用组合发散思维，尽可能多地写出羽毛可以同哪些东西组合在一起，形成新的有创意的事物。
32. 尽可能多地写出用"敲"的方法可以办成哪些事或解决哪些问题。
33. 尽可能多地写出用"提"的方法可以办成哪些事或解决哪些问题。
34. 尽可能多地写出用"压"的方法可以办成哪些事或解决哪些问题。
35. 尽可能多地写出用"踩"的方法可以办成哪些事或解决哪些问题。
36. 尽可能多地写出用"拉"的方法可以办成哪些事或解决哪些问题。
37. 尽可能多地写出用"捏"的方法可以办成哪些事或解决哪些问题。
38. 尽可能多地写出用"拽"的方法可以办成哪些事或解决哪些问题。
39. 尽可能多地写出造成日光灯管坏了的各种原因。
40. 有个一年级的新生，在开学上课的第一天不在教室里，请尽可能多地写出或说出他不在教室的各种可能的原因。
41. 买东西时经常发现少秤现象，尽可能多地写出或说出重量不足的各种可能的原因。
42. 老王今天下班后没回来，尽可能多地写出或说出老王没有回家的各种可能的原因。
43. 尽可能多地写出或说出随便扔一块石头可能发生的结果。
44. 如果外星人来到你家，会发生什么事情呢？请你大胆发挥想象，说出你的答案。
45. 巧变100：这是一个非常有趣的数字谜题。数字1～9依次排列，请你根据需要插入加减符号，使计算的最后能得到100（即等式123456789=100）。注意，每个数字只能使用一次。你能想出至少三种解法吗？
46. 尽可能多地写出太阳与自然界的哪些事物有关系。
47. 尽可能多地写出一个医生可能与哪些人有关系。
48. 尽可能多地写出气候变暖将会影响到自然界和人类生活的哪些方面。
49. 假如诸葛亮生活在现代，现在给你一个展示自己的机会，请你当记者，你会提些什么问题呢？
50. 试着从不同的角度来观察一本书，你会有什么样的发现？
51. 设想自己正坐在一个在地球轨道上飞行的太空舱里，突然飞船失去了控制，瞬间你可能会涌现出哪些可怕的联想？请按空间接近联想展开……
52. 此时，你正在自然博物馆里。当一具巨大的恐龙化石出现在你面前时，从时间接近联想的角度看，你可能会产生何种联想？
53. 盛夏，一阵雷声过后，大雨倾盆而降，看到这密密麻麻的雨点随风飘落的情景，你可能联想到哪些外形相似的事物？

54. 在电视画面的卫星云图中，经常可以看到西太平洋海面上出现巨大的台风气旋，这种势不可挡的态势可能会勾起你对哪些类似事物的联想？

55. 如果你发现用强制方法不能让孩子听你的话时，聪明的父母应该用怎样的方法去教育他？请用对立对比联想试一试。

56. 春节期间，当你从北国冰城哈尔滨飞抵广州时，看到田野里一片葱绿，你会产生何种差异对比联想？

57. 当突然听到某航班发生空难时，在通常情况下，你可能会产生哪些因果联想？

58. 在5分钟内试写出有"中"字的各种词组。

59. 请用联想思维将电脑和窗户联系起来。

60. 给出一个圆形、一个三角形和一个正方形，做出不同的组合，并说明每种组合的含义。

61. 如果机器人比人类聪明，那会怎么样？

62. 目前的水笔用的时候，笔帽总是丢，你有什么好办法来解决这个问题？

Chapter 6

第6章

创新技法

学习要点
1. 创新技法的定义、特点及分类
2. 常用创新技法

学习要求
1. 掌握常见创新技法的原理、方法和步骤，并会运用创新技法创新性地解决实际问题。
2. 熟悉各种不同类型创新技法的特点。
3. 了解创新技法的定义、特点及分类。

教学原理
1. 通过知识要点讲解，使学生认识创新技法，了解创新技法与创新思维的关系，明白创新技法在创造活动、创新过程中的重要意义和作用。
2. 通过案例分析，使学生认识常用的创新技法如设问法、列举法、组合法、移植法、头脑风暴法、TRIZ 理论等，了解不同创新技法的不同原理是什么，具有哪些特点。
3. 通过课堂讨论与创新技法训练，使学生掌握不同创新技法的方法及步骤，领悟常用创新技法如何在实际中运用。

最有价值的知识是方法的知识。
——17 世纪法国著名的哲学家、数学家、物理学家笛卡尔

方法是任何事物所不能抗拒的一种绝对的、唯一的、最高的、无限的力量。
——19 世纪德国哲学大师黑格尔

创新有捷径吗？答案是肯定的。那么如何找到创新过程中的捷径呢？答案就是寻找并掌握创新的方法和技巧。我国古代哲学家、思想家、道家学派创始人老子有句名言："授人以鱼，不如授之以渔。"意思是说，给人鱼吃，只能使人享用一时，不如教人以捕

鱼的方法，则能使人终生有鱼享用（见图6-1）。因此，创新如果有了方法和技巧，就可以，少走弯路，节约时间，更容易获得成功。

图 6-1　授人以鱼，不如授之以渔

6.1　创新技法概述

在日常的生活、学习、工作中，人们进行了大量的创新活动。翻开人类社会发展的历史，你会发现创新是一件非常简单的事情，几乎人人都可以成为发明家，成为创新者。例如，1903年，把世界上第一架载人动力飞机送上天的美国人莱特兄弟未上过大学；发明火车的史蒂文森是一个煤矿的小办事员；发明轮船的美国人富尔顿是一个画匠；发明蒸汽纺纱机的英国人阿克莱特是个理发师；发明蒸汽织布机的卡特莱特是个牧师；发明显微镜的荷兰人列文·胡克是绸布店的售货员；发明发电机的法拉第是书店的装订工；发明电话的格雷厄姆·贝尔是聋哑学校的教师；发明照相机的法国人达盖尔是画家；发明坦克的斯文顿是一名英国记者；发明方便面的吴百福是在日本做生意的中国台湾商人。 ⊖

由此可以看出，每个人都具有创新的潜力。然而仅有创新的潜力、创新的意识，没有创新的方法，创新就永远只能停留在"点子"阶段。好的创意出现后，需要以某种方法或技巧为先导，经过反复的实践和探索，才能取得创新的成功。因此，那些平凡而伟大的发明家、创新者最大的创新不仅仅是其发明成果，更重要的是他们实现创新的方法。

创新故事　　　　　　　　　　"石头汤"的故事

一个风雨交加的夜里，有一个穷人到一个富人家中乞讨。富人家的厨娘命令他立即离开，穷人立刻装出一副可怜的样子，恳求说："我可不可以在厨房的炉子上烤烤衣服？"厨娘动了恻隐之心，把他放了进来。烤了一会儿火，穷人的身体暖和了起来。他对厨娘说："您能不能把小锅借给我，让我煮些石头汤喝？"石头还能煮汤？厨娘的好奇心顿时被勾了起来。为了看他怎样煮石头汤，厨娘把锅借给了他。穷人马上找了一块石头，放在锅里煮了起来。刚煮了一会儿，又请求说"麻烦您再给我加点盐好吗？"厨娘又给

⊖ 于连涛，刘伟. 创新与创业教育 [M]. 山东：中国海洋大学出版社，2004.

他一些盐。接下来,穷人又要来了香菜、薄荷。最后,厨娘还把一些碎肉沫放到了汤里。汤煮好了。穷人把石头从锅里捞出来扔掉,美滋滋地喝起了这锅"石头汤"。试想如果这个穷人一开始就对仆人说"行行好,请给我一锅肉汤吧"该会有什么结果呢?因此,有一个好的点子,找到正确的方法,你才能取得成功。

资料来源:http://www.tom61.com/ertongwenxue/minjiangushi/2012-10-16/27677.html。

6.1.1 创新技法的定义

不同的人往往采用不同的方法进行创新,同一个人在开展不同的创新活动时也通常运用不同的技巧。这些规范化、程序化、普适化的方法或技巧都属于创新技法。

那么,什么是创新技法呢?从字面上理解,"技法=技巧+方法"。所谓创新技法就是指学家以创新思维的基本规律为基础,通过对大量创新的成功经验归纳、分析、总结而得出的创新、创造与发明的原理、技巧和方法。可以说,创新技法就是创新经验、创新技巧及创新方法的总称。它是一种人们根据创新原理解决创新问题的创意,是促使创新活动取得成效的具体方法和实施技巧,是创新原理、技巧和方法融会贯通以及具体运用的结果。

在不同的国家,学者又把创新技法称为"创造技法""创新方法""发明技法"和"创造工程"等。在创新活动中,创新技法起着重要的作用。它可以启发人们的创造性思维,拓展创新思维的深度和广度;它能够缩短创新探索的过程,直接产生创新成果;它还能培养和提高人们的创造力和创新能力,促进创新、创造成果的实现和转化。

6.1.2 创新技法的特点

1. 应用性

应用性是指创新技法具有一定的引导性和可操作性。创新技法大多数比较具体,不是一般意义上相对模糊、笼统的方法。有步骤、有技巧地运用创新技法,能够有效地引导创新思维进一步深入,也能够把创新理论和创新实践对接,指导实践,从而促使创新思维向创新成果转化。

2. 技巧性

技巧属于"方法"的范畴之一,主要指对一种生活或工作方法的熟练和灵活运用,是一种与学习训练有关的活动。创新技法在运用时需要丰富的经验与技巧等因素的参与。因此,创新技法的掌握需要多实践、多运用、多练习。一般来说,原理是解决问题的基础,方法是解决问题的前提,技巧是解决问题的保证。

3. 程序化

尽管创新技法主要运用于创新的过程,不拘泥于以往旧的模式,但是作为一种方法、技巧，必须遵循一定的程序，遵守一定的规则，具有明确的实施步骤。部分从创造发明中凝练出来的方法，更加具有严密的逻辑性。创新技法的程序化主要体现在它是思想方法系统化、模式化的表现。

4．多样性

多样性是创新技法的显著特点。在人类创新创造的历程中，不同领域、不同阶段所面对的是不同类型的问题和不同的使用者，相应地有不同的创新技法。而且应用创新技法时必须因人、因地和因时制宜，所以必须以探索的观点来运用创新技法，来了解创新规律并指导创新活动。因此，创新技法的种类越来越丰富，越来越多，有文献称国内外创新学家已总结出千余种创新技法。

6.1.3 创新技法的分类

人类发展的历程就是一个不断创新的历程。有发明创新的地方，就有对创新创造活动方法、技巧的总结和发现。创新技法主要从以下几方面进行分类。

1．按照创新活动的范围划分

（1）工艺创新技法。例如，我国商代的缫丝方法"漂絮法"、三国时期蜀国人蒲元所创造的钢铁冶炼工艺"淬火法"、北宋毕昇发明的"活字印刷术"等，这些由古代劳动人民创造的为世人所瞩目的工艺和技巧，是从成功的创造经验中直观地总结出来，并被用于实践而得到证实的方法，是创造活动的物质过程和手段，多应用于某些部门或者某项技术，具有一定的特殊性。

（2）能力创新技法。如重在激发创新性设想的奥斯本的"头脑风暴法"、我国的"和田十二法"以及发明与创新的方法及创新问题的解决方法"TRIZ 理论"等，它们注重的是对主体创新能力的开发和培养，是对创新创造活动的方法指导，具有普遍性意义和广泛的应用价值。

2．按照创新活动的过程划分

（1）问题提出技法。爱因斯坦说过："提出问题往往比解决问题更重要……而提出新的问题、新的可能性，从新的角度去看旧的问题，都需要有创造性的想象力，而且标志着科学的真正进步。"通过"设问法""列举法"等创新技法，能够帮助我们找到有价值且力所能及的创新点，即"创新什么"。

（2）问题解决技法。这是创新活动的核心部分，也是充分展现主体创新能力的部分，即"怎样创新"，主要包括组合法、逆向转换法、联想法及 TRIZ 理论等。

3．按照创新活动的主体划分

（1）个人创新技法。创新活动主体为个人时，即可采用缺点列举法、自由联想法、卡片法等创新技法。

（2）团队创新技法。由两人以上的群体共同进行创新创造活动所能够采用的创新技法，如头脑风暴法、635 法、综摄法、TEAM 法等。

事实上，各类创新技法在运用过程中并无绝对的界限，是相互交叉、互为补充的。工艺创造过程中也会用到能力创新技法，许多个人技法也可采用团队的形式开展，解决创新问题的时候同样也可以运用设问法、列举法。学习创新技法的目的是进行创新，因此，我们在学习、运用创新技法时，要注意"灵活运用"的原则，不为方法所局限。当某些方法成为创新的阻碍时，要勇于突破现有方法，创造新的方法。

6.2 设问法

创新、创造、发明的关键是能够发现问题、提出问题。爱因斯坦说："假如我每天都提 10 个问题，即使 9 个半都是错的，但只要有半个有价值就了不得。"他在 12 岁时提出过一个问题："假如我以光速追随一条光线的运动，那会看到什么现象呢？"这成为他一生为之奋斗的目标，并最终获得巨大的成功。

设问法就是以提问的方式大量开发创新点、提出创造性设想的一种创新技法（见图 6-2）。通过多问"是什么""为什么""如何……"，寻找创新发明的途径，帮助人们突破思维与心理上的障碍，从多方面、多角度来引导、拓展创新思路。这种方法的应用范围较为广泛，适用于各种类型的创新。主要包括奥斯本检核表法、5W2H 法、和田十二法。

图 6-2　设问法

6.2.1　奥斯本检核表法

当我们要出差或者购物时，总会提前把所需要携带或购买的东西罗列出来，做一张清单，方便核对，以免遗漏。在进行创新活动时，我们也需要围绕待解决的问题或创新对象的特点列出表格，用逐一提问的方式确定创新设想。这就是奥斯本检核表法，一种能够启迪思路、开拓想象空间、促进人们产生新设想、新方案的方法，被誉为"创造技法之母"。

亚历克斯·奥斯本（见图 6-3）是美国创新技法和创新过程之父。他于 1941 年出版的《思考的方法》提出了世界第一个创新发明技法——"智力激励法"。1941 年出版了世界上第一部创新学专著《创造性想象》，提出了奥斯本检核表法。奥斯本检核表法原来有 75 个问题，后来简化归纳为 9 个方面（见表 6-1）。

图 6-3　亚历克斯·奥斯本

表 6-1 奥斯本检核表

序号	项目	内容
1	能否他用	现有事物有无其他用途？稍加改进能否扩大用途
2	能否借用	能否引入其他创新设想？能否借鉴别的经验、技术？能否模仿别的东西
3	能否改变	能否对现有事物做些改变？可否改变颜色、声音、味道、形状、式样、花色、品种、大小、运动形式、意义？改变后效果如何
4	能否扩大	能否扩大使用范围、增加功能、添加零部件、增加高度、增加强度、增加价值、延长使用寿命
5	能否缩小	能否改变事物的体积、重量、厚度，调整大小、高低、长短，进行拆分、简化、方便化、自动化
6	能否替代	能否用其他材料、元件、原理、方法、结构、动力、工艺、设备代替
7	能否调整	能否对顺序、位置、布局、程序、日程、计划、规格、速度、模式、规范、关系进行调整
8	能否颠倒	事物的上下、左右、横竖、前后、里外、正反、主次、正负、因果能否颠倒
9	能否组合	能否把事物、原理、方案、材料、形状、功能、部件、目的进行组合

奥斯本检核表法几乎可以适用于任何类型、场合和领域的创新，对创新思维具有较强的启发性。它以设问的形式和特定的模式提出，强制人们思考，有利于突破被动型思考的心理障碍。它限定的 9 个方面基本全面覆盖了思考的各个方向和角度，以发散的形式让人们按照提示的方向寻找创新的实现点，开拓创新思路。下面我们以每一个检核项目为例来说明如何操作。

1. 能否他用：现有事物有无其他用途？稍加改进能否扩大用途

身边有很多事物，想一想除了我们所知道的常规用途，它们还能用来做什么？例如，灯泡除了可以日常照明外，还可以用在哪里？它可以做霓虹广告、荧光屏、交通信号灯、警示灯、专业摄影灯、浴霸、背光相框；可以用到烤箱、微波炉、电冰箱等电器里；可以做红外夜视仪、紫外线杀菌器、消毒设备、灭蚊灯、晒图机、荧光显微镜、验钞机；可以做孵化器里的保温灯、促进植物生长的照明灯；现在还流行用废弃的灯泡 DIY 做成花瓶等工艺品（见图 6-4）……当我们对现有事物打开想象的大门时，会发现它的用途无所不在。

图 6-4 灯泡花瓶

【小训练】

想一想，以下物品还可以做什么用途？

雨伞、牙刷、废弃的一次性纸杯、饮料瓶……

2. 能否借用：一件事物能否引入其他创新设想？能否借鉴别的经验、技术？能否模仿别的东西

俞敏洪说："很多人谈创新，认为就是做别人没有做过的事情，但大部分创新，都是在前人成就的基础上更进一步。如果有人登上珠穆朗玛峰（以下简称珠峰）时能带上一个梯子，站在梯子上他就达到了别人从来没有达到的高度。如果说珠峰是前人的成就，那梯子就是个人的创新，通过创新达到新的高度。"从无到有创造出一个新的事物对大多数人来讲是比较困难的事情，而借用别人的方法，对于普通人群，特别是缺乏丰富的想象力和未经过专业训练的人来说，则是一种较易取得成功的方法。它在现有事物、学科的基础上，借鉴其他事物或学科的设想、原理、方法、技术等，就可以轻易地实现创新。借用往往是创新创造的起点和启发灵感的钥匙。

创新故事　　　　　　　盲跛互助的故事

有一个盲人和一个跛子，两人同住在一间房子里。有一天房屋突然失火，而且火势甚猛，两个人被围困在房子里，形势危急。盲人想往外逃，无奈看不到路；跛子也想尽快出去，无奈脚不能行。危急时刻，盲人急中生智，背起了跛子，四肢健全的盲人和眼睛完好的跛子，巧妙地组合成了一个完整的"身体"，盲人终于在跛子的指引下夺门而出，两人从大火中死里逃生。这是能力的借用。

创新故事　　　　　　　经营旅馆的外行

有一个从事旅馆业的美国商人谈起过他初入旅馆业的有趣经历：刚涉足这个领域时，由于我对旅馆业的经营一窍不通，所以一切管理上的细节都由我的合伙人一肩承担。不幸的是，刚签完合约，我的合伙人因心脏病突发被送进了医院，我必须独自经营。这家旅馆坐落在纽约的水牛城，有500名员工。当时旅馆每月亏损1.5万美元。我试着从哈佛大学企业管理学院的教科书《旅馆业的经营》中寻求帮助，却发现这本书对我一丝帮助也没有。我苦思冥想，后来突然想到，我知道自己对旅馆业是外行，可是员工们并不知道。而且员工们会这样想，既然我敢投资搞旅馆业，就一定会有把握。因此我决定以行业专家的姿态出现在员工们面前。

到了旅馆之后，我要经理安排每隔15分钟让一位部门主管与我面谈。每一位进入我房间的人，我都会对他讲：很抱歉，我们无法与你继续合作下去了。我继续说：公司无法雇用失去竞争力的员工。但是如果你能正确地指出公司以前所犯的错误，以及更正的方法，说明你知道如何做好你的工作，那么我们就愿意与你继续合作。

一连几天的面谈，我桌前的建议堆积如山，目的都是促进旅馆的运营，我没有分析研究任何一个建议，只是将这些建议全部付诸行动。奇迹出现了，旅馆逐渐由亏损变为盈余，当我的合伙人出院时，旅馆已经是一个营运健全的机构了。这是方法的借用。

资料来源：http://www.795.com.cn/wz/40092.html。

创新故事　　　　　　　　　　"阿波罗"体温调节衬衫

美国国家航空航天局（NASA）研发的体温控制技术被麻省理工学院的研究生们借用，发明了一种体温调节衬衫。据悉，这款命名为"阿波罗"的衬衫使用了与NASA宇航服相似的科技，衬衫由一种特殊的相变储能材料制成，这种材料能够在穿衣者感到炎热时吸收他身上的热量，然后在室温降低时再把储存的热量释放出来，同时衬衫上还有一层抗菌涂层，以保证穿衣者时刻保持体味清新。"阿波罗"衬衫目前只售男款，据估计，上市之后其售价约为每件95美元。这是技术的借用。

3. **能否改变**：能否对现有事物做些改变？可否改变颜色、声音、味道、形状、式样、花色、品种、大小、运动形式、意义？改变后效果如何

生活中很多产品的创新都是在原有基础上做些改变，从而满足人们新的需求、赢得市场的。例如，洗衣机的结构一直在改变，从单桶到双桶、套桶，开门有前开、顶开。而海尔全瀑布双桶洗衣机则是将迷你洗衣机与滚筒洗衣机结合为子母式洗衣机，"母桶"采用立体喷射水流，"子桶"采用垂直水流。人们可以将不同的衣物分开洗，大量衣物同时洗，小件衣物即时洗。这些是结构上的改变。还比如格兰仕推出的彩色空调，颠覆了人们头脑中认为空调应当是白色的观念，顾客需要什么颜色，格兰仕的空调就涂上什么颜色，以这场"颜色革命"带来了销售量的大幅提升。这仅仅是从颜色上做些改变。

创新故事　　　　　　　　　　钢笔的发明

100多年前欧洲人签署文件用的是鹅毛笔，存不住墨水。美国人沃特曼是一家保险公司的业务员。1884年的一天，他刚刚从对手那里抢来一笔保险合同，当他将鹅毛笔和墨水递给委托人，让委托人在合同上签字的时候，不巧鹅毛笔上滴下来的墨水把文件溅污了，沃特曼赶紧出去再找一份表格，但就在此时他的一个对手乘虚而入，抢去了这份买卖，刚到手的生意就这么丢了。这件事刺激了沃特曼，他决心设计一种能控制墨水流量的自来水笔。他想到了毛细管的原理，植物就是靠此原理克服重力将汁液输送到枝叶上去的。沃特曼在连接墨水囊和夹子的一根硬橡胶中钻了一条头发丝般粗细的通道，在墨水囊中放进少量空气，使内部的气压与外面平衡，这样只有在夹子上加压，墨水才能流出来，后来人们又设计出带毛细管的笔舌和有细小裂缝的钢笔尖。从此，钢笔代替了欧洲人长期使用的鹅毛笔，开始广泛使用了。沃特曼对钢笔的设计就是从形状、样式上进行的改变。

4. **能否扩大**：能否扩大事物的使用范围、增加功能、添加零部件、增加高度、增加强度、增加价值、延长使用寿命

从"增加"的角度对事物做一些改变，让原有事物大一点、多一点、厚一点等变化，或许就能够产生新的事物。

对面积进行扩大：把帽檐扩大，可以创造出适合抱小孩的、母亲用的"帽伞"；把雨伞、遮阳伞加大，就有了适合电动车、自行车使用的多用伞；奥地利的CSEED公司制造推出一款屏幕尺寸达到201英寸的电视，被称为"全球最大的电视"。

延长使用寿命：对袜子易磨损的袜头和袜跟部分加固加厚以使袜子更耐穿。

添加附加功能：法国科学家贝奈狄特斯将一层聚碳酸酯纤维层夹在两层玻璃中间，制成了一种防震、防碎或防弹的安全玻璃，让玻璃具备了新的性能。

5. **能否缩小：能否改变事物的体积、重量、厚度，调整大小、高低、长短，进行拆分、简化、方便化、自动化**

缩小是和扩大相对应的方法，思路沿着相反的方向，对事物进行压缩、拆分、省略、分解，从而产生新的事物。对事物的体积进行调整而进行的创新是较为常见的方法。目前市面上很多功能强大的数码相机，体积较大，主要是专业人士及摄影发烧友购买。所以一些数码相机厂商打着"小巧、轻便、便携、时尚"的广告，重点推出卡片机，缩小体积，赢得了大众消费者的喜爱。从方便、简化等方面看，可以是产品的创新，例如，速冻食品、方便面、方便米饭的出现，迎合了时代的快节奏，方便了人们的生活；还可以是理念的创新，如全球快餐巨头美国的麦当劳快餐店，把为顾客提供便捷、周到的服务放在首位，站在消费者的角度考虑问题，每位服务员都身兼数职，负责照管收银机、开票和供应食品等，把所有的食物都事先盛放在纸盒或纸杯里，顾客只要排一次队，就能取到他们所需的全部食物，这种化繁为简的经营模式赢得了成千上万的消费者的欢迎。还有日常人们所常见的浓缩果汁、浓缩咖啡、浓缩醋等所采用的就是浓缩化的创新方法。

创新故事

漏油的圆珠笔

圆珠笔是 1938 年由匈牙利人拉兹洛·比罗发明的。后来虽然经过多次改进，但圆珠笔仍然存在不足，尤其是圆珠笔的漏油问题非常严重。1950 年，日本的中田藤三郎发现圆珠笔漏油是笔珠磨损变小导致的。因此，他首先想到采用坚硬、耐磨的材料做笔珠来解决这个问题，但是，笔芯头部内侧与笔珠接触的部分因磨损变大，漏油问题仍然未能得到解决。面对困境，中田藤三郎变化思路，发现当圆珠笔写到 2.5 万字左右时，笔珠就变小漏油。于是他又想，既然如此，何不减少笔芯容量，使它写到 2.5 万字左右时将笔油用完，问题不就解决了吗？于是，中田藤三郎按照这个思路进行实验，减少油墨量，这样，圆珠笔的漏油问题就解决了。他还把改进后的圆珠笔装到笔套里，命名为"自动圆珠笔"，并申请了专利，在市场上常销不衰。

资料来源：http://www.docin.com/p-529469576.html.

6. **能否替代：能否用其他材料、元件、原理、方法、结构、动力、工艺、设备等代替**

替代的创新主要是指用新的材料、元件、技术、方法等代替原有的要素，以便有更好的性能、更高的质量、更低的成本。这也是现实生活中十分常见的一种产品创新方式，通过替换性能相似、更易获取、价格更低、更环保的新能源、新材料和新技术，可以提高产品的工艺性能、质量特性及商业效果。例如，英国人发明出的一种碳纤维自行车，通过模子制成整体型车架结构，无焊点因而强度更高、重量更轻，英国选手克里斯·博德曼凭着它在全英自行车锦标赛上大出风头；用镀金代替资源稀缺的黄金做饰品，同样美观，可以以假乱真；用人造产品，如人造丝、人造皮革、人造大理石等代替日趋匮乏的天然资源。

> **创新故事**

汽车的动力替代

自从德国人发明了汽车之后,石油与汽车就成了一对亲密伙伴。但是,随着世界汽车业的蓬勃发展,一方面人们对石油的需求量不断增长,石油价格随之攀升;另一方面,由此引发的环境问题也日益严重,人们的环保意识正逐渐增强。于是,寻找替代能源、发展环保汽车的议题摆到了世人面前。目前汽车已经可以加装使用天然气的装置成为混合动力汽车,也就是说,汽车既可"喝汽油",也可"吸天然气"。随着可再生能源的发展,充分利用风能、太阳能、生物能和水力等可再生能源组合发电厂的建立,对环境毫无污染的电动汽车已成为世界未来汽车的发展方向。

7. **能否调整:能否对事物的顺序、位置、布局、程序、日程、计划、规格、速度、模式、规范、关系进行调整**

对原有事物进行重新安排、排序,换个角度看待问题,也能产生创新性地设想。例如商场、超市节假日期间延长营业时间,增加宣传海报、装饰物等;增加产品促销手段,如折扣、"买送"活动等;对时间、布局及销售方式进行调整,以获得更好的经营效果。互联网时代的到来带来了重要性不亚于工业革命的商业模式创新,如连锁业中的前店后院、整店输出、直销模式,IT业中的电子商务(B2B、B2C、C2C)、2.0社区模式,服装业的ppg模式等,能为企业带来战略性竞争优势,成为新时期企业应具备的关键能力。

> **创新故事**

电脑键盘为什么这么排列

电脑键盘是从英文打字机键盘演变而来的(先有打字机,后有电子计算机),几百年前最早的打字机确实是ABCDE这种顺序键盘,但QWERTY键盘的出现是为了降低打字速度:因为后来人们发现,如果打字速度过快,某些键的组合很容易出现卡键问题(这是由于当时的工业水平,还无法解决的机械设计问题),于是克里斯托夫·拉森·肖尔斯发明了QWERTY键盘布局,他将最常用的几个字母安置在相反方向,最大限度地放慢敲键速度以避免卡键。肖尔斯在1868年申请专利,1873年使用此布局的第一台商用打字机成功投放市场。后来有了计算机,当然就沿用了打字机的顺序,因为人们已经习惯了。这就是为什么有今天键盘的排列方式。

进入20世纪以后,随着技术的进步,众多的高速打字键盘也就应运而生。其中最著名的也就是DVORAK德沃拉克键盘。德沃拉克键盘是奥古斯特·德沃拉克教授在1930年设计的键位方案,由于不再考虑按键的机械结构问题,所以按键排布完全按照理想化的击键率分布设计。手指运动的行程比QWERTY键盘要小得多,平均打字速度几乎提高了一倍。不过正如很多事情一样,习惯的力量是难以抵挡的,德沃拉克键盘至今只是在极少数专业场合使用。不过对于想试试的人来说,可以尝试一下Windows系统里自带的德沃拉克键盘方案。

20世纪70年代,一位名为理连·莫特的发明家又对德沃拉克键盘做了进一步改进,不仅考虑了字母位置的排列,还将键盘做成弯曲的形状,分为左右两部分,分别有两只手控制，这一种设计可以使打字时身体保持舒服的姿势，手腕不容易酸痛和损伤。

尽管德沃拉克键盘和莫特键盘在易学性、输入速度、人体保健等方面都好于QWERTY键盘，当时很多人也乐观地预计它们大有发展潜力，会很快取代现有键盘，但是实际情况却是，时至今日，计算机前的敲打键盘仍然是QWERTY，德沃拉克键盘和莫特键盘"出师未捷身先死"，完全没有走入市场。人们普遍认为，QWERTY键盘作为过时的东西仍然活跃在舞台上的原因主要在于它的先入为主，尽管存在种种缺陷，但是成千上万的使用者已经熟练使用它，加上产品已经成形，电脑从业者也不希望费力地改变与键盘相关的各种硬件软件，引入新的键盘。不过，QWERTY键盘也不会永远存在于世上，有朝一日，语音识别、手写输入、触摸、点击输入和其他各种更先进的输入方式都有可能取代键盘的存在。

资料来源：http://baike.baidu.com/view/84171.htm.

8. **能否颠倒：事物的上下、左右、横竖、前后、里外、正反、主次、正负、因果能否颠倒**

颠倒主要是指运用逆向思维方式从相反的方向入手寻找创新途径的一种方法。很多事物都存在相反的两个方面，如上与下、左与右、前与后、内与外、开与关、正与反等，人们往往只注意到一面而忽视了相反的一面，从而错失了许多创新机会。如果我们用叛逆、颠覆的眼光认真观察周围的事物，或许会产生一些全新的事物。例如，把皮革里外反过来，就成为翻毛制品；从生发灵到便于羊、鸭、兔等脱毛的脱毛灵；从耐用的物品到廉价、卫生、方便的一次性筷子、饭盒、纸巾；电风扇依靠电力转动的原理颠倒过来就可以设计出风力发电机；在服务业中，如果老板能够做到换位思考，从顾客的角度设想他们的需求，将会发现一些改进管理的好方法。

9. **能否组合：能否把事物、原理、方案、材料、形状、功能、部件、目的进行组合**

组合是把现有事物的各个要素联系起来、重新架构，而获得新事物的方法，形式主要包括叠加、复合、化合、混合、综合等。在生活工作、生产科研、服务管理等各种社会活动中，组合创新经常发生，是当前比较常用、较为核心的创新方法。例如，美国苹果公司把MP3和iTunes组合起来变成iPod，把iPod和手机组合起来变成iPhone；还有索尼、三星等把相机和手机组合起来变成拍照手机，新产品上市后赢得消费者的追捧；日本为智能手机从不离手的年轻人推出了一款被誉为"用餐神器"的新产品——"不孤独的碗"㊀，这款带插槽的面碗，可以让人们在单独用餐时观看手机上的各种视频和电子书等来消除孤独（见图6-5），有关专家正在着手研究给插槽添加充电的功能。组合法将作为创新技法中非常重要的一种类型在后文做详细介绍。

从以上9个方面可以看出，运用奥斯本检核表法进行创新，首先需要选定一个有待改进的主题或对象，然后在原有的基础上加以改进完善。因此，对于产品创新、设计创新来讲，这种方法基本属于改进型的创意产生方法。而如果把一种原理引入另一个领域，也有产生原创型创意的可能。我们还可以运用此方法设计一些其他的问题，充分挖掘创

㊀ http://news.qq.com/a/20130125/001053.htm.

新设想，为目标的实现寻找更多、更有效的方法和途径。

图 6-5　不孤独的碗

【奥斯本检核表法训练】

1．基本步骤

（1）根据创新对象明确主题，确定待解决的问题。

（2）收集、整理与问题相关的资料和信息。

（3）参照奥斯本检核表的检核项目，充分发挥自己的想象力和创新力逐题核对讨论，把设想记录下来，列出检核表。

（4）对检核表中的设想进行筛选。

（5）选定最有价值和创新性的设想。

2．注意事项

（1）要联系实际逐条进行检核，不能遗漏。

（2）增加检核次数，提高效果。

（3）充分发挥自己的想象力和联想力，激发更多的创新设想。

（4）可根据需要调整参与人数，或一人检核，或三至八人共同检核。集体检核可以互相激励，产生更多的创新设想。

3．练一练

玻璃杯如何改进

序号	项目	创新设想	初选方案
1	能否他用		
2	能否借用		
3	能否改变		
4	能否扩大		
5	能否缩小		
6	能否替代		
7	能否调整		
8	能否颠倒		
9	能否组合		

6.2.2　5W2H 法

5W2H 法是一种思考方法，也可以说是一种创新技法。美国陆军最早提出并使用了

5W1H 法，即由 5 个 W、1 个 H 开头的英文单词进行设问，后来又增加了一个 H 开头的单词形成 5W2H 法，对选定的项目、工序、操作、产品，从原因（why）、对象（what）、地点（where）、时间（when）、人员（who）、方法（how）、程度（how much）7 个方面提出问题，发现解决问题的线索，寻找发明思路，进行设计构思，从而获得解决方案或创新方案。

具体的应用程序如下所示。

（1）原因。为什么？为什么要这么做？理由何在？原因是什么？为什么创新？创新的重点是什么？为什么要这样设计制作（颜色、形状、声音、规格等）？

（2）对象。做什么？研究什么问题？做什么工作？条件是什么？目的是什么？重点是什么？功能是什么？规范是什么？关系是什么？

（3）地点。何处？在哪里做？从哪里入手创新、改造、改变？到哪里结束？

（4）时间。何时？什么时间开始？什么时间完成？什么时机最适宜？多长时间合理？什么时间是关键点？

（5）人员。何人？由谁来承担？谁负责？谁完成？谁协助？和谁有关系？

（6）方法。怎样做？流程是什么？方法是什么？如何节约成本？如何实施？如何提高效率？如何避免失败？

（7）程度。多少？做到什么程度？投入多少？规模多大？范围多大？数量多少？质量水平如何？费用如何？产出如何？能维持多长时间？

如果创新设想或产品经过以上的审核已无懈可击，便可认为这一做法或产品可取。如果 7 个问题中有 1 个答复不能令人满意，则表示这方面存在缺点，有待改进。如果哪方面的答复有独创的优点，则可以凸显优点、扩大优势。

另外除了运用 5W2H 法的 7 个设问进行提问外，在项目、工序、操作、产品的各阶段、各方面，还可以从宏观到微观逐步深化地想出其他问题，对问题的回答、分析也要按照不同阶段、不同对象而改变。

某商店开业以后，经营惨淡，如何改变这种状况呢？老板采用 5W2H 法进行了分析。

某商店改变生意清淡的方法

序号	提问项目	提问内容	情况原因	改进措施
1	为什么	此处开设商店行不行	有需求	应保留
2	做什么	批发或零售？百货或专营？维修？服务？	本地适合零售	零售为主，增加服务项目
3	何处	商店设在何处	离车站近，附近有居民区，主要为旅客服务	增加旅客上车前后可能需要的商品和服务
4	何时	何时购物	旅客在行李寄存或有需求时购物，而商店无处寄存	开办行李寄存服务
5	何人	谁是顾客、旅客、居民	未把旅客当作主要顾客	旅客数量更多，增加为旅客服务的项目

(续)

序号	提问项目	提问内容	情况原因	改进措施
6	怎样做	怎样招徕很多顾客	此店不醒目	增设路标、购物指示牌，门面装饰醒目
7	多少	改进需要投入多少？将来收益多少	本店有一定的投资能力	装修及扩大服务需1.5万元预计收益增长20%左右

例 6-2　某省核电厂建设分析

某省拟建一座核电厂，能源部、财政部和国家发改委等有关部门就要针对核电厂的建设问题，拟定一份问题要点进行分析研究，并提出解决问题的方案。

（1）要干什么？在研究该省核电厂的建立问题时，就是用系统分析方法探讨在该省建设核电厂的可行性。

（2）为什么在该省建立核电厂？因为该省自产能源很少，历来靠从外部调进原油和煤炭发电，调进能源受经济、交通运输等影响太大，同时也为了减少环境污染，在经济上取得更廉价的电力。

（3）何时建立为宜？电力是工业的先行官，要发展经济首先要发展电力工业。当前世界屡发能源危机，因此，为保证经济的稳定与发展，建设核电厂是刻不容缓的事情。

（4）何处建厂为宜？从避开地震、断裂、海啸、流沙区而又有足够冷却水，远离人口密集的中心城市而又比较接近用电地区等方面来看，选址在该省南部沿海为宜。

（5）由何单位承建？由核工业部门及电力公司负责建设，并请工程顾问公司提供各种技术方面的咨询服务工作。

（6）如何进行？工程进度应服从10年发电规划，具体技术细节还须由工程顾问公司作进一步研究后再提出。

（7）投入多少？按照国家能源局发布的核电厂建设项目建设预算编制办法做出预算。投入商业运行后，由国家发改委、财政部、国防科工委研究确定费用征收标准。

【5W2H 法训练】

1. 基本步骤

（1）对现有项目、工序、操作、产品，从7个角度提问，检查合理性。

（2）从7个方面逐一解答，列出难点、疑问。

（3）分析研究，提出改进措施，确定方案。

2. 注意事项

（1）5W2H法的7个问题紧密联系、相辅相成，应全面考虑、分析各方面的情况和因素，找出核心问题，提出改进措施。

（2）也可根据实际情况，增加提问项目，扩展问题范围，使思考更深入。

（3）可把各项用表格列出，使问题、原因、措施一一对应，简洁明了。

3. 练一练

（1）请以大学生群体为例进行笔记本电脑设计，并拟定改进方案。

（2）假设你想在本区域开一个饭店，请拟定策划方案。

开设饭店的策划方案

序号	提问项目	提问内容	情况原因	改进措施
1	为什么			
2	做什么			
3	何处			
4	何时			
5	何人			
6	怎样做			
7	多少			

6.2.3 和田十二法

和田十二法是我国学者许立言、张福奎以设问法原理为基础，结合上海市闸北区和田路小学学生的发明创新活动、总结和概括出的创新技法，称为"和田十二法"。指人们在观察、认识一个事物时，若能从"加一加、减一减、扩一扩、缩一缩、变一变、改一改、联一联、学一学、代一代、搬一搬、反一反、定一定"的角度出发来进行思考，就能从中受到启发，产生许多创新性设想。

和田十二法和奥斯本检核表法十分相近，奥斯本检核表的内容基本可在此法中找到对应的方法。与奥斯本检核表法相比，和田十二法多了两条"联一联""定一定"的方法，所以此法比奥斯本检核表法的适用面要宽。该技法的主要特点是通俗易懂、简便易行、适合记忆、适合于不同文化程度的人学习，更便于推广。因此，和田十二法又被人们称为创造发明"一点通""十二种聪明办法"。具体内容如下。

（1）加一加。把一件物品加大、加高、加长、加宽、加厚、加多、组合，变成什么样子？

（2）减一减。把物品减轻、减少、减短、减窄、减薄、减低、省略、分割，可以变成什么？把原来的操作减慢、减时、减次、减序，会有什么效果？

创新故事 ▶ 　　　　　　　　　　**廉价航空公司**

在整个民用航空界有一个"不老的传说"——美国西南航空公司的成长壮大历程，不但被全球比喻成低成本航空运营模式的鼻祖，而且能够在美国遍地哀鸿的民航领域中一枝独秀，连续保持盈利。那么到底什么是该公司成功的秘诀呢？其成功秘诀当然是其廉价航空模式。

美国西南航空公司只开设中短途的点对点的航线，没有长途航班，更没有国际航班，时间短、班次密集；把每班空姐减少两名，降低飞机票价格；不提供餐饮服务——一般航空公司的空姐都询问"您需要来点儿什么，果汁、茶、咖啡还是矿泉水"，而西南航空的空姐则问"您渴吗"，只有当乘客回答"渴"时才会提供普通的水，从而减少服务人员，省去一笔昂贵的加热设施（热饭等）的费用，省下的空间还可以再增加6个座位，也更便于打扫卫生；机型统一为一种737飞机，因而机械师、零备件以及飞行员的培训都是统一的，大大节约成本；地勤人员少而精，等等。通过采取各种降低成本的策略，它成为一家从1973年开始每年都盈利的航空公司。

资料来源：http://news.carnoc.com/comments/74/news_74651_1.html。

（3）扩一扩。把物品放大、放宽、扩展功能、扩大应用领域，会有什么变化？

（4）缩一缩。把原有物品压缩、缩短，能变成什么东西？

（5）变一变。物品在形状、颜色、功能、结构、浓度、密度、音响、味道、气味、对象、场合、时间、顺序、方式上能否改变？

（6）改一改。物品的缺点、不足、不便、不安全、不美观之处如何改进？

（7）联一联。该事物与哪些事物可以联系起来形成新的事物？联一联是把表面上不相关的事物联系在一起，获得出奇制胜的效果。

创新故事　　　　江南春的楼宇广告

分众传媒的创始人江南春在一个非常偶然的机会，看到即将关闭的电梯门上贴着舒淇的海报，想到在这个地点如果能有电视广告的话，完全符合新媒体成功的四个要求，从而发现了楼宇电梯这个特定地点的广告价值，造就分众传媒楼宇视频广告的新商业模式，带来亿万财富。

（8）学一学。其他事物的形状、结构、方法、颜色、性能、规格、功能、动作等，是否有值得学习和模仿之处？

（9）代一代。能否用别的事物、材料、方法、工具来替代？

（10）搬一搬。把事物、设想、技术搬到其他地方，会不会实现创新？

（11）反一反。把事物的形态、性质、功能、正反、前后、上下、横竖、里外颠倒一下，会有什么效果？

（12）定一定。它是指为改进某种事物而确定标准、型号、顺序，或者为提高效率、避免失误而确定界限、规范，从而产生的创新。

例如，电饭煲增加了预约功能，可以提前预定煮饭的时间，大大方便了人们生活；专家研究发现一天至少要喝1 800～2 000ml水，才能够满足人体的需要，因而开始流行带刻度的水杯，可以随时直观地知道自己的饮水量；还有人利用平衡定位的原理发明了一款"瞌睡报警器"，样式有些像蓝牙耳机，也是夹在耳朵上，当驾驶员正疲劳打瞌睡，头往下靠时，报警器就会在耳边发出"嘀嘀嘀"的报警声，可以有效避免交通事故。

【和田十二法训练】

1. 基本步骤

（1）对现有事物按照十二个"一"的顺序进行核对和思考。

（2）把创意设想记录下来。

（3）补充每个设想产生的新的效果或新的功能。

2. 注意事项

（1）要注意抓住一个或几个给人启示的要点，进行深入研究，寻找创新点。

（2）对有创意的设想详细记录。

（3）发现创新点后注意综合运用十二种方法，并结合其他创新技法，对创新点从多角度思考挖掘。

3. 练一练

（1）请找出周围与十二种方法——对应的事物，并说出它们的创新之处。

（2）请对你所使用的手机进行创新思考。

6.3 列举法

列举法是一种对具体事物的特定对象（如特点、优缺点等）从逻辑上进行分析，并将其与创新有关的方面列举出来，再针对列出的项目思考、探讨如何改进、实现创新的方法。常用的列举法有以下几种：希望点列举法、缺点列举法、优点列举法、属性列举法、信息列举法。我们重点介绍前两种常用的创新技法。

6.3.1 希望点列举法

法国著名作家巴尔扎克说："没有伟大的愿望，就没有伟大的天才。"希望是人们心理期待达到的某种目的或期望出现的某种情况，是对美好愿望和理想的追求，是创新、创造、发明的强大动力。千百年来，人们一直梦想飞向天空、飞向宇宙，于是就产生了飞机、宇宙飞船；人们一直渴望行进的距离更远、时间更短，于是就有了轮船、火车、汽车、地铁；人们一直渴望成为"千里眼"和"顺风耳"，于是就有了收音机、电视机、计算机。

希望点列举法就是以人们提出的种种希望或愿望作为出发点，分类、归纳、列举、整理，得出新的创新方向或目标的创新技法。它的特点是运用扩散性的想象去发现问题、解决问题。人们对现有的或未知的事物提出要求，"希望……"，"要是……就好了"，按照创新者的意愿提出各种新设想，因此希望点列举法既适用于对已有事物进行改进，又适用于新产品的开发和新方法的创建。它可以不受原有物品的束缚，所以是一种积极主动的创造技法。

按照希望点所对应的对象，希望点列举法可以分为两种：目标固定型和目标离散型。

第一种是目标固定型，指以确定的对象为目标，通过列举希望点，形成对该对象改进和创新的设想或方案，是对现有事物本身存在的不足和缺点进行改进的希望。因此，可简称为"找希望"，例如：

- 人们希望能够冬暖夏凉，结果就有人发明了空调。
- 人们希望烧饭能自动控制，结果就有人发明了电饭锅，之后还有了带预约功能的电饭锅。
- 人们希望能随意控制电视节目，结果就有人发明了遥控电视机。

- 人们希望看清楚这个世界,结果就有人发明了眼镜、显微镜。
- 人们希望穿不用扣纽扣的服装,结果就有人发明了尼龙搭扣、拉链。
- 人们希望吃西瓜不吐籽,结果就有人发明了无籽西瓜。

……

第二种是目标离散型,指没有确定的目标和对象,通过对全社会各层面的群体在不同时间、地点、条件下列出的希望点,寻找创新的设想或方案,满足人们新的需求和要求,可简称为"找需求"。这是企业进行产品创新较为常用的方法。例如,针对消费者的需求进行产品创新,就要对消费需求的宏观趋势与特点有所了解。西方学术界把当今消费潮流概括为9个英文字母(A、B、C、D、E、F、G、H、I):

(1)舒适(Amenity)——追求舒适的生活

(2)美观(Beauty)——追求美的倾向

(3)文明(Culture)——追求文明品位的趋向

(4)优雅(Delicacy)——追求格调的倾向

(5)经济(Economy)——希望实惠的心理

(6)时尚(Fashion)——追求时尚、时髦的心理

(7)饮食(Gourmet)——追求美食

(8)健康(Health)——重视健康的心理

(9)知识(Intelligence)——追求知识的心理

以上9点就是消费者提出的希望点,产品创新要满足消费者追求舒适的需求、美观的需求、文明的需求、优雅的需求、经济的需求、时尚的需求、饮食的需求、健康的需求、知识的需求等。因此,企业在改进原有产品、进行产品创新之前往往采用市场调查的方式了解消费者的需求。比如,他们希望得到什么功能,希望接受什么样的服务等。从消费大众大量的希望点中寻找产品创新的路径。

创新故事 松下电器:用创新技术打造舒适生活

创新,改变世界也改变了我们的生活,已经成为推动社会前进的不竭动力。秉承"ideas for life"的理念,松下电器更是将创新进行到底,为消费者打造舒适、愉悦的生活方式。

洗衣机:创新技术满足多种洗衣需求

在创新方面松下洗衣机可以说是独占鳌头,旗下的斜式滚筒洗衣干衣机阿尔法系列就有五大创新,充分满足消费者对洁净、健康、低碳等多种需求。

创新一,采用独特的阿尔法洗涤技术,在传统卧式滚筒洗衣机只能摔打洗的洗涤方式上,又实现了新颖的左右抛洗的洗涤方式,将洗净均匀率提升38%,满足消费者对洗净的需求。创新二,为洗衣机安装上了一颗"强劲的心脏"DUAL-DD 30磁极变频直驱电机,突破性地提高了控制滚筒运转的精密度和稳定性,使阿尔法洗涤与阿尔法烘干的运转方式成为了可能。同时,将电机用电量降低45%,实现大幅度节能,为消费者打造

低碳生活。创新三，采用创新的"光动银"除菌技术，发挥了羟基加银离子的双重除菌威力，使得消费者在夏季高温闷湿的天气中也能远离致病细菌的侵扰。创新四，搭载松下悬挂减振系统，做到洗涤、漂洗、脱水、烘干全程静音。创新五，其智能高效的阿尔法烘干技术，呵护衣物、不易起皱，同时还可以实现3.6千克大容量烘干。凭借这五大创新技术，松下洗衣机成为行业中的翘楚，也深受消费者欢迎。

空调：创新技术带来舒适体验

松下空调在技术上也不乏亮点。在温度控制方面，其凭借高效全直流变频技术，实现了对制冷量、制热量的精准调控，让室内温度更快达到设定温度，实现了对制冷量、制热量的精准调节，避免室温大幅波动，有效降低电机损耗，令节能效果大幅提升。在静音方面，松下空调搭载高精密度加工的涡旋压缩舱，有效减少了压缩机工作期间的机械磨损，最大限度地避免了因压缩空间的剧变或压缩力矩的大幅度变动而产生的震动和噪声，为消费者营造一个舒适惬意的家居生活空间。此外，松下空调尊铂系列还采用升级版 Eco Sensor 技术，可以通过侦测居室内人体活动量大小，实现智能判定送风，即使人体存在动态与静态的差异，亦可享受同样的惬意。

冰箱：创新技术引领新鲜生活

松下冰箱也实现了技术的不断创新，引领新鲜生活。装载了自产变频压缩机的松下冰箱功率强劲持久，不仅大幅降低了运行时消耗的能源，更拥有稳定的制冷能力。其独特的"双冷智控"技术，实现了冷藏保湿、冷冻无霜的优势互补，使蔬果水嫩脆爽、肉类鲜嫩营养，并且避免了食物粘连、串味的现象。同时，松下冰箱还特别搭载"智冷导航"系统，实现了精确的感温和控温，并可以根据冰箱门的开关情况以及温度变化自动调节制冷水平，达到节电的效果。另外，松下冰箱还具有自动制冰功能和冰块感应装置，使消费者在酷热天气里身处家中就能享受冰镇饮品的清凉。

资料来源：http://article.pchome.net/content-1153600.html。

运用希望点列举法，要注意从三个层面分析人们的需求。从一般意义上讲，美国心理学家马斯洛把人的需求分为五大部分：生理需求、安全需求、社交需求、尊重需求和自我实现需求。因此，在运用希望点列举法进行创新时，首先要结合时代背景，针对对象的不同年龄、性别、文化、爱好、种族、区域、信仰等，对其五种需求进行分析。还有一种特殊群体所具有的需求，如残障人士或孤寡老人、精神病人、有特殊嗜好的人等，要针对他们在特定条件下的特殊需求进行重点分析。相对于眼前的现实需求，还有一种是潜在的未来需求，善于研究和发现潜在需求是希望点列举法的灵魂。许多世界知名企业都很重视对潜在需求的研究和开发，以使企业具有强大的发展潜力和后劲。

【希望点列举法训练】

1. 基本步骤

（1）采用观察联想法、书面收集法、集体讨论法、访问谈话法、抽样调查法等方式，可以一人，也可以多人，对现有某个事物提出希望或改进措施，列举希望点。

（2）对收集到的各类意见进行分析、研究、评价，找出有价值的创新设想。

(3) 制定可行方案。

2. 注意事项

(1) 要对每位参与者的希望点和改进措施详细记录。

(2) 可把大家的希望点公布，激发每位参与者的想象力和积极性。

(3) 任何希望都可以说，无论是否能实现。

(4) 当一个主题提出 50 个以上希望点时，应停止当天的讨论，第二天继续进行，以对原有的希望点唤起新的联想，提出更好的创新设想。

3. 练一练

(1) 请对"笔"进行希望点列举并提出改进设想。

(2) 请对你所在的城市/学校提出希望点和改进意见。

(3) 请对创新创意课程的趣味性要求提出希望点和改进意见。

6.3.2 缺点列举法

金无足赤，人无完人。生活中的很多事物都不是十全十美的，存在很多不足，如果改进这些不足，就可以实现创新。可以说，发现缺点是创新的起点，克服缺点是创新的实践，克服缺点的过程，是不断创新的过程。

缺点列举法就是指通过挖掘、设想、列举现有事物的缺点、问题、不足，有针对性地进行改进和创新的一种创新技法。相比希望点列举法以人自身的心理期望为对象而言，缺点列举法主要是围绕现存事物的缺陷加以改进，对已经习以为常的东西"吹毛求疵"，找到它的缺点。这种方法一般不改变事物本身的本质与总体，因而属于被动型创新。人们对汽车、冰箱、电视、电话、手机等做出的改进和完善，都得适用这种方法。

创新故事　　　　　　　　　**懒人闹钟**

每天起床，第一眼会见到什么？对于学生和上班族来讲，绝对是把我们叫醒、摆放在床头的闹钟。虽然你很讨厌被它吵醒，但又得依赖它非要把你叫醒不可。你的闹钟是否能让你准点起床？摆在床头是否赏心悦目？怎样才能迅速有效地把人从睡眠中唤醒一直是个问题，所以才有这么多人源源不断地想出各种办法制造各种不同的闹钟。

1. 会跑的闹钟

一到设定时间，闹钟的两个大轮子就会迅速自己启动（见图 6-6），一边"叫嚣"一边找角落"躲"起来，至于会跑到哪里？答案是不确定的。因为闹钟会朝不同方向跑 30 秒，当闹钟撞到墙时会旋转，直到它找到某个地方休息，然后继续保持 9 分钟的嘟嘟响。如果你不想搬沙发、挪床找它，你就只能马上起床追赶它。

闹钟的英文名字"hide and seek"，意思是不抓住它就会无影无踪了。据新华社报道，这是美国麻省理工学院媒

图 6-6　会跑的闹钟

体实验室的科学家发明的新型闹钟，科学家给小钟装了一套轮子，作为它的"腿脚"。铃响后，如果贪睡的主人按掉响铃，小钟能够"跑到"桌子或是房间的另一边，继续吹响"起床号"。研究人员表示，当闹铃再次响起，单是起床找到小钟本身就足以让主人清醒，加之闹铃一直在响，就是贪睡的人也无法再次入睡了。

2. 会飞的闹钟

与"会跑的闹钟"异曲同工的是，网店上有一款"会飞的闹钟"（见图6-7），不同的是它占领的是你家的"制空权"。时间一到，停放在半圆球体闹钟顶部的小型飞机会发出嗡嗡的响声，自动起飞，飞到大约1.2米的高空，它的飞行路线变化莫测，小飞机机翼是轻型柔性塑料，飞行灵活，当碰触障碍物后，它会改变路线。你要是不及时起床，它有可能从窗口"逃跑"！要是找不到飞机，闹钟是无法停止警报的，因为它就是停止闹钟的按钮！要是找不到它，就只有拆掉电池这种途径才可以让它停止警报。

图6-7　会飞的闹钟

3. 哑铃闹钟

"Shape Up"是一个哑铃闹钟（见图6-8），虽说是闹钟，但是除了会叫以外，更要命的是不会随随便便就停止，你必须抓起它反复举30下，才可以让它停止。塑胶+金属的材质，重量达670克，还真是不能小看按停它的运动量。举完30下，人要不清醒过来都难！

图6-8　哑铃闹钟

4. 手枪闹钟

这是日本推出的专门针对懒人的闹钟，这个闹钟的厉害之处，就是你必须以打枪的方式才能让它的闹铃停止。这个名为"手枪闹钟"（见图6-9）的闹钟比一般闹钟多了一把红外线枪和一个标靶，当闹铃响起时，你必须用手枪打中靶心它才会停止闹铃，从举起手枪到打中靶子以后肯定十分清醒。好玩的是，它对男人来说更像一个玩具，它有三种不同的模式，最难的是射中5次靶心它才会停止闹铃，平时可以当玩具玩。

图6-9　手枪闹钟

其他还有火箭闹钟、拼图闹钟、手雷闹钟、海底捞针闹钟、高音闹钟等，都从性能上克服了传统闹钟"闹不醒"的缺点，外形时尚、别致、有趣，赢得广大"懒虫"的喜爱。

资料来源：http://www.chinanews.com/life/news/2009/05-04/1675367.shtml.

缺点列举法是一种非常快捷有效的发现创新点的方法。主要用于以下两个方面。

（1）对原有产品缺点、问题、不足的改进上，如不顺手、不方便、不省力、不美观、不耐用、不节能、不环保、不轻巧、不省料、不便宜、不安全、寿命短等。

一个产品需要找准其不足之处并进行改进，才能得到人们的认可。而大众消费者就是最佳的找缺点的群体，因此，多倾听客户的声音，收集人们的批评和建议，有助于弥补缺点、发现创新点。例如，起初的电脑操作系统界面 Dos 系统操作起来还需要学习专业的编程语言，人们一直认为它使用起来极不方便，也不利于电脑的普及，因此 Windows 系统推出后界面美观，功能强大，人人都可以使用高科技，从而带来了个人电脑的普及。而后来的 Vista 系统仅仅是功能更多、更好看，但使用起来并没有更方便，因此很多用户购买电脑后又选择放弃原装的 Vista 系统，重新安装已经习惯的 Windows 系统。

（2）对新设想、新产品进行完善，如不成熟、不合理、不科学等。

请挑一挑长柄弯把雨伞的缺点，例如：

（1）伞柄长，不便于携带。

（2）弯把太大，在拥挤的地方容易钩住其他人。

（3）打开、收拢不方便。

（4）伞尖容易伤人。

（5）太重，长时间打伞手会累。

（6）抗风能力差，遇到大风会向上翻折成喇叭形。

（7）伞湿后不宜放置。

（8）伞面遮挡视线，容易发生事故。

（9）骑自行车时用手打伞容易出事故。

（10）两个人打伞时挡不住雨。

……

针对长柄弯把雨伞的缺点，可改进的方案有：折叠伸缩伞（见图 6-10）；便于携带的铅笔伞；弯把改为直手柄；开收方便的自动伞；伞尖改为圆形不易伤人；雨伞骨架材料改为更坚固、轻便、不易生锈的材料；部分外沿做成透明的，方便查看路况；自行车专用伞架；双人大伞……

图 6-10 从长柄弯把雨伞到折叠伞

【缺点列举法训练】

1. 基本步骤

（1）采用调查法、集体讨论法、对比分析法等方式，可以一人，也可以多人，对现有事物提出改进意见，最大化地列举各种缺点。

（2）对缺点进行详细汇总、整理、记录。

（3）针对所列缺点逐条进行分析，挑选出主要缺点，制定切实可行的改进方案，确定是否能够缺点逆用、化弊为利。

2．注意事项

（1）列举事物缺点的重要前提，是要对事物仔细观察，有一个全面、清晰的认识和了解。

（2）要尽量正确、充分地列举所选事物的缺点。

（3）当多人采用集体讨论法列举缺点时，还应当采取头脑风暴法，以便于激发参与者的积极性，积累更多缺点和创意设想。

3．练一练

请尽可能多地列举出雨衣/玻璃杯的缺点，并提出改进意见。

6.4 组合法

中国古代神话与传说中的龙，是中华民族的象征（见图6-11）。其形象是古人结合了多种动物和自然天象模糊组合而产生的一种拥有马头、鹿角、蛇身、鱼鳞、鹰爪、鱼尾等特征的神兽，并赋予它翻云覆雨、兴风作浪的神力。这就是一种运用组合法而产生的创新成果。

图 6-11　中华民族的象征：龙

6.4.1　组合法的定义

组合法是非常有效、便捷的一种创新技法。所谓组合法是指按照一定的目的，将不同的事物所具有的原理、材料、功能、技术、方法等要素优化组合或重新安排在一起，从而获得具有新材料、新功能、新技术、新特性的新事物或新设计的一种创新技法。

> **创新故事**　　　　　　　　　　文具组合的出现
>
> 日本一家叫普拉斯的文具公司，设计开发出文具组合，将铅笔、小刀、透明胶带、剪刀、1米长的卷尺、10厘米长的塑胶尺、订书机、胶水等，放进一个设计精巧、轻便体小的盒子里。后来又把文具组合改进提高，在盒子里安装了电子表、温度计，甚至可以变成一个变形金刚，五花八门，千变万化。尽管其内部的文具就那么几种，由于它的盒子花样多了，迎合了小孩的心理和兴趣，所以销量越来越大，很快成为风行全球的商品，普拉斯也成为知名品牌。

6.4.2　组合法的特征

组合法具有创新性、继承性、广泛性、时代性的特征。

1. 创新性和继承性

并不是说组合就是创新，而是巧妙的组合能够产生伟大的创新。从总体来讲，组合的结果产生了世界上原本没有的事物；从其构成细节来讲，大多数是将世界上已有的事物，以新的形式进行重新组合，并产生新的功效。因此，组合法同时兼具了创新性与继承性两个特征。

这种组合是任意的，各种各样的事物要素都可以进行组合，包括之前人们从未想到过的组合。例如，不同的物品、材料、颜色、形状、状态、性能、领域、声音或味道、功能或目的、组织或系统、机构或结构、技术或原理、方法或步骤、两种事物之间或多种事物之间都可以进行组合。组合的形式可以是各要素或事物之间的结合、联合、混合、综合、化合，不是简单的罗列和机械的叠加。例如：

（1）牙膏＋中药＝药物牙膏
（2）电话＋视频功能＝可视电话
（3）自行车＋蓄电池＋电机＝电动车
（4）照相机＋存储器＋模数转换器＝数码相机
（5）电话＋手表＋信件＋MP3＋照相机＋手电筒＋……＝手机

由此可见，创新性组合有三个要点：

（1）由多个要素组合在一起；
（2）所有要素都为单一的目的共同起作用，它们相互支持、促进及补充；
（3）能产生新的效果，这个效果大于组合前各要素单独效果之和，亦即达到"1+1＞2"的飞跃。

2. 广泛性

学者布莱基曾说过，组织得好的石头能成为建筑；组织得好的社会规则能成为宪法和政策；组织得好的思想能成为好的逻辑；组织得好的词汇能成为漂亮的文章；组织得好的想象和激情能成为优美的诗篇；组织得好的事实能成为科学。世界上很多事物都是组合而来的，组合法广泛适用于各个领域。就生活中十分普遍的现象来说，作家的工作是进行文字的组合；音乐家的工作是对音符的组合；一日三餐是饭菜的组合；服装是衣裙鞋帽袜的组合；电器是电子元件和材料的组合；还有组合柜、组合音响、食品组合，等等。生活中，组合无处不在。因此，组合法的广泛性主要体现在以下几方面。

（1）范围广泛。古今中外，几千年来人类社会发展史，为我们积累了不可胜数的发明创造产物。未来，给我们提供了更为广阔的组合创新的发展空间，从简单的日用品组合到诸如宇宙开发等尖端技术，从普通的小发明、小创意到新学科、新理论的创建，等等，都可以根据不同的情况实现不同层次的创新。

（2）易于普及。组合型创新就技术上的创新发明而言，由于它是为了一定的目的或功能的需要去选择若干成熟的技术加以组合，因而不像原理突破型创新那样要求具备专业深厚的理论基础，便于人们进行学习与应用。

（3）形式多样。常见的形式有以下几种。

1）近亲结合。例如，用于同一场合或目的的不同事物的组合：

- 橡皮＋铅笔＝橡皮头铅笔
- 裤子＋袜子＝连裤袜
- 上衣＋裙子＝连衣裙

2）远缘杂交。例如，用于不同场合、不同目的、性质差别较大的事物的组合：
- 毛毯＋电热丝＝电热毯
- 空气＋水＋煤炭＝尼龙

3）跨越时空。例如，中西合璧、古为今用等元素的组合：

法国著名时装设计师圣罗兰等把富有民族特色的服装设计源源不断地推向社会，有印第安式、阿拉伯式等，宽松式服装才风行起来。

4）技术组合。例如，不同的元件或事物的组合：

激光技术与医学的结合，产生激光手术刀、激光美容器。

5）艺术组合。例如，各种题材、文化元素的组合：

鲁迅先生说他小说里的人物创作，人物的模特没有专用过一个人，往往嘴在浙江、脸在北京、衣服在山西，是一个拼凑起来的角色。

（4）方法灵活。组合的方法可以是主体附加法、同类组合法、异类组合法、重组组合法、二元坐标法、焦点法、信息交合法等。稍后我们将对常用的几类方法进行简单了解。

3．时代性

日本创造学家菊池诚博士说："我认为搞发明有两条路，第一条是全新的发现，第二条是把已知其原理的事实进行组合。"有人对1900年以来的480项重大成果进行了分析，发现从1950年以后，组合型成果的数量远远超过了突破型发明的数量，占发明总数的60%～70%，成为占主导地位的技术。近年来也有人预言，"组合"代表着技术发展的趋势。

CT技术的发明

自从X射线发现后，医学上就开始用它来探测人体疾病。但是，由于人体内有些器官对X射线的吸收差别极小，因此X射线对那些前后重叠的组织的病变就难以发现。于是，英国的亨斯菲尔德和美国的科马克将X射线扫描技术与计算机技术相结合，发明了CT及其诊断技术。这一成果引起科技界的极大震动，二人共同获取1979年诺贝尔生理学或医学奖。而今，CT已广泛运用于医疗诊断上。

组合法也已作为解决问题的主要方式渗透到许多现代创新活动中，特别是创新设计中。如网页设计、软件开发以及产品模块研发，都把事物或产品看成若干模块的有机组合。只要按照一定的原理，选择不同的模块，依据不同的方式进行组合，便可获得多种有价值的设计方案。

6.4.3 主体附加法

主体附加法是指以某一特定的对象为主体，通过增加新的附件、置换或插入其他技术，使原有事物性能更好、功能更强的一种组合技法。例如，为了满足人们的需求，电风扇逐渐增加了摇头、升降、改变风量、风向、风速、风态、定时、遥控和能够吹出不同香味风的新功能。

主体附加法具有以下四个特点。

（1）创新过程中的组合以原有的事物或设想为主体进行附加，主体不变或变化微小。

（2）附加部分起着补充、完善和利用主体的作用，不会导致主体有大的变动。

（3）附加物包括两种类型，一种是已有的事物，另一种是根据主体的特点专门进行创新设计的附加装置。

（4）附加物为主体服务。附加物的重要功能就是弥补主体的不足，使主体的功能更加完善。

由以上特点可以看出，主体附加法是一种创造性相对较弱的组合技法，是因为人们对现有事物做出的改动不大；主体附加法也是创新数量最多的组合技法，因为围绕一个主体可以进行各种附加。此种技法最适用于产品不断完善、改进时期。

创新故事　　　　　　　　　"万用手册"

笔记本是人们办公常用的文化用品，销路平常。可是，以此为基础，附加上其他功能之后，日本人开发上市的"万用手册"却异常畅销。万用手册主要组合了以下功能。

（1）记事本。个人资料表、年历、每日每周每月每年的计划表、一年的回顾与总结、家属生日表、亲友通讯录等。

（2）商务资料汇总。世界各国地图、常用电话号码及长途电话区号、世界时刻对照表、度量衡换算表、日息与年息换算表、商业通讯资料等。

（3）备忘录。可随时记下重要的事情，并附有单面粘贴纸，用做袖章备忘录与索引卡，可贴在任何物体上。

（4）企划表。可依个人需要，制作生活目标表、财务收支管理表、专业企划表、学生活动考核表等。

（5）皮夹与钥匙包。皮夹可放入名片、钞票、计数器、信用卡，而钥匙包可存放钥匙与零用硬币。进一步的创新是：以往的记事本或工商日志都是以年为单位，一年结束得换新本子。而万用手册采取六孔活页设计，使用者可以随时补充更换其中的资料，保存必需的，添加新增的，使万用手册"万年"可用。

资料来源：http://pppdlee.blog.sohu.com/106069633.html。

【主体附加法训练】

1. 基本步骤

（1）有目的、有选择地确定主体。

（2）采用列举法全面分析主体的缺点、不足，列出种种新的希望。

（3）考虑能否在不变或略微改变主体的情况下，通过增加附属物来克服、弥补主体的缺陷，改善主体的性能。

（4）考虑能否利用或借助主体的某种功能，附加一种其他的东西，使其发挥更大的作用。

（5）分析确定方案。

2. 练一练

请思考，可以给自行车/汽车附加上什么，使其有所创新？

6.4.4 同类组合法

同类组合法是指将两种或两种以上相同或相近的事物组合在一起的组合技法，又称为同物组合法或同物自组法。其目的是在保持事物原有原理、价值、功能、意义的前提下，通过数量的增加，来弥补功能的不足，或取得新的功能、产生新的意义。而这种新功能或新意义，是原有事物单独存在时所缺乏的。

例如，把两支钢笔或两块手表装在一个精巧的礼盒中，便成了象征爱情的"对笔""对表"，可作为馈赠新婚朋友的礼物。生活中还有情侣帽、情侣伞、双人自行车、子母灯、子母电话机、双向拉锁、多插孔电源插座等（见图6-12）。

图 6-12　情侣伞、双人自行车、子母电话机

同类组合法具有以下三个特点。

（1）组合的对象是两个或两个以上的同一或同类事物。

（2）参与组合的对象在组合前后，其基本原理、性质和结构没有发生根本变化。

（3）主要通过数量的增加来弥补功能上的不足，或得到新的功能。

（4）组合结果往往具有对称性或一致性的趋向。

【同类组合法训练】

1. 基本步骤

（1）观察周围哪些事物是属于单独状态使用的。

（2）思考原来单独使用的事物组合后能否产生新的功能、价值。

（3）确定组合能否实现。如果能实现，请设计实施方案。

2. 注意事项

任何事物都可以同类组合，关键是要确定哪些事物进行组合后能够产生新的功能、价值，实现创新。

3. 练一练

请列出至少5个同类组合的物品，选出其中两个，将它们再次进行巧妙的组合。

6.4.5 异类组合法

异类组合法是指通过将两种或两种以上不同领域的技术思想或功能不同的产品组合在一起实现创新的组合技法。

异类组合法具有以下三个特点。

（1）组合对象（技术思想或产品）来自不同的方面，一般不存在主次关系。

（2）参与组合的对象从意义、原理、构造、成分、功能等任一方面或多方面互相渗透，整体变化显著。

（3）异类组合是异类求同的创新，创新性很强。

根据参与组合对象的不同，异类组合主要有以下几种形式。

（1）原理组合。将两种或两种以上的技术原理有机地结合起来，组成一种新的复合技术或技术系统。如弗兰克·怀特把喷气推进理论与燃气轮机组组合，发明了喷气式发动机；英国生物学家艾伦·克鲁克把衍射原理与电子显微镜组合在一起，发明了晶体电子显微镜。

（2）功能组合。将具有不同功能的产品组合到一起，使之形成一个技术性能更优或具有更多功能的技术实体。

许多产品都属于功能组合的创新成果。如收录机、电子表笔、闪光装饰品、音乐贺卡、电子秤、自动照相机、全自动洗衣机、数控机床、工业机器人、多功能万能刀卡（见图6-13）、瑞士军刀等。

（3）方法组合。在生产工艺、加工处理以及组织管理、团队管理的实践中，把两种以上的技术、方法组合起来使用，产生新的效果。

例如，创新方法组合：我国上海的科技工作者研究发现，单独使用激光或超声波对水作灭菌处理都仅仅只能杀死部分细菌。如果一先一后使用两种

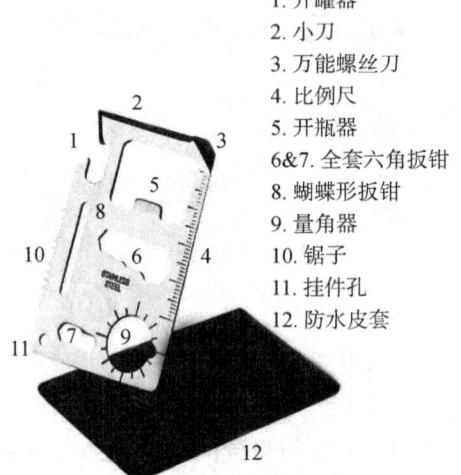

1. 开罐器
2. 小刀
3. 万能螺丝刀
4. 比例尺
5. 开瓶器
6&7. 全套六角扳钳
8. 蝴蝶形扳钳
9. 量角器
10. 锯子
11. 挂件孔
12. 防水皮套

图6-13 多功能万能刀卡

方法，仍有部分细菌不死。如果两种方法同时使用则细菌就全军覆没，这就是方法组合而产生的"声-光效应"。这种方法不仅在灭菌方面有效，在化学研究方面也有着巨大的潜在价值。

还比如，创新模式组合：企业项目管理、ERP、ISO9000、ISO14000国际标准等管理方法并存，创造出以下有特色的方法和模式。

海尔管理模式＝日本模式（团队意识＋吃苦精神）＋美国模式（个性舒展＋创新精神）
　　　　　　＋中国传统文化中的管理精髓（赛马不相马、先难后易……）

（4）材料组合。材料对产品性能有着直接的影响，而有些产品还要求材料具有相互矛盾的特性。对此，利用材料的组合便可解决这一矛盾。

例如，钢芯铜线电缆、钢筋混凝土、混纺毛线、玻璃纤维的制品、塑钢门窗等均可达到不同材料取长补短的作用；划玻璃的刀具、机加工的车刀、轧钢的复合轧辊等可使

昂贵的材料用到最关键的部位以节省成本；将磁性粉末与橡胶或塑料混合制成的"磁铁"富于弹性，可弯可摔；还有一种新型牙刷，其中心为硬尼龙毛，四周是软尼龙毛，使之兼有清洁牙齿、保护牙龈的优点。

（5）现象与现象的组合。现象组合是指将不同的物理现象组合起来，形成新的技术原理，产生新的发明。

创新故事 　　　　　　　　　　　**清除肾结石的方法**

原西德科学家发现了一个现象叫"电力液压效应"，当对水中的两个电极进行高压放电时，产生的巨大冲击力能把坚硬的宝石击碎；另一现象是从椭球面上的一个焦点上发出的声波，经反射后会在另一个焦点上汇集。同时利用这两种现象组合后就可以发明出一种清除肾结石的方法：让患者卧于一个温水槽中，并使结石位于椭球面的一个焦点上，把电极置于椭球面的另一个焦点上。经过约一分钟的不断放电，分散通过人体的冲击波就可汇集作用于结石，将其击个粉碎。

【异类组合法训练】

1. **基本步骤**

（1）有目的、有选择地确定一个主体对象。

（2）采用列举法全面分析主体的缺点、不足，列出种种新的希望。

（3）观察周围哪些事物具有能够弥补主体对象缺点、不足，实现主体对象所希望功能的属性，确定组合事物。

（4）思考主体对象和组合事物组合后能否实现预期的功能和价值。如果能实现，请设计实施方案。

2. **注意事项**

异类组合不是随便地凑合、拼凑，而是通过两种事物的有机组合后，能够产生新的功能和价值。

3. **练一练**

请列出至少 5 个异类组合的物品。请选出其中两个物品，将它们再次进行巧妙的组合。

6.4.6　重组组合法

世界上的任何事物都可以看作由若干要素构成的整体。这些要素之间的有序结合，是确保事物整体功能和性能实现的必要条件。人们囿于有限的实践，往往习惯于原有的模式，如果尝试对原有模式进行重新组合，也许会出现意想不到的效果。

所谓重组组合是指有目的地在事物的不同层次上分解原来的组合，并按照新的方式、新的目的进行重新组合，以促进事物的功能和性能发生变化的一种组合技法，又称为分解组合法。

创新故事

旱冰鞋

旱冰鞋的发明构思来自冰鞋的启示。最早的一双旱冰鞋出现在18世纪中叶,一位名叫莫林的比利时乐器制造商把一排呈直线排列的轮子安装在鞋底。当他穿上这双鞋在伦敦的一个化装舞会上边滑行边拉着小提琴表演的时候,令人吃惊的事情发生了,这双旱冰鞋既不能转弯也无法停止,最终使他撞到了大厅墙上的一面镜子,镜子和小提琴撞碎了,自己也受了重伤。后来,始终没有人再提起旱冰鞋。

1822年,一位英国人设计了一种带协调轮的旱冰鞋,在串列的4个轮子中,前后两个轮子为协调轮,滑行时能灵活地转动方向。可尽管如此,旱冰运动仍然没有流行起来。

1863年,美国发明家J.普林普顿把直线排列的4个轮子改为前后两套并列轮。这种"筒式旱冰鞋"滑行平稳,并能通过倾斜身体实现转弯。任何方向都转动自如。这种旱冰鞋的出现,使滑旱冰变得既容易又安全,滑行起来也更有趣。因此,滑旱冰和旱冰曲棍球成了当时社会上最时髦的运动。后来,人们对旱冰鞋进行多次改进,但"筒式旱冰鞋"的基本设计始终没有变化。

重组组合法具有以下三个特点。

(1)组合在同一事物上实施。

(2)组合过程中,一般不增加新的事物。

(3)重组主要是改变事物各组成部分之间的相互关系,从而引起事物属性的变化。

例如,运用电影剪辑技术时,不同镜头不同顺序的组合,效果是截然不同的。如以下三个镜头:

①一个人在笑;②枪口对准了他;③他一脸恐惧。

按照上述顺序放映,观众将看到一个懦夫的形象。

如果将三个镜头重组,按照③-②-①的顺序排列,观众看到的将是一个面对镜头哈哈大笑的勇士。

生活中有很多事物都蕴涵着重组组合法的原理,如沙发床、玩具"变形金刚"、魔方、商店的柜台安排、工厂的流水线布置等。

【重组组合法训练】

1. 基本步骤

(1)有目的、有选择地确定一个主体对象。

(2)分析、研究主体对象的结构、形式特点。

(3)列举现有结构、形式的缺点,思考能否通过重组克服这些缺点;采用列举法全面分析主体的缺点、不足,列出种种新的希望。

(4)确定选择什么样的重组方式进行重新组合,设计组合方案。

2. 注意事项

重组组合的切入点是事物的结构,从调整位置或顺序方面寻找创新途径。

3. 练一练

(1)中国的汉字重组。请给下面每个字各配一个字,再将两字拆一拆,拼一拼,变成一个常用语。

例：注 +（吾）=（主）（语）
勋 +（ ）=（ ）（ ）　汗 +（ ）=（ ）（ ）
夯 +（ ）=（ ）（ ）　汕 +（ ）=（ ）（ ）
杆 +（ ）=（ ）（ ）　杳 +（ ）=（ ）（ ）
柱 +（ ）=（ ）（ ）　洽 +（ ）=（ ）（ ）

（2）请尽可能多地说出重组组合的物品。
（3）请找一个物品，对它进行重组组合设计。

6.4.7 其他组合法

1. 二元坐标法

平面直角坐标系由两条数轴组成，横轴和纵轴相对应的任何一对数都可以确定平面上的一个点。二元坐标法就是借用平面直角坐标系在两条数轴上的标点（事物或元素），按序轮番进行两两组合，并对每组联系做创造性想象，以产生新事物、新设想的组合技法。

例 6-3　想一想，这些东西可以组合成什么

	床	沙发	桌子	衣柜	镜子	电视
床						
沙发	沙发床					
桌子	床头桌	沙发桌				
衣柜	床头柜	沙发柜	组合柜			
镜子	床头镜	沙发镜	镜桌	穿衣镜		
电视	电视床	电视沙发	电视桌	电视柜		
灯	床头灯	沙发灯	台灯	带灯衣柜	镜灯	电视灯

【二元坐标法训练】

1. 基本步骤

（1）绘制二元坐标表。
（2）随心所欲地列出联想元素。
（3）用联想线沟通各个元素绘制联想图。
（4）对每个点做出正反两方面的判断，分析其意义所在。
（5）选出有意义的组合。
（6）对有意义的组合进行可行性分析，选择并确定设计方案。

2. 练一练

请对下表中每个关联的组合做出判断，有意义的划"√"，没有意义的划"×"，并对有意义的组合进行可行性分析，确定设计方案。

	小狗	玻璃	茶杯	温度	钟表	白菜
包						
折叠						
猴子						
笔筒						

2．焦点法

焦点法则是以某一预定的事物为中心、出发点（即焦点），依次与罗列的每个元素一一组合构成联想点，寻求新产品、新技术、新思想的推广应用和对某一问题解决途径的一种组合技法。焦点法的起点是任意的，这种方法实际上是一种倒过来的自由联想法，其中的多次联想可按自由联想法进行，只有在自由联想不能达到目标时，才由最终目标（焦点）反过来做强制联想。

焦点法具有以下两个特点。

（1）应用领域非常广泛。从新产品的开发到推敲广告中的字句和图像，乃至随笔和小说的写作等。

（2）无限地进行联想，并与特定的要素相结合，形成千姿百态的创新设想。

很多复合材料是依据焦点法制成的，如玻璃纤维和塑料结合可以制成耐高温、高强度的玻璃钢。

例 6-4 "威士忌的电视广告"与"鞋"

	鞋的属性	与威士忌的联系	在广告形象上的应用
形态	各种尺码	与年代相称的威士忌	在大尺码鞋子上配上小尺码的儿童鞋 学习华尔兹舞 "爸爸的威士忌"
形态	材料各不相同（皮革、人造革、塑料）	上等麦芽	人们拿着各种形状的威士忌瓶子，在互相对比
形态	有失去原形的情况	溶解了的威士忌	在公寓居室的入口脱下的各种轻便运动鞋 年轻人的各种喧闹声、年轻人的宴会、抱着威士忌酒瓶的年轻人
功能	在日本，要先脱鞋再进入室内保暖的，如长筒靴 风凉的，如凉鞋 轻便的，如轻便运动鞋 重的，如安全靴 防雨的，如长靴 保护脚部的，如登山鞋	畅饮的威士忌 热的威士忌 冰山上的威士忌 午后用的威士忌苏打 不兑水的纯威士忌	就寝前的短暂时间，畅饮威士忌的女人，轻轻的叹息和长叹，马上又露出微笑——明天用的威士忌 从冰山上往下注的威士忌酒，旁边是沉没的"巨人号"轮船，乘客站在即将沉没的轮船上悔恨地注视着巨大的酒瓶——应急威士忌

【焦点法训练】

1．基本步骤

（1）选择焦点。焦点就是希望创新的事物，或者是准备推广的思想技术，将其填入一个中心圆圈内。

（2）列举与焦点无关的事物或技术。可以尽最大努力从多角度、多方面进行列举，尽量避免找与焦点事物相近的东西，并且填入环绕焦点四周的小圆圈内。

（3）强行将焦点和周围的小圆圈连接，得到多种组合方案。

（4）对每一种组合方案充分联想，提出创新设想。

（5）归纳成简明易懂的表格，对所有方案比较、分析、评价，筛选出最有意义和价值的方案。

2. 练一练

请应用焦点法提出新型白炽灯的设计方案。

3. 形态分析法

形态分析法是从系统论的观点看待事物的一种组合技术。把研究的对象或事物分解成不能再分的基本要素，然后对实现每个基本要素功能所要求的技术手段或形态，分别提出解决问题的办法或方案；最后加以排列组合，形成多个解决整个问题的总体方案。

例 6-5　汽车前照灯的设计方案

汽车前照灯是汽车的重要部件之一。首先，前照灯是汽车的眼睛，是汽车漂亮时髦外表的重要特征。其次，可靠且性能良好的照明方法能提高汽车的夜间行驶速度，同时对确保汽车的安全性也非常重要。最后，汽车前照灯的结构形式直接影响到汽车前端的外形，对构建低空气阻力和流线型车身外廓极为重要。考虑到这些功能，要求对前照灯的外形、光源类型、散光玻璃类型、控制方式等因素的各种形态进行分析，编制形态表（见表 6-2）。

表 6-2　汽车前照灯形态表

因素 形态	前照灯外形	前照灯光源	散光玻璃材质	控制方式
1	方形	卤素灯泡	玻璃	手控开关
2	圆形	气体放电灯	树脂	光感应
3	椭圆形	LED		
4	柳叶形			

根据表 6-2，进行各种可能性组合，得到 $4\times3\times2\times2=48$ 种设计方案。然后考虑生产成本、重量、可靠性与耐久性、消费者的认可度等，对这些方案分别进行分析对比，从中选出最优方案。

由于形态分析法存在使用不便、工作量大的缺点，所以该方法主要适用于以下几个方面的观念创新：新产品或新型服务模式，新材料应用，新的市场分割及市场用途，开发具有竞争优势的新方法，产品或服务的新颖推销技巧，新发展机遇的定向确认。

【形态分析法训练】

1. 基本步骤

（1）确定研究对象。准确表述所要解决的问题，包括该项目所要达到的目的及属于何类原理、技术系统等。

（2）基本因素分析，即确定创新、发明对象的基本要素，编制形态特征表。确定的基本要素在功能上应是相对独立的，在数量上应以 3～7 个为宜。数量大，组合时过于繁杂，会使系统过大，使下一步工作难度增加。

（3）形态分析。按照研究对象各基本要素所要求的功能，列出各因素全部可能的形态。

（4）编制形态表，形态组合。根据对研究对象的总体功能要求，分别把各要素的不同形态进行组合，以获得所有可能的组合设想。

（5）评价选择最合理的具体方案。

2. 练一练

请列出洗衣机改进方案设计的形态分析法矩阵。

4．信息交合法

信息交合法是一种综合运用信息、信息标、信息反应场对事物信息要素进行分解、分析、综合而实现创新的一种组合技法，又称作坐标法。具体而言，先把事物的总体信息分解成若干个要素，然后把这种事物与人类各种实践活动相关的用途进行要素分解，把两种信息要素用坐标法连成信息坐标 X 轴与 Y 轴，两轴垂直相交，构成"信息反应场"。每个轴上各点的信息依次与另一个轴上各点的信息交合而产生一种新的信息。

例 6-6　你能说出多少种曲别针的用途

可以首先把曲别针按照属性的各个要素进行分解，把总体信息分解成材料、重量、体积、长度、截面、韧性、颜色、弹性、硬度、直度、弧边等 11 个要素，列为信息坐标轴 X 轴（见图 6-14）。

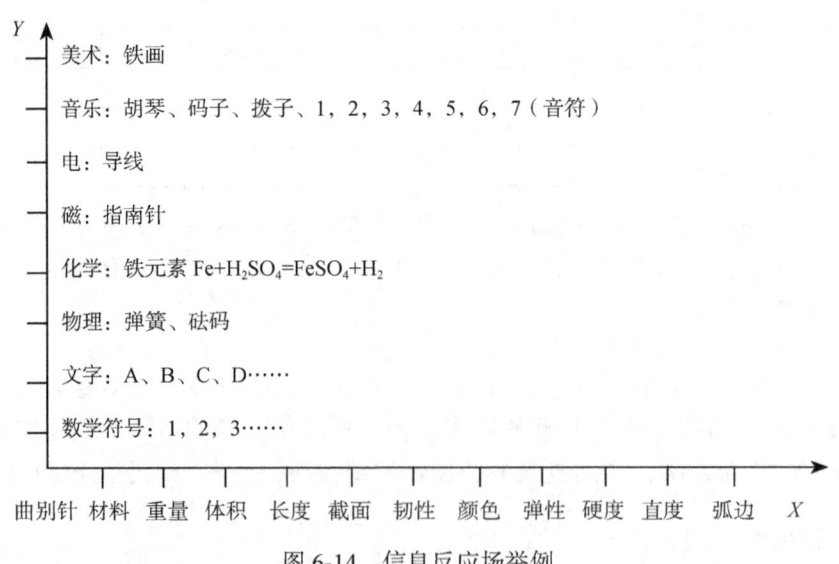

图 6-14　信息反应场举例

注：X 轴是曲别针的若干信息；Y 轴是与曲别针相关的人类实践要素；信息标两轴相交产生信息场。

再把曲别针各种用途因素分解为数学符号、文字、物理、化学、磁、电、音乐、美术等要素，把这些要素用直线连成信息坐标轴 Y 轴。数学符号标跟 X 轴上的"弧边"的要素交合，那么曲别针可弯成 1, 2, 3, 4, 5, 6, 7, 8, 9 等数字，也可弯成＋、－、×、÷等符号。

Y 轴上的字母标与调轴上的"文字"要素相交合，则曲别针可弯成 A、B、C、D、E ……等英文字母，也可弯成俄文、拉丁文、希腊文等其他许多文字的字母。

Y 轴上的"电"标与 X 轴上的"直度"或"弧边"要素相交合，曲别针可用作导线或线圈，Y 轴上的"磁"标与 X 轴上的直度要素相交合，曲别针可做成指南针。

资料来源：陶学忠. 创新创造能力训练 [M]. 北京：中国经济出版社，2008.

信息交合法可使人们的思维具有更高的扩散性，应用范围很广。它不但可用于新产品的开发，而且还可用于管理和推导设计等方面。

【信息交合法训练】

1. 基本步骤

（1）定中心，即确定研究对象为零坐标。
（2）画标线，根据中心的需要画坐标线。
（3）注标点，在信息上注明有关的信息点。
（4）相交合，以 X 轴上的信息为基准，Y 轴上的信息与之一一对应，相交合后产生新的信息。

2. 练一练

（1）试用信息交合法总结自己的学习或工作方法。
（2）试用信息交合法为一家月饼生产企业开发设计一个新产品。

6.5 移植法

6.5.1 移植法的定义

移植一词多用于种植业，例如把花木移到别处栽种；也常见于医疗领域，例如将身体器官通过手术导入到自体或其他个体的某一个部位。二者是在农林业、医学领域的一种技术创新。这种技术创新的方法慢慢延伸到其他领域，就产生了一种新的创新技法，即移植法。移植法是将某一事物或领域的原理、方法、结构、材料、用途转移到另一事物或领域中，从而实现变革的创新技法。其实质是借用已有的创新成果进行新目标下的再创新，使已有成果在新的条件下进一步延续、发挥和拓展。

6.5.2 移植法的主要类型

依据移植内容，可以把移植法分为以下几种类型。

1. 原理移植

这是将科学原理或技术原理向其他领域移植的方法。从事物中抽出核心的原理部分，在这部分的基础上补充辅助部分，创造出新的使用功能和使用价值，形成一个完整的新产品或事物。

创新故事　　　　　　　　极地汽车与企鹅

一般的汽车在极地是无法使用的，于是科学家想制造一种专门在极地使用的汽车。然而极地的汽车应该做成什么样子呢？在他们百思不得其解的时候，偶然看见了南极的企鹅，平时走路摇摇摆摆，不慌不忙，速度很慢，但面临生死存亡的紧急关头，会一反常态，用腹部贴在雪地上，双脚蹬动，在雪地上飞速前进。由此，科学家得到启发，并设计出一种宽阔的、底部贴在雪地上、用轮子推动、速度可达每小时50多公里的雪地汽车。这个例子就是科学家把企鹅滑行的原理用在了汽车制造上，从而产生了创新。

2. 技术移植

这是把某一领域的技术移植到其他领域，用以实现该领域内的技术创新，发明新技术和新产品。它是通过技术改造、调整产业结构进行创新的一种有效方法。

创新故事　　　　　　　　电报的发明

早在遥远的古代，数字通信以烽火的形式存在着。人们为了传递敌人入侵的警报，每隔一定的距离设置一个烽火台，按照事先的约定，烽火台点火是一种状态，意思是有敌人入侵；无火则是另一种状态，意思是平安无事。用现代语言来说，这就是利用光信号来传送"1"和"0"两种符号。其中"1"表示"点火"，"0"表示"无火"。实际上，这就是最原始、最简单的数字通信。1838年，莫尔斯运用移植法，就是采用技术功能移植"烽火传信号"到"电报传信号"，从而发明设计了电报并取得了美国电报专利权。它可以说是世界上最早的数字通信装置了。

创新故事　　　　　　　　电吹风的发明

电吹风的发明，解决了人们烫发、干发、定型的问题。但是，电吹风的功能却被日本的一位妇女引入一个新的领域，并由此进行了发挥，产生了新的用途。当她的宝宝在冬天、雨天尿裤子以后，尽管她准备了充足的尿布，但还是不够用。忙乱之中，她想到了电吹风吹干，一试，效果果然不错，尿布上的湿气很快散发了。这位日本妇女对电吹风的妙用被她的丈夫发现了，他因此联想到宾馆、医院等单位也可以引入电吹风的工作原理来制作被褥烘干机。于是一种高效的被褥烘干机便问世了。

3. 方法移植

这是把某一领域的研究方法、制造方法、使用方法移植到另一领域而形成新的方法。

例如，面团发酵膨胀变成松软可口的面包的时候，这种可使物体体积增大，重量减轻的发酵方法，移植到塑料生产中，便产生了价廉物美的泡沫塑料。

4．结构移植

这是把某种事物的结构和特征向另一种事物移植，以开发出新产品，发挥新作用。例如，蜂窝是一种废料但强度高的结构，把它移植到飞机制造上，就可以减轻飞机的重量而提高其强度；把它移植到房屋建筑上，可制造蜂窝砖，既能减轻墙体重量，又隔音保暖。

移植法是一种有效的创新技法，它可以使成熟的技术向其他领域推广，使新思路、新技术脱颖而出，而且移植的跨度越大，创新性也就越强。

【移植法训练】

1．注意事项

在大跨度移植时，要注意新环境对原事物的容纳与排斥现象。

2．练一练

请结合移植法的四种类型分别列举至少一个例子。

6.6 头脑风暴法

6.6.1 头脑风暴法的定义

头脑风暴法出自"头脑风暴"一词。头脑风暴最早是精神病理学上的用语，是指精神病患者的一种胡思乱想的思维状态。在创造学中，它转化为无限制的自由联想和讨论，通常指一群人开动脑筋，进行自由的创造性的思考与联想，并各抒己见，在短暂的时间内提出解决问题的大量构想的一种方法。其目的在于产生新观念或激发创造性设想。

头脑风暴法又被称为智力激励法、BS法（brain-storming）、自由思考法，由美国著名的创造学奠基人奥斯本于1939年首先创立并使用，是当前最负盛名，也最具有实用价值的一种以集体为单位创造性地解决问题的方法。其显著特点是"发挥集体智慧，集思广益"。剧作家萧伯纳说："倘若你有一个苹果，我也有一个苹果，而我们彼此交换这些苹果，那么，你和我仍然只有一个苹果。但是，倘若你有一种思想，我也有一种思想，而我们彼此交流这种思想，那么我们每个人将各有两种思想。"有组织地进行集体创新思维，利用集体的智慧，让人们敞开思想，更有助于使各种设想在相互碰撞中激起脑海中的创造性"风暴"。

"风暴"又可以分为两种：一种是直接头脑风暴法（通常简称为头脑风暴法），是在专家群体决策时尽可能激发创造性，产生尽可能多的设想的方法；另一种是质疑头脑风暴法（也称为反头脑风暴法），这是对前者提出的设想、方案逐一质疑，分析其现实可行性的方法。

 **百事可乐，新一代的选择**

百事可乐公司与可口可乐公司竞争激烈，要设计一句富有创意的、独具特色的广告词，因此百事可乐公司专门召开了一次头脑风暴座谈会。经理宣布了会议要求和规则后，大家七嘴八舌地讨论了起来：有的说百事可乐的广告宣传应该注重女性；有的补充说，应该是年轻的女性；有的说应该是年轻人，等等。于是在大家的集思广益中，"百事可乐，新一代的选择"这句寓意深刻又响亮的广告词就形成了，并在以后的广告宣传中广泛流行开来，成为人们耳熟能详的经典。

6.6.2 头脑风暴法的实施

1．组织形式

（1）参与人数：5～10人。
（2）时间：15分钟到1小时。
（3）设主持人一名，只主持会议，对设想不作评论。
（4）设记录员一两人，要求认真将与会者每一个设想无论好坏都完整地进行记录。

2．会议类型

按照头脑风暴法的分类，会议分为两部分：
（1）设想开发型，以获取大量的设想和思路；
（2）设想论证型，以把众多设想转化为实用型方案。

3．基本原则

为了减少群体内的社交抑制因素，激励新想法的产生，提高群体的创造力，要求每位成员必须遵守以下原则。

（1）延迟评价。评价包括批评，也包括表扬。对别人提出的任何设想，即使是幼稚的、错误的、荒诞的都不许批评，批评指责有可能会伤害团队成员的自尊心；而对某些人夸大其词的赞扬，比如，"你的设想简直太棒啦"也会让其他与会者感到受冷落。所以对现有观点的评价不仅会占用宝贵的时间和脑力资源，而且无论是批评还是赞扬的评价都是阻碍创造性思维的障碍或抑制因素，会使参与者人人自危，发言更加谨慎保守，从而遏制新观点的诞生。因此，提出设想阶段不能做任何评价，要做的就是专心思考、提出设想，让每一位成员渐渐融入进来，进入状态，思考越来越深入，使想法得到充分的丰富和拓展，这个阶段主要是氛围和外部环境的营造。

（2）自由畅想。自由想象是产生创新性设想的重要前提。这一点要求与会者独立思考、自由畅谈、任意想象、尽情发挥，不受熟知的常识和已知的规律束缚，想法越新奇越好，天马行空、异想天开、天方夜谭，各种思想的火花相互碰撞融合，互相激励和启发。即使是荒唐可笑的想法，也有可能蕴涵着创新的价值，成为问题的突破口。想法越不易实现，对创新性设想的产生的启发作用就越显著。避免人云亦云、随波逐流、思想僵化。这个阶段主要是心理状态的调适。

> **创新故事** 头脑风暴之"电线积雪的清理"
>
> 美国北部的一个冬天，突如其来的暴雪让各处的电线积满了冰雪，一些跨度较大的电线往往容易被积雪压断，造成通信事故。之前许多人试图解决这一问题都未能成功。后来，电信公司经理尝试着运用头脑风暴法来解决这一难题。他组织不同专业的技术人员召开了一个头脑风暴法座谈会，并公布了基本原则。
>
> 会议开始后，大家热烈地议论开来。有人提出设计一种专用的电线清雪机；有人想到用电热来化解冰雪；也有人建议用振荡技术来清除积雪；还有一位室内清洁工人提出能否带上几把大扫帚，乘坐直升机去扫电线上的积雪。对于这种"坐飞机扫雪"的设想，大家心里尽管觉得滑稽可笑，但在会上也无人提出批评。相反，一位工程师在百思不得其解时，听到用飞机扫雪的想法后，大脑突然闪出了一个灵感，一种简单可行且高效率的清雪方法冒了出来。他想，可以在大雪过后出动直升机沿积雪严重的电线飞行，依靠高速旋转的螺旋桨即可将电线上的积雪迅速扇落。沿着坐飞机扫雪的思路，他马上提出"用直升机扇雪"的新设想，顿时又引起其他与会者的联想，有关用飞机除雪的主意一下子又多了七八条。不到一个小时，与会的10名技术人员共提出90多条新设想。
>
> 会后，公司组织专家对设想进行分类论证。专家认为设计专用清雪机，采用电热或电磁振荡等方法清除电线上的积雪，在技术上虽然可行，但研制费用大，且周期长，一时难以见效。那种因"坐飞机扫雪"激发出来的几种设想，倒是一种大胆的新方案，如果可行，将是一种既简单又高效的好办法。经过现场试验，发现用直升机扫雪果真能奏效，一个久悬未决的难题，终于在头脑风暴会中得到了巧妙的解决。

（3）追求数量。在有限的时间内提出的设想数量越多越好，在大量的设想中就有可能发现非常好的方案。因此，会议过程中应鼓励设想源源不断地提出来，为了更多地提出设想，可以限定提出每个设想的时间不超过两分钟。当出现冷场时，主持人要及时地启发、提示或自己提出一个幻想性设想使会场重新活跃起来。提出设想的时候如果过度重视质量，把精力花费到某个方案的完善和补充上，就会影响其他方案的提出和思路的开拓，同时也不利于调动所有成员的积极性。这是对信息容量的要求。

（4）组合改进。鼓励与会者用别人的设想开拓自己的思路，取长补短，提出更新奇的设想；或是补充他人的设想，对别人的设想进行改进；或是将他人几个好的设想进行组合提出新的设想，从而达到"1+1＞2"的效果。与单纯地提出新设想相比，对设想进行组合和改进可以产生出更好、更完整的想法。所以头脑风暴法能更好地体现出集思广益，即集体的智慧。这是思路模式的引导。

4．人员要求

（1）主持人。头脑风暴法会议的主持人对于头脑风暴法是否成功至关重要。主持人要有民主作风，做到平易近人、反应机敏、有幽默感，在会议中既能坚持头脑风暴法会议的原则，又能调动与会者的积极性，使会议的气氛活跃；主持人的知识面要广，对讨论的问题有相对明确、深刻的理解，以便在会议期间能善于启发和引导，把讨论引向深入。

组织头脑风暴法训练时，可采取的激发参与者思考的技巧有以下几种。
- "停止—继续"法：提出问题后，先让参与者思考 3～5 分钟，给出沉默思考、酝酿答案的时间，使大家从容不迫地想象，不至于太紧张。
- "一个接一个"法：可指定一个人提出构想，接着往后轮流提出设想。如果有人当时没有设想，可跳到下一个人，如此一个接一个、一圈接一圈进行下去，会产生很多创意。
- 分组讨论法：参与者较多时，可将参与者分成若干小组，各组有组长或主持人、记录员各一人，各小组分开讨论，最后每组派代表提出各组讨论结果。
- 分组比赛法：和分组讨论法一样，把众多参与者分成小组，然后来提出构想，由每组的记录员公开记录各自的构想，组与组之间相互比赛，看哪组的构想多。通过竞争的方式，往往会相互激励着产生很多好的构想。

（2）成员。总的来看，成员们最好有不同的学科、专业背景，有不同的岗位、身份，这样更有利于突破习惯思路的束缚，从不同层面、不同角度、不同方向提出千差万别的观点，实现"头脑风暴"的效应。从分组来看，设想开发组的成员应具有抽象思维的能力、充分幻想的能力和自由联想的能力，最好预先经过创新技法的培训。设想论证组的成员以有分析和评价头脑的人为宜。两组成员的专业构成要合理。要减少专家的人数。过多专家的参与，往往会出现对他们意见的趋同或是其他成员不敢"自由地"提出设想的不利情况。

5. 实施步骤

（1）准备阶段。准备阶段包括确定讨论问题。讨论主题应当尽可能具体，最好是实际工作或生活中遇到的亟待解决的问题，更利于进行有效的联想和激发创意。还要确定参加会议人选，组建头脑风暴法小组，培训主持人和组员及通知会议的时间、地点和内容。

（2）热身活动。为了使头脑风暴法会议能形成热烈和轻松的气氛，使与会者的思维活跃起来。可以做一些智力游戏，如猜谜语、讲幽默小故事，或者出一道简单的练习题，如"花生壳有什么用途"，或者进行分组游戏。

要向参与者说明"头脑风暴法"的基本规则，解释创意激发方法的基本技术，并对每一位成员积极发挥创造力、提出创新设想进行肯定和鼓励。

（3）明确主题。由主持人向大家介绍会议的主题，即所要解决的问题。问题提得要简单、明了、具体。对一般性的问题要把它分成几个具体的问题。

（4）自由畅谈。由与会者自由地提出设想。主持人要坚持原则，尤其要坚持延迟评价的原则。对违反原则的参与者要及时制止。如果屡教不改可劝其退场。记录员要对参与者提出的每个设想予以记录或是做现场录音。

（5）会后收集设想。在会议的第二天再向组员征集设想，这时得到的设想往往更富有创意。

（6）如果问题未能解决，可重复上述过程。在组织原有人员再次进行会议时，要从另一个侧面或用更广义的表述来讨论主题，这样才能变已知任务为未知任务，使与会者思路轨迹改变。

（7）创意评价。先确定创新设想的评价和选取的标准，比较通用的标准有可行性、效用性、经济性、大众性等。头脑风暴会议结束后，尽量不要和进行头脑风暴法的同一天进行，最好过几天再对创新设想进行评价和选择。

对头脑风暴会议的创新设想进行评价与优选应慎重行事。务必要详尽细致地思考所有设想，即使是不严肃、不现实或荒诞滑稽的设想亦应认真对待，以便为要解决的问题找到最佳解决办法。

例 6-7　　　　　　　　头脑风暴之"砸核桃"

主持人：我们的任务是砸核桃，要求砸得多、快、好，大家有什么好办法？

甲：平常在家里是用牙嗑、用手掰、用门掩、用榔头砸、用钳子夹。

主持人：大家再想一想，用什么样的力才能把核桃砸开，用什么办法才能得到这些力？

甲：需要加一个集中挤压力，用某种东西冲击核桃，就能产生这种力……或者，相反，用核桃冲击某种东西！［逆向思维］

乙：可用气动机枪往墙上射核桃，比如说可以用装泡沫塑料弹的儿童气枪射。

丙：当核桃落地时，可以利用重力。

丁：核桃壳很硬，应该先用溶剂加工，使它们软化、溶解……或者使它们变得较脆……要使核桃变脆。可以冷冻。

主持人：鸟儿用嘴啄……或者飞得高高的，把核桃扔到硬地上。我们应该将核桃装在袋子里，从高处（例如在气球、直升机、电梯上，等等）往硬的物体（例如水泥板）上扔，然后把摔碎的核桃拾起来。［类比］

主持人：如果我们运用逆向思维来解决问题，又会怎样？

丁：可以把核桃放在空气室里，往里加高压打气，然后使空气室里压力锐减，因为内部压力不能立即降低，这时，内部气压使核桃破裂［发展了上一个设想］。或者使空气里的压力交替地剧增与锐减，使核桃壳处于变负荷状态下。

在头脑风暴法会议进程中，只用了 10 分钟就得到 40 个设想，其中一个方案（在空气压力超过大气压力并随即降到大气压力以下，核桃壳破裂，核桃仁保持完好）获发明专利。

资料来源：http://www.xinli110.com/xysxpd/zczx/200703/24383.html。

6.6.3　头脑风暴法的优点及局限性

1. 头脑风暴法的优点

（1）头脑风暴法的组织形式和基本原则，消除了妨碍自由想象的障碍，在平等、自由、愉悦的氛围中联想，有助于更多创新设想的涌现。

（2）集体讨论能满足人们社会交往的需要，提高工作效率。在集体的环境中，人们更容易产生参与的热情，提高对问题的关注度和积极性。在相同的时间内，集体能够产生比个体更多的创新设想，从而更可能产生高质量的问题解决方案。

（3）集体的优势更凸显。成员之间相互启发、相互补充，更有利于产生大量有价值的创新设想，体现集体的智慧。

2. 头脑风暴法的局限性

（1）实施规则不适合所有的头脑风暴群体。按照对象来讲，参与者的领域、背景、数量不同，活动的效果是截然不同的，甚至可能达不到预期的效果。例如，对学校100多名学生和对企业20名职员分别组织头脑风暴会议，就不能沿用一样的方式和规则，而需要结合特定的环境、参与群体、人员数量，对活动规则进行相应的调整，包括主题调整，将人员较多的活动形式改成分批或分组进行，等等。

（2）突发性问题影响活动效果。在集体活动中，不可避免地会受到一些人为因素的影响，如成员间的矛盾，强势人员对会议的支配，专家或权威人员的潜在压力，违背延迟评价后的消极影响等。这些在头脑风暴过程中可能产生的突发事件都会对创意的产生、降低创新设计的质量产生影响。

（3）效率不高。因为是集体讨论的形式，参与人员多，将耗费大量的时间和精力，而且存在意见取舍的选择难度，因此头脑风暴法不适合解决比较紧急的事情。

尽管在头脑风暴法实施的过程中还存在一些问题，但这些可以通过加强主持人的控制能力、选择与会人员等方式尽量予以避免。而作为一种愉悦的、集体的活动和集思广益的方法，它能让人们敞开思想、畅所欲言，适合于解决产品创意、市场创意、营销创意、销售方法、管理问题、人力资源、规划问题、改善流程、故障检修等开放性问题，有效地实现信息刺激和信息增值，从而被人们普遍接受并重视。

其他适合团队创新的创新技法还有6-3-5法、菲利普斯66法、戈登法、KJ法、集思广益法、德尔菲法、卡片法等，它们都是对头脑风暴法的变形。

【头脑风暴法训练】

1. 注意事项

活动中要严格遵守头脑风暴法所特有的推迟评价的原则，不应有任何阻碍思维的消极言行出现，让每个人的思维自由驰骋。

2. 练一练

在当前的就业形势下，大学生如何自主就业/自主创业。

6.7 TRIZ 理论

TRIZ 理论是由苏联发明家根里奇·阿奇舒勒在1946年创立的，英文全称是Theory of the Solution of Inventive Problems，即发明问题解决理论，中文翻译为"萃思"或"萃智"，意为"萃取思考""萃取智慧"。TRIZ 理论被认为是可以帮助人们挖掘和开发自己的创造潜能、最全面系统地论述发明创造和实现技术创新的新理论，被欧美等地的专家称为"超级发明术"和"神奇点金术"。

> **创新故事** 　　　　　　　　　**阿奇舒勒与 TRIZ 理论**

图 6-15　根里奇·阿奇舒勒

　　根里奇·阿奇舒勒（见图 6-15），人称 TRIZ 创新理论之父，1926 年 10 月出生于苏联的塔什罕干，毕生致力于研究建立一门奇妙的创造科学——TRIZ。他在 14 岁时就发明了水下呼吸器，获得第一个专利证书。15 岁时，制作了一条装有以碳化物做燃料的喷气发动机的船。后来又相继做出了多项被列为军事机密的发明：排雷装置、船用火箭引擎、无法移动潜水艇的逃生方法等。从而成为一名苏联里海海军专利局的专利评审员。

　　1946 年，阿奇舒勒开始了"发明问题解决理论"的研究工作，他试图解决一个疑问：人们在进行发明创造、解决技术难题时，是否有可遵循的科学方法和法则，从而能迅速地实现新的发明创造或解决技术难题呢？经过自身的许多发明尝试经历，又研究了成千上万的专利，他发现任何领域的产品改进、技术变革与创新等，就像生物系统一样，存在着产生、生长、成熟、衰老、灭亡的过程，有规律可循。人们如果掌握了这些规律，就会能动地进行产品设计并能预测产品的未来发展趋势。以后数十年中，阿奇舒勒以毕生的精力致力于 TRIZ 理论的研究和完善。根里奇·阿奇舒勒经过研究发现，有 15 000 对技术矛盾可以通过运用基本原理而相对容易地解决，从而发现了发明背后存在的模式。他说："你可以等待 100 年获得顿悟，也可以利用这些原理用 15 分钟解决问题。"

　　此后他出版了大量有关的 TRIZ 书籍，TRIZ 学校也开始得到蓬勃发展。在他的领导下，苏联的数十家研究机构、大学、企业组成了 TRIZ 的研究团体，分析了世界近 250 万份高水平的发明专利，总结出各种技术发展进化遵循的规律模式，以及解决各种技术矛盾和物理矛盾的创新原理和法则，建立一套由解决技术问题、实现创新开发的方法、算法组成的综合理论体系，并综合多学科领域的原理和法则，建立起 TRIZ 理论体系。

　　1969 年，根里奇·阿奇舒勒出版了他的《发明大全》。在这本书中，他将自己的 40 条创新原理全面地阐述给读者，即第一套解决复杂发明问题的完整理论。

　　1989 年，苏联 TRIZ 协会正式成立，根里奇·阿奇舒勒成了当之无愧的 TRIZ 协会主席。

　　1993 年，TRIZ 传至欧美地区。

　　1998 年 9 月 24 日，伟大的创新理论家、发明家根里奇·阿奇舒勒逝世，享年 72 岁。

　　资料来源：http://baike.baidu.com/view/1562181.htm.

6.7.1　TRIZ 理论的核心思想

　　现代 TRIZ 理论的核心思想主要体现在以下三个方面。

　　（1）无论是一个简单产品还是复杂的技术系统，其核心技术的发展都是遵循着客观的规律发展演变的，即具有客观的进化规律和模式。

（2）各种技术难题、冲突和矛盾的不断解决是推动这种进化过程的动力。

（3）技术系统发展的理想状态是用最少的资源实现最大化的效益。

【小训练】

1．如何将青椒内的种子去除？取出数十万颗青椒内的种子要如何处理？

2．如何将核桃外壳去除？取出数十万颗核桃的外壳要如何处理？

3．以上两者采用的方法是否存在共性？

6.7.2　TRIZ 理论的主要内容

TRIZ 理论体系非常庞大，目前还在不断地发展完善中，为人们创造性地发现问题和解决问题提供了系统的理论和方法工具。其内容主要包括两大部分：TRIZ 的基本理论体系和 TRIZ 的解题工具体系。可以归纳为以下 6 个方面。

（1）创新思维方法与问题分析方法。TRIZ 理论中提供了如何系统地分析问题的科学方法。而对于复杂问题的分析，则包含了科学的问题分析建模方法——物－场分析法，它可以帮助人们快速确认核心问题，发现根本矛盾所在。

（2）技术系统进化法则。针对技术系统进化演变规律，在大量专利分析的基础上，TRIZ 理论总结提炼出 8 个基本进化法则。利用这些进化法则，可以分析确认当前产品的技术状态，并预测未来的发展趋势，开发富有竞争力的新产品。

（3）技术矛盾解决原理。不同的发明创造往往遵循共同的规律。TRIZ 理论将这些共同的规律归纳成 40 个创新原理。针对具体的技术矛盾，可以基于这些创新原理、结合工程实际寻求具体的解决方案。

（4）创新问题标准解法。针对具体问题的物－场模型的不同特征，分别对应有标准的模型处理方法，包括模型的修整、转换、物质与场的添加等。

（5）发明问题解决算法。主要针对问题情境复杂、矛盾及其相关部件不明确的技术系统。它是一个对初始问题进行一系列变形及再定义等非计算性的逻辑过程，实现对问题的逐步深入分析，问题转化，直至问题的解决。

（6）基于物理、化学、几何学等工程学原理而构建的知识库。基于物理、化学、几何学等领域的数百万项发明专利的分析结果而构建的知识库可以为技术创新提供丰富的方案来源。

可见，TRIZ 理论的基本内容体系以自然科学为基础，以辩证法、系统论、认识论为指引，以系统科学与思维科学为支撑，是一个结构完整、融会了交叉学科知识的系统创新理论（见图 6-16）。其中，分析、解决问题的工具与方法是该理论的核心，利用它们不仅可以消除矛盾，而且只要基于技术系统进化法则就能够得到理想化的最终结果。掌握 ARIZ[⊖] 并利用好科学效应与资源能更好地为解决问题提供保障。另外，物－场分析法、标准解法及类比思考的认知程度将决定创新成果的实际水平。

⊖ 发明问题解决算法（Algorithm for Inventive-Problem Solving，ARIZ）是由苏联的阿里德休尔（Ahshuller）提出的。是 TRIZ 理论中的一个主要分析问题、解决问题的方法，其目标是解决问题的物理矛盾。该算法主要针对问题情境复杂、矛盾及其相关部件不明确的技术系统。

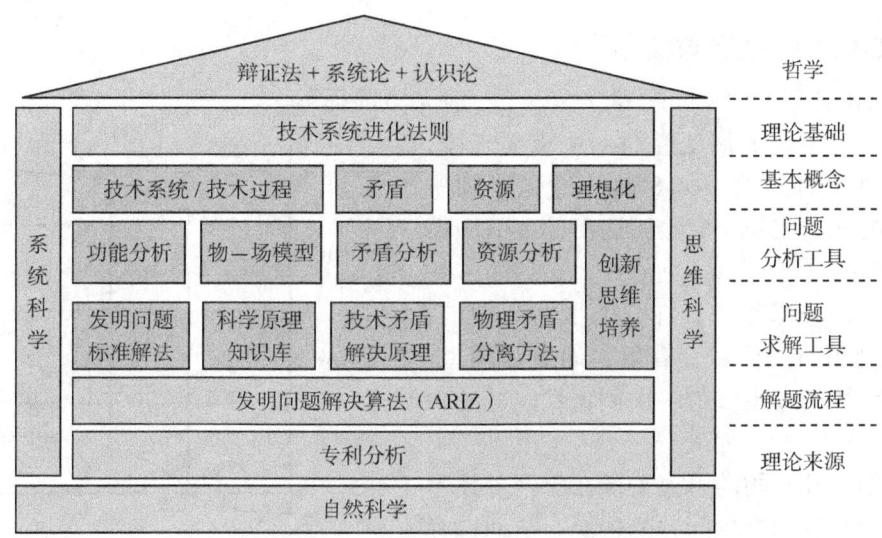

图 6-16　TRIZ 理论的基本内容体系[⊖]

6.7.3　TRIZ 理论解决问题的过程

1. 解决创新问题的流程

创新发明往往被看作发明家的任务，因为它似乎无法像求解一个数学问题那样有规律可循。人们都熟知数学问题的求解方法，例如要求解一个一元二次方程的根，只要把它归结为一个标准的一元二次方程，套用一元二次方程的求根公式，就能快速得到方程的根。这是常用的数学方法，简单、快捷、准确（见图 6-17）。

而要解决具体的创新性问题一般多采用试错法、头脑风暴法等传统创新技法，凭借自己的经验和知识尝试性地去解决，效果不一定好。但是如果能像求解数学题一样套用具体的程序解决创新性问题，那么大部分人只要经过学习和训练就能够实现创新。

TRIZ 理论解决创新性问题的思路在于它采用科学的问题求解方法。首先，要对一个特殊问题加以分析、定义、明确；其次，根据 TRIZ 理论提供的方法，将需要解决的特殊问题转化为一个类似的标准问题；再次，针对不同的标准问题模型，应用 TRIZ 理论已总结、归纳出的类似的标准解决方法，找到对应的 TRIZ 标准解决方案模型；最后，将类似的标准解决方案模型，应用到具体的问题之中，就可以解决特殊问题了（见图 6-18）。当然，某些特殊问题也可以利用头脑风暴法直接解决，但难度会很大。

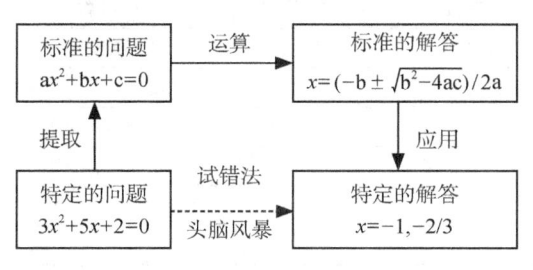

图 6-17　数学方程式解题过程

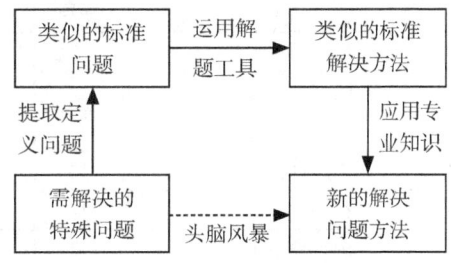

图 6-18　TRIZ 理论解决问题的基本思路

⊖　赵敏，等. TRIZ 入门及实践 [M]. 上海：科学出版社，2009.

2. 解决创新问题的前提

运用 TRIZ 理论解决问题建立在以下三种基本前提下。

（1）技术系统的演变遵循一些重要规律，可以归纳为 8 种原则，如 S 曲线进化原则所遵循的从婴儿、成长、成熟到退出的生命周期（见图 6-19）。

（2）任何技术系统，在它的生命周期内，趋于越来越可行、简单、有效，即更加理想，增加技术系统的理想成为解决创新性问题的一般规律。

（3）创新性问题的解决关键在于区分技术系统的问题属性和产生问题的根源，从而选择对应的解决问题模型来消除矛盾。TRIZ 的问题模型有 4 种形式，与之相应的 TRIZ 工具也有 4 种（见表 6-3）。

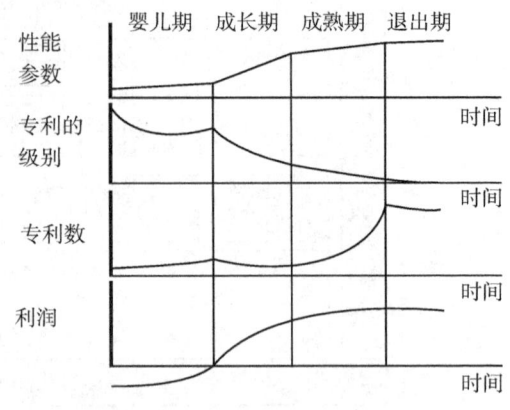

图 6-19　产品生命周期曲线

表 6-3　技术系统问题的问题模型与解决模型[○]

问题属性	问题根源	问题模型	解决问题工具	解决方案模型
参数属性	技术系统中两个参数之间存在着相互制约	技术矛盾	矛盾矩阵	创新原理
参数属性	一个参数无法满足系统内互相排斥的需求	物理矛盾	分离原理	创新原理
结构属性	实现技术系统功能的某机构要素出现问题	物-场模型	标准解系统	标准解
资源属性	寻找实现技术系统功能的方法与科学原理	怎么做	知识库与效应库	方法与效应

3. 解决创新问题的工具和方法

矛盾是创新设计过程中经常遇到的问题，也是最难解决的问题，可以说创新就是在解决矛盾中产生的。阿奇舒勒通过对大量专利文献的分析研究，总结提炼出 39 个参数（见表 6-4），多是通用的物理、几何和技术性能的参数。在应用矛盾矩阵解决实际问题时，把组成技术矛盾的两个参数分别用 39 个通用参数中的两个来表示，即转化为标准的技术矛盾。如此这样两两组合，39 个通用参数就可以产生约 1 300 对典型的技术矛盾。而解决这些矛盾的重要途径之一就是 40 个发明创新原理（见表 6-5），也是 TRIZ 理论中最重要的、最具有普遍用途的、最实用和适用地解决技术矛盾的行之有效的创新方法。

表 6-4　TRIZ 的 39 个参数

序号	参数	序号	参数	序号	参数
1	移动件重量	7	移动件体积	13	物体稳定性
2	固定件重量	8	固定件体积	14	强度
3	移动件长度	9	速度	15	运动物体耐久性
4	固定件长度	10	质量	16	固定物体耐久性
5	移动件面积	11	张力，压力	17	温度
6	固定件面积	12	形状	18	亮度

[○] 赵敏，等. TRIZ 入门及实践 [M]. 上海：科学出版社，2009.

（续）

序号	参数	序号	参数	序号	参数
19	移动件消耗能量	26	物料浪费	33	可使用性
20	固定件消耗能量	27	可靠度	34	可维修性
21	动力	28	测量精度	35	实用性与多用性
22	能量浪费	29	制造精度	36	装置的复杂性
23	物质浪费	30	物体上有害因素	37	控制测试困难程度
24	信息丧失	31	物体产生有害因素	38	自动化程度
25	时间浪费	32	可制造性	39	生产率

表 6-5 TRIZ 的 40 个发明创新原理

序号	名称	序号	名称
1	分割原理	21	减少有害作用的时间原理
2	抽取原理	22	变害为利原理
3	局部质量原理	23	反馈原理
4	增加不对称性原理	24	借助中介物原理
5	组合原理	25	自服务原理
6	多用性原理	26	复制原理
7	嵌套原理	27	廉价替代品原理
8	重量补偿原理	28	机械系统替代原理
9	预先反作用原理	29	气压和液压结构原理
10	预先作用原理	30	柔性壳体或薄膜原理
11	事先防范原理	31	多孔材料原理
12	等势原理	32	颜色改变原理
13	反向作用原理	33	均质性原理
14	曲面化原理	34	抛弃或再生原理
15	动态特性原理	35	物理或化学参数改变原理
16	未达到或过度的作用原理	36	相变原理
17	空间维数变化原理	37	热膨胀原理
18	机械振动原理	38	强氧化剂原理
19	周期性作用原理	39	惰性环境原理
20	有效作用的连续性原理	40	复合材料原理

创新故事

波音 737 的改造计划

美国波音公司是世界最大的航空航天公司，也是世界上最大的民用飞机和军用飞机制造商，是美国航空航天局最大的承包商，是国防、人类太空飞行和运载火箭发射领域的全球市场领导者。此外，波音公司设计并制造旋翼飞机、电子和防御系统、导弹、卫星、发射装置以及先进的信息和通信系统。为了不断提升企业核心竞争力，强化"航空霸主"地位，推动世界航空航天工业的发展，波音公司不断创新，积极采用 TRIZ 理论以解决飞机设计过程中所遇到的各种问题。

2001年,波音公司邀请了25名俄罗斯TRIZ专家,对波音公司450名工程师进行了为期两周的培训和讨论,取得了767空中加油机研发的关键技术突破,最终波音公司战胜空中客车公司,赢得了15亿美元的空中加油机订单。

波音公司在研发波音737的改进型飞机时,设计人员遇到了一个技术难题:改进引擎需要增大整流罩面积,拓宽整流罩直径,但这样会缩小整流罩下边缘与地面的距离,进而提高飞机在跑道上滑行时的危险系数。因此,在"发动机功率"与"整流罩和地面的距离"之间就产生了技术上的矛盾。

根据TRIZ原理,设计人员很快找到了相应的工程参数:(希望)移动件体积(增大)(参数7),(不希望)移动件长度(减小)(参数3),冲突矩阵元素[7,3],发明创新原理:1,4,7,35。采用第4条发明创新原理——增加不对称原理,建议如下。

①将物体的形状由对称变为不对称如不对称搅拌容器,或对称搅拌容器中的不对称叶片。②如果物体是不对称的,增加其不对称的程度。将O型圈的截面形状改为其他形状,以改善其密封性能。

最终设计为:增加发动机罩的直径,以便增加空气的吸入量;但为了与地面保持一定距离,将发动机罩底部由圆弧曲线设计为直线形,有效地解决了"发动机功率"与"整流罩和地面的距离"的技术矛盾问题。这也就是我们在乘坐波音737时看到发动机整流罩是扁圆形而不是正圆形的缘故。

资料来源:http://www.purise.com/article/5625.html。

创新故事　　"绿色"洗衣机

1．设计项目:"绿色"洗衣机。

2．用户需求:省水、省电、省洗衣剂。

3．理想化最终结果:利用一些高新技术(比如纳米)使衣服不沾污渍而实现"免洗"。

4．技术矛盾:减少物质的浪费是否能达到原来的效果,即"物质的浪费"与"功率"之间的矛盾。

5．创新原则:查2003版矛盾矩阵表横向改善参数25与纵向恶化参数18交叉处得到发明创新原则28,18,38,25,13,3。

6．原则分析如表6-6所示。

表6-6　创新原则分析

原则	有用的提示	方案
28．替换机械系统	以光学、声学、热能以及嗅觉的系统取代机械的系统	用其他系统替代现有机械系统
18．机械振动	假如振动的方式已经存在,提高振动的频率至超声波	超声波振动水流把衣物纤维间的脏污从缝隙中弹出来
38．强氧化作用	转换并提高氧化的程度	将自来水电解产生活性氧与次氯酸,以溶解衣物上的有机汗污
25．自助	利用废弃的材料及能源	能重复利用洗衣水

(续)

原则	有用的提示	方案
13．反向操作	使物体或者外在环境可以移动的部分变成固定的，而固定的部分则变成可移动的	让原来转动的水流变为不动的
3．局部特性	水的特性	充分利用水的特性

7．方案合成：利用水电解与超声波振荡相结合的方式，取代原有电机拖动波轮或滚筒的系统。

8．方案分析：该方案既可以避免衣物缠绕，也可降低甚至免用洗衣剂，而且洗衣水可以重复利用，达到环保与节能的功效。从大电流的电机驱动到电解与振荡装置的发展，符合技术系统的进化趋势。虽然距离理想化最终方案还很远，但实现了省水、省电和省洗衣剂的要求。

以上案例看似简单实际却是很难突破的技术障碍，在企业中有许多这样的技术创新问题等待我们去解决。只要掌握了TRIZ理论，我们就可以从容地面对这些问题，并能创造性地解决问题。通过以上案例分析我们还可以看到：TRIZ理论可以在无形中打破设计人员的思维定势，弥补知识的不足，改变以往解决问题的盲目性；解决技术创新问题的正确方略是逐步揭示矛盾，研究其原因并加以排除。

6.7.4　TRIZ理论与传统创新技法比较

和TRIZ理论相比，传统创新技法基本都以创新思维的基本规律为基础，是高度概括与抽象的方法，对思维方式特别是形象思维依赖较大，在运用中会受到创新者所具备的知识、经验、技巧水平的制约，且方向发散，创新设想的筛选也较为困难，因而创新成果的产生具有很大的随机性和不确定性。以过去大部分创新发明所采用的试错法为例，爱迪生经过13个月的艰苦奋斗，试用了6 000多种材料，试验了7 000多次，终于发明了电灯；查尔斯·古德伊尔（Charles Goodyear，这也是"固特异"名称的由来）尝试过把盐、辣椒、糖、沙子、蓖麻油甚至菜汤添加到树胶里，用一生的时间发明了硫化橡胶，然而，身后却留下了60万美元的债务。可见，传统创新技法在解决一些较为复杂的问题时效率较低，且会浪费较多的时间、人力、物力、财力。

而TRIZ理论是在专门研究人员对不同领域已有的创新成果进行分析、总结的基础上得出的关于解决问题方法的理论体系，其原理、法则、程序、步骤、措施等均以科学和技术的方法为基础，具有严密的逻辑性，不过多地依赖于创新主体的灵感、个人知识及经验，不是随机的行为，因而发明或创新过程具有一定的系统化、流程化和确定性。实践证明，运用TRIZ理论，可以大大加快创造发明的进程而且能得到高质量的创新产品。

但在实际创新过程中，TRIZ理论和传统创新技法之间常常需要结合应用，取长补短，才能取得更好的效果。例如，在运用TRIZ理论解决发明创新问题时，常常会用到头脑风暴法、形态分析法等传统创新技法。

6.7.5　TRIZ 理论的应用

1. TRIZ理论应用的范围

发明创新是一种特殊的解决问题的方法和活动，阿奇舒勒把它分为五个级别。

第一级是常规设计问题，由专业领域的基础知识对少量不影响产品整体结构的变更，无须发明，大约有 32% 的方法是在这一级，属于最小型发明。例如，以厚度隔离减少水杯的热量损失，以大卡车改善运输成本效率等。

第二级是对现有系统进行改进，由工业领域的已有方法加以解决，使产品系统中的某个组件发生部分变化，即以定性方式改善产品，约 45% 的方法在这一级，属于小型发明。例如，中空的斧头柄可以储藏钉子、带盖子的水杯等。

第三级是对现有系统进行根本性改造，由工业领域以外的已有方法加以解决，主要是解决矛盾冲突，大约有 18% 的方法在这一级，属于中型发明。例如，圆珠笔、山地车、鼠标、保温杯等。

第四级是利用新的方法对现有的系统功能进行升级换代，创造出新的事物，这类方法运用更多的是在科学领域而非技术领域，综合多个学科领域的知识才能找到解决方案，大约有 4% 的方法在这一级，属于大型发明。例如，内燃机、集成电路等。

第五级是以科学发现或独创的发明为基础的全新系统，一般是先有新的发现，建立新的知识，然后才有广泛的运用，这一级方法只占 1%，属于特大型发明。例如，激光、晶体管、个人电脑、电话、飞机等。

从以上分级可以看出，生活中的大多数发明创新都属于前三个级别，高级的发明创新数量相当稀少，仅占 5%。但是阿奇舒勒认为第一级最小型发明不算是创新，对于第五级他认为"如果一个人在旧的系统还没有完全失去发展希望时，就选择一个完全新的技术系统，则成功之路和被社会接受的道路是艰难而又漫长的，因此发明几种在原来基础上的改进是更好的策略"。而 TRIZ 理论又基本上是在对中间三个等级的专利发明研究的基础上归纳、总结出来的，所以 TRIZ 在第二～第四级发明创新中应用得较多。

2. TRIZ理论应用的领域

TRIZ 理论并非针对某个特定的创新问题，而是建立在普遍性原理之上，不局限于特定的应用领域。

TRIZ 理论自苏联解体后传到国外，最初广泛应用于工程技术领域。例如，美国的福特汽车、通用汽车、克莱斯勒、洛克菲尔、摩托罗拉、波音、吉列、3M，德国的宝马、西门子，韩国的三星电子、LG，日本的理光、松下等企业，均将 TRIZ 理论应用到产品研发中，来解决那些"看似不可能解决的问题"并形成专利，缩短产品研发周期，以技术创新来提升核心竞争力，从而取得可观的经济效益。后来，TRIZ 理论又逐渐向其他领域扩展、渗透，例如，自然科学、社会科学、管理科学、生物科学等领域。如在摩尔多瓦国家的总统竞选中，曾经有两名候选人通过专家把 TRIZ 理论应用到具体的竞选事宜中，其中一位候选人成功当选总统，另一位也取得极高的知名度。2003 年新加坡爆发"非典型肺炎"时，TRIZ 研究人员利用该理论提出了许多预防方法和措施，被新加坡政府采纳应用，效果非常好。现在已总结出了 40 条发明创造原理在工业、建筑、微电子、化学、生物学、社会学、医疗、食品、商业、教育等领域应用的案例，用于指导各领域创新问题的解决。据统计，应用 TRIZ 理论与方法，可以增加 80%～100% 的专利数量并提高专利质量，可以提高 60%～70% 的新产品开发效率，可以缩短产品上市时间 50%（见表 6-7）。

表 6-7　三星电子 TRIZ 理论应用大事记

年份	美国发明专利授权数	企业排名	大事记
2006	2 453	2	以 2 453 项美国发明专利，在全球排名第二
2005	1 641	5	1 月 16 日 CEO 尹钟龙表示：未来的发展取决于技术，而专利是技术的核心。在 2005 年和 2006 年要分别注册 2 000 多件专利技术（以申请美国专利为准）进入世界 5 大专利企业排行榜，并于 2007 年进入前 3 位。同年，三星电子以 1 641 项美国发明专利授权超过美光科技和英特尔，在全球排名第 5 位，领先于英特尔和日本竞争对手索尼、日立、松下、三菱和富士通公司
2004	1 604	6	1998～2004 年，三星电子共获得了美国工业设计协会颁发的 17 项工业设计奖，连续 6 年成为获奖最多的公司。2000～2004 年，三星电子在美、欧、亚的各项顶级设计大赛中共获得 100 多项大奖，其中 2004 年获 33 项奖
2003	1 313	9	三星集团（包括三星电子 SEC、三星视界 SDI、三星先进技术研究院 SAIT、三星机电 SEM）在 67 个研究开发项目中应用 TRIZ 理论，节约研发经费 1.5 亿美元，并产生了 52 项专利技术。同年，三星 TRIZ 协会成立。由于三星集团在推广实施 TRIZ 过程中取得的突出成就，三星 TRIZ 协会成为国际 TRIZ 协会唯一的企业会员。三星机电 SEM 首次成功举办年度 TRIZ 竞赛
2002	1 328	11	三星集团在全集团内部开始实施创新能力认证计划。TRIZ 理论被引入每个六西格玛黑带课程中。三星电子首次举办年度 TRIZ 节。从 2002 年开始，三星电子一直是在中国申请发明专利最多的外国企业
2001	1 450	5	三星电子引入创新能力认证计划（Innovation Master Program）。TRIZ 理论在半导体和打印机项目中的成功应用为三星电子产生的经济效益超过 1 千万美元，并产生 12 项发明专利
2000	1 441	4	
1999	1 545	4	
1998	1 304	6	仅三星先进技术研究院（SAIT）实施 TRIZ 理论后就节省 0.912 亿美元的研发费用。同年，三星电子第一次进入美国发明专利授权榜前 10 名；随后至今，三星电子的美国发明专利授权量和排名稳步上升
1997	582	17	三星电子成立价值创新计划（Value Innovation Program），引入 TRIZ，邀请 10 多名俄罗斯 TRIZ 专家在研发部门进行 TRIZ 培训
1996	495		董事长李健熙宣布本年度为"设计革新年"，强调设计人员在产品规划方面应处于领导地位
1995	440		三星电子设立内部设计学校——三星创新设计实验室
1994	414	—	
1993	355		
1992	251		
1991	146		

资料来源：美国专利商标局 2006 年数据。

我国从 20 世纪 80 年代开始关注阿奇舒勒的创造学理论，90 年代末中国学术界和企业界才逐渐重视起 TRIZ 理论的研究与应用。目前，TRIZ 理论在我国的研究与应用主要集中于部分专家、高校、科研院所及一些企业中，还处于理论的消化、吸收阶段，有待进一步深入研究、推广和应用。

TRIZ 理论具有良好的可操作性、系统性和实用性，对于有难度的、复杂的发明创新问题尤为有效。但 TRIZ 理论体系庞大，包括了诸多内容，而且还在不断发展完善中。相关的概念及解释、TRIZ 理论的创新思维方法、技术系统进化法则及应用、创新技术问题及具体的解决方法、40 个创新原理的具体应用、ARIZ 算法等，在这里未做详细说明，仅把 TRIZ 理论作为诸多创新技法之一做简要介绍，可参阅 TRIZ 理论相关书籍结合产品发明实例进行创新实践。

【TRIZ 训练】

1. 注意事项

（1）运用 TRIZ 理论之前必须要有确定的预期目标。

（2）每个问题必须用 TRIZ 理论所有的工具来解答，无论是否适合，因而要熟练掌握所有工具。

（3）当已知存在的问题与矛盾不知该做些什么的时候，运用创新原则来解决；当知道要做什么而不知如何做时，科学效应与现象能为你提供帮助。技术系统的进化趋势可以解决整个系统的改善问题。

（4）在分析创新原则阶段可以适当运用类比思考，组织小团队开展头脑风暴，通过了解不同领域的专业知识确定创新方案。

（5）把创新方案和预期目标加以比较，明确方案与预期的差距。

（6）任何方案没有绝对的正确性，反复变换选择的特征参数与看问题的角度能得到更多的可选方案。

2. 练一练

（1）请利用 TRIZ 理论，对教室或家庭座椅的结构和功能进行创新，在分析设计原理与设计方法的技术上，开发一种适合于教室或家庭使用，可随意变形、组合并具有台架功能的多功能座椅。

（2）请利用矛盾矩阵方法，从现代社会汽车购买增多所带来的交通堵塞、能源消耗、环境污染等问题中提炼出一两个技术问题，并提出问题解决方案。

创新技法是创新思维与创新成果之间的重要环节。创新技法以创新思维的发展规律为基础，创新技法的应用又可以进一步推进创新思维的成果，进而转化为创新成果。本章介绍了创造技法的分类，详细介绍了设问法、列举法、组合法、移植法、头脑风暴法等创新技法。学习本章的目的在于通过对创新技法的学习和运用，提高创造力和创新能力，促进创新、创造成果的实现和转化。

对于大学生来讲，了解各类创新技法，进行一些创新技法的训练，有利于锻炼思维的变通性，拓展创新能力，为下一步创新实践、发明创造、小产品制作奠定一定的基础。当然，仅仅依靠创新技法的学习还不能最大化地提升创造力、实现创新成果转化。创新技法的学习只是培养学生创新才能的辅助性手段，影响创新的一个极其重要的因素是个人广博的知识基础和深厚的文化素养。

创新思考与实践

1. 创新技法有哪些类型？
2. 举例说明各种创新技法在现实生活中的应用。
3. 请综合运用多种创新技法，进行创新设计，提交设计方案。

　　　　内容包括：①名称；②基本原理（结合创新作品，对所采用的创新技法基本原理进行表述）；③从创新性、优缺点、改进方向等方面对创新设计进行评价。

Chapter 7

第7章

创新成果的管理与应用

学习要点

1. 创新成果概述
2. 创新效果的预测
3. 创新成果的管理
4. 创新成果的转化与应用

学习要求

1. 了解创新成果的含义、特点及分类。
2. 掌握创新效果预测的内容和方法。
3. 熟悉创新成果管理的内容、步骤和方法。
4. 掌握创新成果转化和应用的途径。

教学原理

1. 通过知识讲解,让学生对创新成果的管理与应用有一个总体的了解。
2. 通过案例分析、课堂讨论等方法,让学生掌握创新效果的预测、管理和应用的途径和方法。
3. 通过大学生创业故事讲解,激励学生的创新创业意识,培养创新创业精神。

加快构建以企业为主体、市场为导向、产学研相结合的技术创新体系,加强创新人才队伍建设,搭建创新服务平台。

——习近平

7.1 创新成果概述

7.1.1 创新成果的含义

创新成果是创新主体采用一定的创新中介在特定的创新环境下按照预先的创新目标作用于一定的创新客体而产生的结果。简单地说，创新成果就是创新活动的结果。创新成果的含义可以从以下几个方面理解。

1. 创新成果是为实现创新目标而产生的结果

创新活动受很多因素的制约，创新过程相当复杂，有的实现了创新目标，甚至超额完成了预期目标，但有的达不到预设目标，还有的虽然没有达到预设目标，但获得了其他的意外结果。创新成果是创新主体预设的观念客体向现实客体转化的实现，因此，并不是创新活动中产生的所有结果都叫创新成果，只有那些为实现创新目标而产生的结果，才可以被称为创新成果。

2. 创新成果是衡量创新活动是否成功和创新主体创新能力高低的标准

创新活动是否成功，只能用最终的创新成果来衡量，没有产生创新成果的行为活动不能称为创新活动。人人都具有创新能力，人人都可以创新，但没有创新成果的出现无法判断一个人创新能力的高低，创新成果是创新主体创新能力现实的、具体的体现。

> **创新故事** —— **不锈钢的商业开发**
>
> 第一次世界大战时期，士兵用的步枪枪膛极易磨损，布列尔想发明一种不易磨损的合金钢。布列尔的试验工作进程并不顺利，一次又一次地失败，他们将这些不符合要求的钢块都丢弃到试验场的露天墙角边。随着时间的推移废钢也越堆越高，成了一座小山似的废钢历经日晒雨淋，变得锈迹斑斑。一天，试验人员决定对这批废弃试件进行清理。在搬运时，人们发现在这堆被腐蚀的钢件中却有几块废钢依旧闪闪发亮。为什么这几块钢没有出现锈迹？布列尔捡起后反复观察检验着，也感到诧异不解。为揭开这件怪事的谜团，他决定对这几块怪钢进行研究。实验结果表明这是一块铁铬合金，它是不怕酸、碱、盐的不锈钢。布列利心里盘算道："这种不耐磨却耐腐蚀的钢材，不能制枪支，是否可以做餐具（见图7-1）呢？"他和莫斯勒合伙开了一家不锈钢餐具厂，很快这种餐具就风靡欧洲，传遍世界。
>
> 然而，布列尔并不是不锈钢的第一个发现者。20世纪初，法国居耶和波鲁兹两位工程师已经发现铁中掺入铬之后的金属具有光亮和抗腐蚀性，因为当时不知道这种合金有什么用处，便轻率地将它扔掉了。1912年，美国的赫莫斯也发现了不锈钢。同时期的德国冶金专家舒特劳斯和毛勒也发现在冶炼铁时加入铬、镍可制成不会生锈的钢材。然而，他们并没有有意识地去开发不锈钢的功能，在步入继续研究的科学大门前停止了脚步，因而与首次发现不锈钢的荣誉桂冠及由此产生的巨大经济效益擦肩而过。

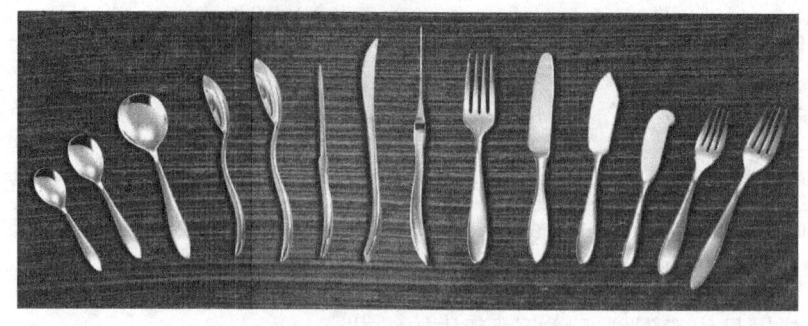

图 7-1 不锈钢餐具

资料来源：http://baike.baidu.com/view/24779.htm。

创新成果是实现预先创新目标的结果，虽然居耶和波鲁兹、赫莫斯、舒特劳斯和毛勒等人也发现了不锈钢，但他们没有有意识地去研究其特性、开发其功能，从这个意义上来看不锈钢称不上是他们的创新成果。布列尔最开始的目的是寻找适合做枪管的钢材，但当他发现不适合做枪管的不锈钢不怕酸、碱、盐时，立刻设想拿它去做餐具，结果不仅获得了发现不锈钢的荣誉桂冠，而且加以开发利用获得了巨大的经济效益。同时，还为人们提供了一种新型餐具，为人们的生活增加了一种选择。

7.1.2 创新成果的特征

创新成果有别于一般的实践成果，它有其自身的独特性，主要表现在以下几点。

1．创新成果具有首创性

创新作为创新型实践活动，它有别于常规的实践活动，其实践活动的成果应该是对现存实践成果的突破，要有新的价值产生。只有产生了新的成果，这项创新活动才是有意义的。

2．创新成果具有时效性

由于创新活动是一项永不停止的实践活动，追求新的价值是创新活动的内在要求，当新成果得到一定时期的运用后，它必将被更新的成果所替代，这就使创新成果永远处于更替状态，每次创新成果都不是最终结果，它具有很强的时效性。

3．创新成果具有价值性

创新实践有别于一般的实践活动，就是因为创新活动具有很强的价值指向。因此，创新实践的成果必须满足人们的一定需求，有利于社会的进步和人类的发展。

4．创新成果具有扩散性

创新成果的首创性和价值性特点决定了一项新的创新成果不会仅仅局限于某部门的应用，它常常会扩散到社会的其他部门，有的甚至会扩散到整个社会，这就使创新成果的价值得到了更大范围的推广和扩散。

5. 创新成果具有高风险、高回报性

因为创新活动的影响因素较多,其创新成果能否产生预期效果具有很大的不确定性,但一旦成功往往会带来巨额回报,即创新成果具有高风险、高回报性。

创新故事 ◆ 　　　　　　　　　　　　　手机进化史

1983 年,摩托罗拉推出世界上第一款手机 DynaTAC 8000X,它重约 900 克,厚度约 67 毫米,通话时间半小时,只能显示数字,能存储 30 个号码,销售价格为 3 995 美元。在这之前,所有的移动电话都只给汽车使用,因为那些电话的大小就跟手提公文箱差不多大小,重约 10 千克,而 DynaTAC 的出现改变了这个状况。之后,手机便以飞快的速度发展。1997 年,世界上第一款彩屏手机西门子 S1088 上市;1999 年,第一款采用内置天线手机汉诺佳 CH9771 上市;1999 年 10 月,第一款内置游戏手机诺基亚 6150 上市;1999 年 12 月,第一款 WAP 手机诺基亚 7110 上市;2000 年 3 月,第一款智能手机摩托罗拉 A6188 上市,同时,这款手机也是全球第一部具有触摸屏的手机,它同时也是第一部中文手写识别输入的手机;2000 年 9 月,第一款带摄像头的手机夏普 j-sh04 上市;2007 年 8 月,第一款苹果手机上市;2008 年 9 月,第一款 Android 智能手机 HTC G1 上市。据悉,未来手机可能会朝着个性化定制、弱化外观、手机钱包等方向发展(见图 7-2)。

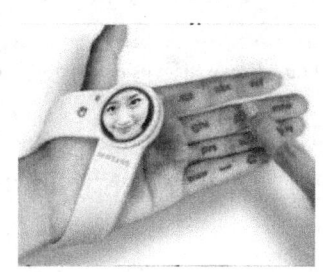

图 7-2　手机的发展与演变

资料来源:http://www.cnbeta.com/articles/213011.htm;http://wenku.baidu.com/view/5506dfdfad51f01dc281f162.html;http://digi.tech.qq.com/a/20120918/000772.htm;http://tech2ipo.com/38493/.

手机的出现具有首创性,在极大地方便和改变人们生活的同时,也为社会创造了巨大的价值,现已扩散到世界的各个角落。然而,手机产品的不断推陈出新、更新换代充分显示了创新成果的时效性,诺基亚公司放缓了创新的脚步,很快就走向了衰落。同时,富有创意的设计,也许是最失败的设计,显示了创新成果的高风险、高回报性。

7.1.3　创新成果的种类

1. 创意和创意的物化或外显

根据创新成果存在的形式,可以把创新成果分为创意和创意的物化或外显。

创新首先是思维的创新，人们在头脑里形成的富有创造性的思维产品，通常被称为创意，创意是创新成果最初的存在形式，为创新的阶段性成果。大学生创新思维活跃，但各方面条件有限，因此大学生的创新成果主要表现为创意形式。

然而，创意属于意识的范畴，要使它成为有用的东西，变成现实的生产力，就必须把它付诸实施，这就是创意的物化或外显。

创新故事　　　　　　　　　　　等待姚明

大李的饭店就要开张了，这几天正里里外外地做最后的装修，忙得不可开交。可是，由于开发商设计上的失误，饭店的男厕所里多出来一根管线，而且位置距地面有一米多，做洗手池太低了，做小便池又太高了，怎么弄也不合适。把墙砸了，把这根管子改低，不仅多花钱，还耽误时间。大李愁眉苦脸地回到家里，见儿子小李正在有滋有味地看着NBA的直播，不由得怒火攻心，大声吼道："就知道看电视！老子在外面辛辛苦苦，就养你这么个废物！"儿子小李见老爸动怒，赔笑说："爸，您消消气，有什么事您跟我说，兴许我能帮上忙呢？"大李这才消了气，坐下来一五一十地把遇到的难题说了。小李静静地听完，想了一会儿，忽然大叫一声："爸！我有办法了，保证不多花一分钱，也不用延长工期，您看怎么样？"

开张这天，热闹非凡，一大群客人涌进了饭店。大李正在忙活，忽然听到男厕所里传出一声惊呼："太绝了！是谁这么有创意？"大李暗自得意：我儿子的！只见男厕所里凭空多出来一个小便池，位置高高在上，里面放了一束鲜花，上面还贴着一张字条："等待姚明！"

资料来源：http://www.xiaogushi.com/diy/youmo/89938.htm。

小李听了爸爸老李的烦恼，想到了高个子的姚明，想出来"等待姚明"的创意。小李让工人装上便池，又插上鲜花，贴上纸条，把创意实施了出来，这就是创意的物化和外显。

2．静态创新成果、动态创新成果和心态创新成果

社会产品形状各一，如恒河沙数，但归纳起来，不过三种形态，即静态、动态、心态。根据创新对象存在形态的不同，可以将创新成果分为以下三类。

（1）静态创新成果。静态创新成果是指对各种有形产品的制造形成的创新成果。因为它能物化为各种各样能够看得见、摸得着的实实在在的静物产品，所以被称为静态创新成果，比如一座桥梁的构思、一个电站的设想、一套组合家具或一辆新型汽车的设计等。我们社会的物质财富，绝大多数都是这种静态创意物化的结果，它们极大丰富了我们的物质文化生活，使人类不断地从野蛮走向文明，从贫穷走向富足。

创新故事　　　　　　　　　　　IM小小人

Schulze和Webb喜欢尝试一些实体互动的设计，他们将IM小小人用USB接入电脑中，指定一个好友，好友在线，小小人站起；好友下线，小小人则倒下（见图7-3）。

图 7-3　IM 小小人

资料来源：http://hi.baidu.com/madesign/item/59738fd1d39566e6b2f77754.

（2）动态创新成果。动态创新成果是指对各种活动的开展形成的创新成果。由于它能物化为多彩多姿、与众不同、令人耳目一新的活动和动作，因此被称为动态创新成果，比如一台晚会的编排、一次营销活动的策划、一个开业典礼仪式的酝酿、一个发展规划的制定等。

创新故事　　　　躺在床上听的现场音乐会

哈根达斯公司是这样款待用户的：请 100 对夫妇到音乐厅里，躺在床上听现场音乐会（见图 7-4），并无限制地供应哈根达斯冰淇淋，床很舒服，每张价值 20 000 人民币。

图 7-4　音乐会现场

资料来源：http://hi.baidu.com/madesign/item/7d577fceb8401fd9ef183b74.

（3）心态创新成果。心态创新成果是指对各种精神文化产品的创新结果。由于精神文化产品是无形的，必须借助一定的物质媒介为载体来表现，所以这种创意不能直接以物化的形式让人们感觉它，但其创造的产品却能进入人们的内心世界，产生心灵的震撼和心理的慰藉，因此被称为心态创意，比如一首诗的意境、一部小说的情节、一台戏剧的导演、一部影片的剧本等。

> **创新故事**
>
> ### 《喜羊羊与灰太狼》成功的背后
>
> 2005年8月26日，由广东原创动力文化传播有限公司推出的动画片《喜羊羊与灰太狼》(见图7-5)，在杭州少儿频道首次播出。它以"童趣但不幼稚、启智却不教条"的鲜明特色，风靡大江南北，成为近几年来最受欢迎的国产动画片，最高收视率曾达到17.3%，大大超过了同时段播出的境外动画片。除了中国大陆，《喜羊羊与灰太狼》在中国香港及中国台湾、东南亚也赢得了超强人气。
>
>
>
> 图7-5 《喜羊羊与灰太狼》海报
>
> 长期以来，中国动漫产业因"缺乏创意"而饱受批评，很多动漫公司出于经济效益的考虑，对风险较大的动画片制作望而却步，只做代加工等业务。作为二维动画的"喜羊羊"虽然在视觉效果上难以跟耗资巨大的三维动画相比，但其幽默而富有吸引力的剧情却让孩子们百看不厌。是创意，给了《喜羊羊与灰太狼》持久辉煌的动力。
>
> 资料来源：http://baike.baidu.com/view/752644.htm；http://www.cccnews.com.cn/2012/1228/20094.shtml。

7.2 创新效果的预测

7.2.1 什么是创新效果

1. 创新效果的定义

创新效果又称为创新绩效，是指创新成果应用以后，在经济领域、政治领域和文化领域产生的影响和发挥的作用。创新成果是可以利用的，但利用并不等于就一定有好的效用，创新效果是评价创新活动是否成功的重要标准。我们是动机和效果的统一论者，不但重视创新的动机，更重视创意的效果。产生正面影响的创新成果称为有效创新，具有利用价值；产生负面影响的无效创新，不具有利用价值。无论有效创新还是无效创新，只要应用到社会生产中，都会消耗大量的劳动、占用必要的劳动时间。如何才能避免应用无效创新，充分应用有效创新，这就需要我们用科学方法对创新的应用效果进行研究和预测，加以解决。

创新故事 50年来影响人类生活的十大科技创新成果

2004年5月，由北京市科学技术协会、北京科技记者编辑协会联合主办，信报等十大媒体联合承办的"50年来影响人类生活的十大科技发明评选及知识竞赛"活动，评选出电脑、互联网、手机、人造卫星、杂交水稻、彩色电视、信用卡、电子邮件、口服避孕药、激光等十大科技创新成果为"50年来影响人类生活的十大科技发明"。

资料来源：http://news.sohu.com/2004/05/07/84/news220038468.shtml.

十大影响世界文明进程的"魅力方程"

数学方程式的魅力不仅在于它们能够帮助人们解决知识上的问题，更在于它们所表现出的那种简约而不简单、形式如诗句般优雅的美感。世界各国科学家鼎力推荐的魅力方程有：广义相对论、标准模型、微积分基本定理、勾股定理（也称为毕达哥拉斯定理）、欧拉方程、狭义相对论、1=0.999999999…、极小曲面方程、欧拉线。

资料来源：http://news.xinhuanet.com/photo/2013-04/01/c_124525580.htm.

十大影响世界的卡通人物

小熊维尼　　芭比娃娃　　巴特·辛普森　　加菲猫　　机器猫

米老鼠　　史努比　　Kitty猫　　泰迪熊　　芝麻街

资料来源：http://www.chinapp.com/shidapinpai/34693/.

2. 创新效果的分类

为了更准确地把握和更充分地应用有效创意，我们必须对创新效果进行科学分类。创新效果通常有如下几种划分方式。

（1）根据创新成果的物化或外显过程，可分为预测效果和实施效果。预测效果是指利用科学手段，通过定性、定量分析的方法推测出来的应用效果。实施效果则是指创新成果经过物化后所能达到的水平。一般来说，预测效果与实施效果比较容易取得一致。

（2）根据创新主体的期望值划分，也可分为主观效果和客观效果。主观效果是指创新者心中所希望达到的某种效应，一般都是良好的结果。客观效果是指创新成果应用后实际上产生的影响，一般总是与创新者或应用者的主观愿望有些差距。

（3）创新效果按其内容划分，可分为经济效果和社会效果。社会效果是指创新成果应用后产生的社会价值；经济效果是指创新成果应用后带来的经济效益。一般来讲，一个好的创新，既应有较高的社会价值，也应能产生良好的经济效益。不过，创新者需要注意分清主次。

（4）根据创新效果的时效，可分为长期效果和短期效果。长期效果是指创新成果应用后能在较长的时期内形成影响，一般对高科技产品的创新都具有这种效果。短期效果是指创新成果具有较强的时效性，只能在短期内发挥作用。一般短平快的项目，一经投入使用，便能立即见效，但由于技术含量低，没有发展后劲，很快便会失去优势地位，因此应用者要根据具体情况选择应用。

3．创新效果预测

创新效果的预测就是对创新成果实施的可行性分析。它是在调查研究的基础上，通过运用科学的手段和方法，对创新成果应用后可能产生的结果做出的论证和估价，创新效果的预测是创新实施准备阶段最为关键、最重要的工作。

创新效果预测的意义在于为创新的实施提供科学依据，为创新成果的应用单位提供一个操作说明书。有了它，我们对创新的应用就会更加可靠，可以更加顺利地完成创新的物化过程。一个创新的效果如何，在它未被实施之前，是无法真正获知的。创新的实施是一件举足轻重的事，具有很强的风险性，需要投入大量的人力、物力和财力。如果实施效果良好，所有的投入都会得到加倍补偿；但如果实施达不到预期效果，所有的投入就会白白浪费。由于创新的主观效果与客观效果总是存在着差距，不是所有的创意都能实施成功，也很难估计它在实施后会产生什么结果。又由于创新的预测效果与实施效果比较容易取得一致，所以，为了避免不必要的损失，争取更大的成功可能，在创新成果实施之前，必须对创新效果进行预测，以创新预测效果作为创新实施的依据，这是应用创新成果的普遍原则。

4．创新效果预测的原则

进行创新效果预测时，须遵循如下原则。

（1）目标性原则。在进行创新效果评价时，必须以创新目标为准则。事前评价，主要考虑目标的可行性与可用性，如果创新目标根本不可能实现，或者即使能实现，也对企业毫无用处，这种创新应予否定。事中评价，看其创新是否朝着既定目标前进，如果出现偏差，应及时纠正。事后评价，看创新的效果是否达到既定目标，达到了就是成功的，否则就是失败。

（2）可靠性原则。即保证评价方法和手段的可靠性以及资料的可靠性。

（3）综合性原则。评价创新应综合考虑创新的经济效果和社会效果，以及影响这些效果的各种相关因素，包括企业可控因素和社会不可控因素，以便准确地评价出创新的效果。

7.2.2 创新成果的经济效益分析

经济效益分析是对创新的经济效果进行的预测。2000年联合国经济合作与发展组织在《学习型经济中的城市与区域发展》报告中提出的：创新的含义比发明创造更为深刻，它必须考虑在经济上的运用，实现其潜在的经济价值。经济效果是创新活动的根本目标，它集中反映了创新成果对应用单位的适用性，所以经济效益分析乃是创新效果预测的中心环节，其目的是对创新成果的应用前景做出科学的预测。经济效益分析以实现经济效益的最大化为准则，除了需要利用定性研究的手段以外，更多地是利用各种数据、指标进行定量分析。经济效益分析主要内容如下。

（1）对创新成果的背景调查，充分占有真实资料。

（2）对创新实施的资金总量、能源消耗、劳动力投放、生产成本以及投资回报进行预算。

（3）对当前的市场容量、潜在的市场需求、未来市场的发展趋势、消费者的消费观念和购买能力做出正确估计。

（4）对本单位原有产品的实际情况、同行业的同类产品的现有水平以及创新产品的生命周期进行类比分析，从而给出应用创新成果的经济合理性的结论。

例 7-1　原竹马赛克经济效益分析报告

背景知识：原竹马赛克（见图7-6）是从优质竹材中精选色彩和纹理丰富的竹材为基材，经脱脂干燥、机械加工、打磨、抛光、防腐处理、拼贴等工序精制而成。原竹马赛克品相天然休闲、优雅高贵，色彩深浅而绚丽，质感温柔而体贴。竹质与众不同的天然纹理和色彩带给人柔和、温暖的感觉，确实有别于石材、玻璃、金属。原竹马赛克品拓宽了竹装饰材料的使用范围，更适用于高湿度和特别干燥的地方，保温性好，节约能源，可用于室内外背景墙、玄关内外墙、门窗框条、镜框、台面、踢脚线、腰线、家具台面、防滑地面、踏步、天花吊顶、花台、灯台、隔断墙等。

图 7-6　原竹马赛克

一、经济分析

1. 生产规模预测

根据公司的发展规划,本项目从 2008 年 11 月开始实施,项目总投资 720 万元(其中研发费用 260 万元),达产后实现年产 4 万平方米原竹马赛克的规模。项目建设期 1 年,从 2009 年 10 月开始投产,随着项目的技术及生产工艺的成熟,预计在 2011 年达到设计生产能力。项目产品生产年份的达产系数分别为 30%、80%、100%。产品生产方案具体如图 7-7 所示。

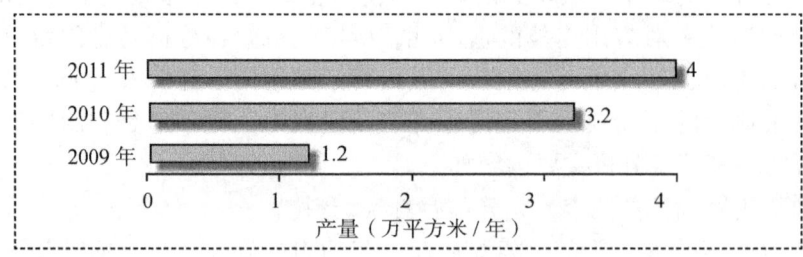

图 7-7 产品生产方案预测图

2. 销售价格预测

项目产品的销售价格均按不含税价格计取,经营期内原竹马赛克的平均销售价格为 300 元/平方米计算(出口价 45 美元/平方米)。预计达产年可实现销售收入 1 200 万元。

二、项目成本、经济效益预测分析

1. 成本预测分析(2011 年)

(1)原辅材料采购费。本项目主要原辅材料采购费按消耗定额和预测市场价格计算,达产年生产能力为 4 万平方米,预计达产年原辅材料采购费用为 550 万元。

(2)燃动消耗费。本项目主要燃料动力为水、电。燃动费根据消耗定额及现行价格计算,预计达产年燃料动力采购费用为 65 万元。

(3)人工及福利费。本项目人员配置主要为生产人员、管理人员和销售人员,年福利费用按工资总额的 14% 计取。预计达产年项目员工合计 50 人,预计达产年工资福利总额为 97.5 万元。

(4)其他费用。其他费用参考同行业企业的费用水平进行测算。

制造费用:修理费用(含物料消耗)按折旧额的 40% 估算,折旧费中建筑物、构筑物折旧期限为 20 年,机器设备年折旧期限为 10 年,电子设备年折旧期限为 5 年,折旧方法采用平均年限法,残值率按 5% 计算,其他费用按预计发生额进行估算。预计达产年制造费用为 93.04 万元。

管理费用:工会经费和职工培训费分别按工资总额的 2% 和 1.5% 估算,项目内研发费按年销售收入的 1% 估算,无形资产及递延资产摊销费用分年摊销计入管理费用,其他费用按预计发生额进行估算。预计达产年管理费用为 92.63 万元。

销售费用:销售费用按年销售收入的 3% 估算,预计达产年销售费用为 36 万元。

(5)总成本费用构成分析。本项目批量生产期内成本费用主要为原辅材料采购费、燃动消耗费、人工及福利费及各项费用等。达产年总成本费用为 934.17 万元,其中固定成本 319.17 万元，可变成本 615.00 万元（具体成本分析详见达产年项目总成本费用分析表）。

达产年项目总成本费用分析表

序号	科目名称	成本费用（万元）	占总成本费用比重（%）
1	原辅材料采购费	550.00	58.88
2	燃动消耗费	65.00	6.96
3	人工及福利费	97.50	10.44
4	其他费用	221.67	23.73
4.1	制造费用	93.04	9.96
	其中：修理费	8.84	0.95
	折旧费	34.20	3.66
	其他制造费用	50.00	5.35
4.2	管理费用	92.63	9.92
	其中：研发费	52.00	5.57
	摊销费	13.03	1.39
	其他管理费用	27.60	2.95
4.3	销售费用	36.00	3.85
5	总成本费用	934.17	100.00
5.1	其中：固定成本	319.17	34.17
5.2	可变成本	615.00	65.83
6	经营成本	847.97	90.77

2. 经济效益预测分析（2011 年）

项目达产年销售收入 1 200 万元，利润总额 255.89 万元，税后利润 191.92 万元（具体详见项目利润及利润分配表）。

项目利润及利润分配表

序号	科目名称	达产年数据（万元）	备注
1	销售收入	1200.00	不含税价收入
2	销售税金及附加	9.94	
3	总成本费用	934.17	
4	利润总额	255.89	
5	应税利润	255.89	
6	所得税	63.97	
7	税后利润	191.92	
8	法定盈余公积金	19.19	计取比例10%
9	未分配利润	172.73	

3. 投资利润率

本项目总投资为 720 万元，达产年利润总额为 255.89 万元。经计算，投资利润率为 35.54%。

4. 投资利税率

本项目总投资为 720 万元，达产年利税总额为 265.83 万元。经计算，投资利税率为

36.92%。

5. 销售净利润率

本项目预计销售收入为 1 200 万元，达产年净利润为 191.92 万元。经计算，销售净利润率为 15.99%。

6. 盈亏平衡分析

本项目实施后总生产能力的盈亏平衡计算如下（按达产年数据计算）：

$$BEP（生产能力利用率）= 固定成本 /（销售收入 - 销售税金 - 可变成本）\times 100\% = 55.50\%$$

计算结果表明，达产第三年当产量达到总生产能力的 55.50% 时，即可实现盈亏平衡。一般认为，当盈亏平衡点低于 65% 时，项目就有很强的抗风险能力。本项目盈亏平衡点为 55.50%，可见本项目抗风险能力较强。

资料来源：http://wenku.baidu.com/view/34f1d3a30029bd64783e2c21.html。

7.2.3　创新成果的社会效益分析

社会效益分析是从国家和社会整体利益出发对创新的社会效果进行的论证工作。一个好的创新，不仅能给应用单位带来经济利益，同时也要对整个国家的经济、文化和社会发展具有进步意义，至少要做到不损害社会的整体利益。这是创新人必须履行的社会责任和义务。社会效益分析以实现社会环境的优化为准则，一般采取定性分析的方法，综合运用各种工具与手段。进行社会效益分析主要从以下几个方面入手。

（1）看创新实施是否符合国家的基本方针、政策、法律、法规。

（2）看创新的实施是否能满足社会的经济发展、资源利用、环境保护、劳动就业等实际需要。

（3）要看创新的实施是否有利于社会风气的净化、道德观念的更新、社会时尚的改善、审美情趣的提高等。

（4）最终给出应用创新成果社会进步性的结论。

例 7-2　　原竹马赛克社会效益分析

安徽省是三大毛竹产地之一，有中国毛竹之乡的美称，毛竹是深山区的主导产业之一，历年来，林农以出售竹笋和毛竹原材料的传统方式经营，不仅劳动强度大、价值低廉，而且浪费资源，不利于资源和生态环境的保护。

该项目的建设有利于促进传统经营方式的转变，提高资源利用率，增加林农的经济收益，提升产业层次，延伸产业链，促进产品结构、技术结构调整，加速自主品牌的推广。

1. 项目产品的研发可以改变竹木传统生产和经营方式，提高资源利用率

毛竹是深山区的主导产业之一，传统的以出售原材料的生产经营方式，不仅价值低廉，而且破坏生态环境，遏制了林业生产的可持续发展和农民生产的积极性。原竹马赛克产品的研发可以通过科技自主创新，充分合理地利用了毛竹资源，形成了生产加工贸

易的产业链，作为省级农业产业化龙头企业，提升了农产品的竞争力和附加值，大大提高了林农生产的积极性和保护资源的自觉性，改变了传统陈旧的生产经营方式，加快了山区农业结构调整的步伐，为毛竹这一山区的主导产业营造了良好的发展环境，使之持续有效地发展，实现增产增效，提质增效，节约增效的多赢发展。

2．产品规模化的生产可增加林农的经济收益，有利于社会稳定

该项目的建设可以提升农产品的竞争力和附加值，使毛竹收购价显著提高，林农得到了实惠，生产积极性倍增，促进山区农业产业结构调整，进一步壮大山区主导产业。

随着产品的投产和规模扩大、产品的规格和品种的增长、应用领域的不断拓展，能为社会创造更多的就业机会。项目的实施有利于促进本地的社会稳定。

3．提升产业层次，延伸产业链，促进产品结构、技术结构调整

本项目产品的研发和生产不仅可以为企业带来新的利润增长点，而且可以带动相关产业的发展，提升相关产品的质量和产业层次。

项目建设符合国家产业政策，是国家、省、市重点支持的发展领域；该项目有利于传统材料领域高新技术的产业化，增加传统材料的技术附加值，提高其国际竞争力；有利于带动全省农林业的快速发展，体现省本行业排头兵企业的作用；项目与区域及所在地互适性较强；项目对地方经济和产业结构调整具有积极的意义，对促进人员就业、社会稳定和保护环境具有重要的意义。

资料来源：http://wenku.baidu.com/view/34f1d3a30029bd64783e2c21.html。

7.2.4 创新成果的可操作性分析

可操作性分析是从创新成果的物化角度对创新实施的物质条件进行的研究活动。创新的物化是创新效果预测的决定性因素。再好的创新，如果不能实现物化，就不具有可操作性，其效果就等于零，经济效益和社会效益都无从谈起。创新能否实现物化，是否可行，取决于创新成果的自身情况和应用单位的物质条件。可操作性分析需要运用各种技术手段进行综合分析，进行可操作性分析需考虑以下问题。

（1）对创新的设想方案进行技术论证，包括实施规划、步骤、方法等内容。

（2）对创新项目的物化进行可行性研究，包括创新成果的应用原理、性能、特点、先进性、成熟性、稳定性、可再现性等内容。

（3）对创新应用单位的实施能力做客观估价，如人员素质、资金保证、技术水平、消化能力、基础设施、配套服务等。

（4）给出应用创新成果的技术可靠性的结论。

方毅的创新创业之路

2005年的中秋月圆之夜，方毅和几位同学边品茗边谋划创业之路，谈话从一个形

而上的哲学问题切入：生活中，有些事既重要又紧急，多数人会把它处理好，有些事重要但不紧急，常被人忽视，一旦事到临头，就损失惨重。如今的夫人、当年的女友是方毅在浙江大学的师妹，亦是创业伙伴，有次她丢了手机，通讯录遗失成为最大不便，能不能每天对手机数据进行"备份"呢？"就干这个，设计一款产品，解决这个难题"。5个人凑了6万元钱，几天后，每日科技公司就注册开张了。这群初出茅庐的学生军认为"两个星期可以做出原型"，然而，两个月后，原型机没拿出来，公司的资金链就断了。"我们各自回家，向父母亲戚'坑蒙拐骗'要钱。"又是10多万元砸下去，半年后，终于见到财富的影子：在实验室做出了备份通讯录机器的毛坯。有了毛坯，把外观稍加改进，找条生产线，不就可以推向市场了吗？这时，有创业前辈告诉他们，科技研发中有条定律：IT=3t。这条定律说的是，把一个实验室里研发成功的产品变成推向市场的产品，所消耗的时间一般是实验室研究的3倍。"3倍？"创业团队第一次感到后背发凉。他们四处去"化缘"，寻求资金支持，终于，创业的激情让他们于2007年获得了"天使投资"120万元的风险投资，公司终于挺了下来。2007年10月，他们的产品正式上市，用户"在充电的时候自动将手机数据备份到充电器上"（见图7-8）。

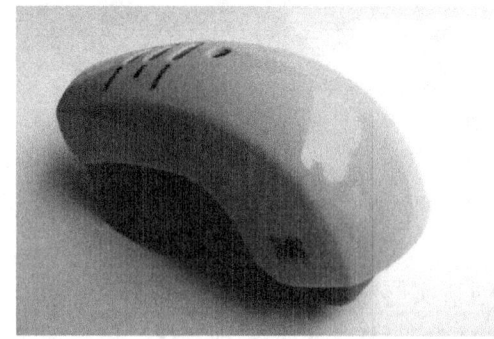 

图 7-8　方毅的手机设备

有了美观、成型的产品，数位老板看好备份充电器的前景，找上门谈投资入股。最有诚意的是一位来自杭州萧山的老板，他3天来了3次，还带来了注册资金4 300万元的营业执照——这位老板没读过什么书，卖化工产品起家，习惯了快速赚钱，滚雪球般地发展壮大。如今手头不差钱，就差迅速生财的投资路径。年轻人们用爽快回应了这位老板的诚意，合作协议当即签署：老板投资500万元，创业者的研发成果智力入股，也算500万元，合资公司各持股一半，双方均有重大事项一票否决权。合资公司刚迈出第一步，就遇到了麻烦：在公交车、杂志上做广告花销不菲，每卖7 000元的产品，广告费就要花3万元。依照大众消费品的惯例，在产品推广初期，每投7元钱做推广，能卖出1元钱的产品，就算是优秀产品。可是，从来没见过如此大营销成本的萧山老板慌了：他的合资初衷是马上生财，从没想过还有这么多不见回报的投入。于是，他捂紧了钱袋子。公司在内耗中飘摇了4个月，原本账面上为零的企业，如今变成了负30万元。打了两次官司之后，才终于摆脱了噩梦。

经过一次次的过山车似的起起伏伏，方毅和他的团队越来越成熟，金苹果砸在头上都不犯晕。2008年，央视策划了一个名为《青年创业中国强》的专题，邀请全国5位创业青年对话李开复等创业大佬，方毅入围。节目播出后，效果立竿见影。每天，有上千个电话打来咨询，还有三四十个性急的人从四面八方赶到杭州，找上门来希望能批发方毅的产品。那些天，销售合作合同一个接一个地签订，盖章的油墨都被用完；那些天，总有人在银行下班后找上门来，缴纳的数万元保证金只能装进塑料口袋，由方毅扛回家，第二天再存入银行。然而，方毅和他的团队保持了清醒的头脑。他们逐一审核每位批发商的营销能力，拒绝了90%的造访者。在部分经销商在销售遇到困难时，方毅允许他们将货物退回，拿走货款。这样就避免了产品流入廉价销售渠道，维护了品牌形象。

目前，方毅和他的每日科技公司正在苦练内功，他的雄心是：三五年后，所有中国人的手机上都装上他的软件，之后，收费短信将成历史。现在，如果每个人的QQ24小时在线，用QQ发送讯息，短信费用将省去。但这样做的人不多，因为QQ一直在线不仅耗费手机上网流量，而且会让手机电量快速耗完。方毅说，自己研发的新手机软件，能解决这两大难题，这款软件随着手机开机自行启动，一个月耗费的流量不到1兆，且只会让手机的待机时间缩短5%。一旦拥有了数亿的软件用户，方毅可能会成为中国IT界另一个马化腾。

资料来源：http://hzdaily.hangzhou.com.cn/dskb/html/2011-12/21/Content_1193047.htm；http://zjusp.zju.edu.cn/display.php? newsId=1309；http://ckc.zju.edu.cn/Alumni/1DE1E378-96C5-43F1-BB52-0A75277191D1.htm.

7.3 创新成果的管理

7.3.1 什么是创新成果的管理

创新成果的管理就是对创意进行物化和外显、保护、传播及应用，使创新从思维层面走入现实层面，实现创新价值的过程。通过选择、整合、产品化创新资源，提升多样化创新资源与多元化创新需求之间的匹配效率。很多人虽然有创新的观念和意识，甚至有很好的创意，但仅仅是灵感一闪而过，没有后续的跟进。如果不注重对创新成果的管理，最终所有的创新将只会是一种形式，很难落到实处。创新是一个过程，没有落到实处，就不能够为自己和社会带来价值。创新管理需要坚持以下原则。

1. 敏感性原则

创新有时就是人们的灵感顿现，若对这种闪现的创意不敏感，未引起自己的重视，就会稍纵即逝，与创新擦肩而过；或者有人认真做了，但只是其个人行为，未得到组织、社会的重视，同样难以真正实现其价值。

2. 激励性原则

创新有一个发展过程，很多人会提出一些富有创造性的想法，但这些想法往往并不很成熟，不能很快地物化或外显，更不能迅速实施和使用。这就需要进行自我激励、组织激励等。

3. 制度化原则

组织、社会、国家需要建立一套鼓励、支持、转化、应用创新成果的机制，通过一定的制度把这些个人提的意见和思路创造性地转化为一种成熟的技术、一种管理的方式和一种产品的模式，并对成熟的创新成果加以推广和有效利用。

4. 保护性原则

创新成果来之不易，一定要加以保护，一些人和企业保护知识产权的意识不够强，还不了解自主知识产权在将来的格局竞争中的重要作用，做了很长时间的创新后，结果是为他人作嫁衣，被别人拿去利用。

5. 运作性原则

创新成果要想实现其应用价值，必须通过转化传播、推广等一系列的运作。

7.3.2 创意的物化与外显

创意的物化与外显就是创新主体预设的观念客体向现实客体转化的实现。创意只是思维的果实，要使它成为有用的东西，变成现实的生产力，就必须把它付诸实施，这就是创意的物化或外显。创意成果的物化或外显往往是一个系统工程，它需要附加许多体力和脑力的创造性劳动。这个工程的完成，大体要经历以下几个步骤。

1. 创意的完善与成熟

这是创新成果实现物化的第一步。创意刚刚产生时往往并不完美，创意人除进行自我改进与完善之外，还可以将自己的设想方案在一定范围内进行公开，广泛征求意见，集思广益，群策群力，使之得以改进，更趋完善、成熟，更具可行性。一般可采取小范围的专家论证会，或较大范围的"诸葛亮会"的形式进行。需要指出的是，此时创新成果尚未付诸实施，应注意保密工作，防止消息扩散。

2. 制定实施方案

实施方案是创意物化和外显工程的全景图，它是由创新应用单位根据创新成果的类型和自身的实际情况而制定的。实施方案应包括下述内容。

（1）主体项目和附加项目。
（2）实施地点与范围。
（3）整个实施工作进度的日程表。
（4）实施领导小组的人员组成及分工，参加实施人员的组织与任务安排。
（5）实施的质量标准与任务要求。
（6）实施的方式与手段。
（7）实施工作的检查与汇报。

（8）信息反馈系统与补救措施。
（9）经费预算。

制订实施方案必须注意：一方面要确保所有人员都能清楚地了解实施工作的任务和目的，做到分工合理、责任明确；另一方面，也要充分估计到由于决策方面存在某些缺陷而可能带来的不良后果，以及因为实施过程中的某些漏误而可能出现的各种不利情况，做到随机应变、防患未然，以保证整个实施工作顺利进行。

3. 组织实施

这是创新成果物化的决定性环节，至为关键，创新成败在此一举。组织实施要选择实践经验丰富、动手能力强、有责任心的专业技术人员参加。参加实施的人员要熟悉每一个实施环节，吃透创新设想方案，按照实施方案要求的标准和进度实施。实施不仅仅是一项照图加工的机械劳动，更是一种极富创造性的工作。在实施中，往往能激发出更好的创新，对原有的设想提出修改的要求，这是十分正常的现象，组织者应灵活掌握，不能拘泥于图纸，以免扼杀创造性。

4. 考核验收

实施完毕，要对实施结果进行验收。

首先，根据实施方案检查任务完成情况；其次，根据设想方案对创新物化的质量、性能等进行检验，看是否达到各项指标；最后，要对创新物化的成本进行核算，考核该创新项目是否最终实现了预期的经济目标。一般来说，创新物化的结果若达到了预期的技术指标和经济指标，即属于考核合格，就可确定为成功的创新。如果考核结果不合格，应分析失败的原因，改进后进行第二次考核。如果经过多次考核仍不及格，还是无法达到预期的各项指标，就是失败的创新。

创新故事　　　　　　　　　**苹果皮 520 诞生记**

河南省黄淮学院国际学院软件开发专业 2006 级学生潘泳，是一个苹果迷，大三时，潘泳省吃俭用了半年，终于花了 2 000 多元买了台二手 iPhone，但用了不到一个星期，屏幕翘起，他只好退给了卖家。2009 年 2 月，临近毕业的潘泳在深圳一家小型电子公司找到了一份工作。拿到两个月的工资后，他盯上了苹果的一款音乐播放器——有着"残缺的 iPhone"之称的 iPod Touch。如果能将它的通话和短信功能补上，岂不就可以当 iPhone 用了吗？潘泳冒出了这个奇怪的念头。

潘泳将他的想法告诉了在江门做室内装修设计的哥哥，哥哥表示支持。两个月后，潘泳花了 2 300 多元，买了一台 16G 的 iPod Touch，并在二手市场淘来电烙铁等工具，开始了他的疯狂试验。他从电路板到模具设计，一件一件地去自学。面对攻克不了的技术难题，潘泳唯一能够运用的工具就是搜索引擎，通过搜索可以找到国外的工程师以及许多技术论坛和苹果公司的一些开放性资料。

如果这个外设做得足够好，兄弟俩隐隐约约地觉得："或许还可以拿来卖。" 2009 年 12 月，潘泳辞职了。他搬到了姑父家的一个废旧仓库里，决定全身心地来做这件事情。

他的目标非常明确——将这个东西做得和苹果的产品一样好。设计方案做了十几个，因为没办法和 iPod Touch 的完美机身融合到一起，被兄弟俩不断否定。那时，在江门上班的哥哥潘磊不时过来看看，和弟弟一起讨论。最终，室内设计专业毕业的哥哥提出了一个方案：做一个外壳，将"iPod Touch"包裹进去。

一开始的产品并不完善。有来电时，界面会弹出消息框，但无法显示来电号码和来电人姓名；要想结束通话，甚至都只能由对方挂断。弟弟需要做的事情越来越多。他既要编写软件，又要找各种材料，整天待在那个小仓库中。好在这时，潘磊决定去深圳与弟弟一同创业。他们的投入越来越大。因为电子零部件一般不零卖，他们就只好一打一打地买，常常是为了买一个电阻，要花上 10 倍的价钱。而开一个手工模，就要 1 000 多元。为了测试效果，他们开了十几个模，仅这一项就花了 10 000 多元，这已经够买两个 iPhone 了。

到了 2010 年 7 月，技术难题基本解决，兄弟俩决定，试探一下市场。他们给这款产品取了个形象的名字，"苹果皮 520"，谐音"苹果皮我爱你"。同时准备注册一个公司，取名"衍生科技"。潘磊用己之长，为公司设计了 LOGO 和一整套形象识别系统。

7 月 16 日，吃过晚饭，兄弟俩找邻居借来一个 iPhone 当参照物，哥哥拿相机，弟弟演示，倒腾了两个多小时，制作了一段视频放在网上。让他们没想到的是：网上的反响会那么大。而在兄弟俩建立的官方论坛上，"皮粉"们（一个全新的"粉丝"团）迅速诞生。一些手机网站也主动找到他们，称可以帮其评测，请其尽快寄样机。对"草根电子产品"来说，向各大垂直电子网站"送检"，然后发表使用体验，这是最廉价也最有效的推广方式。兄弟俩求之不得。8 月 5 日，垂直电子网站的编辑在试用了这款"苹果皮"之后，"感觉不错"，"Touch 瞬间变 iPhone"的体验帖被各电子网站放到了显眼位置。

然而，让兄弟俩没想到的是：就在他们的视频挂出半个月后，一款名为 Tphone 的同类产品，出现在了中关村和华强北的电子市场上。兄弟俩这时才意识到，他们最有竞争力的其实是这个创意。当他们将这个创意曝光之后，强大的山寨厂商就已经开始了行动。而他们如果要实现批量生产，需要投入更多的钱，而这正是他们缺的。做一台"苹果皮"，至少需要找 5 家代工厂，包括电池、主板、通讯、外壳、组装等环节。

2010 年 7 月底，他们找了一家小厂，订购了 200 个。然而，初出茅庐的他们没想到的是：当这 200 个产品运到家之后，才发现，能用的只有 60 多个。即使这样，苹果皮一代还是艰难地出现在了市场上。如今，苹果皮不仅已经出了三代（见图 7-9），而且衍生科技公司还出了苹果盘，衍生 i7 手机，这两个兄弟的故事，仍将继续。

图 7-9　苹果皮 520

资料来源：http：//baike.baidu.com/view/4184850.htm；http：//www.cbismb.com/articlehtml/20165792.html；http：//product.pconline.com.cn/itbk/people/subitpeop/1206/2811772.html。

7.3.3 创新成果的保护

随着高校对大学生创新活动的大力支持和鼓励政策的不断完善，越来越多的大学生参与到创新活动中来，涌现了一大批创新成果。每一项技术发明都是发明者创造性工作的结晶，凝结着发明者的辛勤劳动。加强对大学生创新成果的保护，对激发大学生的创新热情，提高大学生的创新能力，促进创新成果的产业转化，具有重要的理论意义和实践意义。同时，对促进大学生创新活动的开展和普及，也具有积极意义。一般情况下，创新成果的保护手段有以下几种。

1. 发表或出版

创新如果形成了文字、图像等作品形式，则可发表，受著作权法保护，并且这种著作权益是自动取得的，保护期也较长。著作权益的取得，是自作品完成后自然取得的，不需要申请，也不要求登记。

广东大学生破解国际数论界难题

2012年3月，广东韶关学院学生王骁威在发表的一篇学术论文《仅用1表示数问题中素数猜想的一个反例》中，成功破解了国际数论学界的一个60年未解数学难题。

王骁威是韶关学院数学与应用数学专业的大四学生，从小就对数学有浓厚的兴趣，大三上半学期，他开始将加拿大数学家Richard K.Guy的著作《数论中未解决的问题》中的"仅用1表示数中素数猜想"确定为自己的"攻坚目标"。只用1表示数，意思就是仅用1通过加法和乘法来表示自然数，对于给定的自然数n，用1来表示时，1的最少个数记为$f(n)$。加拿大数学家Richard K.Guy提出数学猜想：对于给定的素数p，$f(p)=f(p-1)+1$是否成立。

通过4个月的钻研，王骁威运用集合论的运算、分析、优化，成功发现这个猜想的反例$p=353942783$。发现反例之后，王骁威陷入兴奋之中，并整理成报告，先后寄给国内几家杂志。随后，王骁威自己将论文译成英文，大胆将论文投往全球最权威的、由美国科学信息研究所创办的《数论杂志》(SCI)。王骁威的论文很快得到国外专家的肯定，在《数论杂志》的网站上发表后引起国内外专家的关注。而更令王骁威惊喜不已的是：日前他接到通知，他的论文将于明年在《数论杂志》2月期刊上正式刊登。

资料来源：http://www.gd.chinanews.com/2012/2012-11-06/2/214526.shtml；http://news.ycwb.com/2012-11/06/content_4101600.htm。

2. 参赛与评奖

为引导和激励大学生勇于创新、多出成果，促进高校学生课外学术科技活动蓬勃开展，发现和培养一批在学术科技上有作为、有潜力的优秀人才，各级政府部门、教育部门、民间团体、高校等主体组织了很多比赛，大学生可参加这些比赛，或将自己的创新成果拿去参赛、评奖以获得承认，从而达到保护自己的创新成果的目的，比赛和评奖还具有成果展示、技术转让、科技创业的功能，可以推动创新成果向现实生产力的转化。

影响较大的大学生创新大赛有："挑战杯"中国大学生课外学术科技作品竞赛、全国大学生广告艺术大赛、全国大学生电子设计竞赛、全国大学生结构设计竞赛、全国大学生机械创新大赛、ACM程序设计大赛等。

创新故事

周春雨获法国 eYeka 广告创意奖

河南省黄淮学院信息工程系动画专业08级学生周春雨的作品《完美融合》及《我的护肤心得》获得法国 eYeka 广告创意奖，并获得1 000美元的奖金。

eYeka 是法国的网络媒体，旨在品牌和创作人之间建立桥梁，一方面满足品牌与消费者沟通交流的需要；另一方面也给创意人，特别是动画制作人、视频制作人、平面设计师、摄影师展示他们才华的机会。这是由国际品牌阿玛尼、香奈儿、伯爵、可口可乐、戴尔、惠普、耐克、艾美表、飞利浦、索尼等发起的创意作品征集活动，eYeka 现已有85 000名来自世界各地的创作人。

周春雨从2010年开始就参加 eYeka 主办的创意设计比赛，先后参加了可口可乐公司面向全球征集创意的设计广告、"中医药与美容"和"美丽瞬间"等广告创意比赛。周春雨告诉记者："学好专业理论知识很重要，抓住各种机会来检验证明自己的学习效果更重要。"

资料来源：http：//www.huanghuai.edu.cn/news/Html/hhxw/2011-6/29/095901785.html；http：//www.chinadaily.com.cn/dfpd/hen/bwzg/2011-07-04/content_12832719.htm.

3. 申请专利

从理论上讲，专利保护的力度较强，是最有效的技术创新成果保护方式，建立专利制度的首要目的就是保护发明创造成果。通过申请专利，技术发明者可以使自己的成果在保护期内免受不法侵害。各国对专利的保护对象认定各有不同，但一般来讲分为三种：发明、实用新型和外观设计。

（1）发明。发明专利保护的对象是发明。我国《专利法实施细则》第二条规定："专利法所称发明，是指对产品、方法或者改进所提出的新的技术方案。"专利法所称发明必须是技术创新方案，仅仅是一种构思或者设想，还不足以称为发明。技术方案都是利用自然规律做出的成果。例如，首次问世的关于发电机的技术方案，就是一项发明，它是利用电磁感应这个规律创造出来的。而经济管理技术、演奏技术、字典辞典编排技术等与自然规律无关的技术方案都不是专利法所指的发明。

（2）实用新型。《专利法》规定，实用新型是指对产品的形状、结构或者其组合所提出的适用于实用的新的技术方案。它与发明有相同之处，只是对创造性的技术要求比较低，故被人称为"小发明"。首先实用新型必须是一种产品，方法发明，无论是大发明，还是小发明，都不能够申请实用新型专利，只能申请发明专利；其次，必须是有形状、有构造的产品，这里的形状，是指宏观形状、构造，不包括微型形状、构造。没有形状的产品，如气态、液态、膏状、浆状、粉末颗粒状的产品，以及不是以断面形状为技术特征的材料发明，都不能申请实用新型专利。

（3）外观设计。外观设计是指对产品的形状、图案或者其结合以及色彩与形状、图案的结合所做出的富有美感且适于工业应用的新设计方案。外观设计专利一般具有以下三个特征。①必须是对产品外表所做的设计。如果仅仅是一幅图画，没有用于任何产品上，就不是外观设计。如果指明用于某种具体产品上，如床单、暖瓶，就是外观设计了。产品或包装是外观设计的载体。②应当富有美感。但是，专利局对于这一标准的审核并不严格。因此，只要是涉及产品外形、图案、色彩的设计，都可申请外观设计专利。③应当适合在工业上应用，也就是可以大批量地复制生产，这其中也包括通过手工业大量地复制生产，例如，具有各种形状、图案的草编制品，就可以申请外观设计专利。

图 7-10 是发明、实用新型与外观设计的一个举例说明。

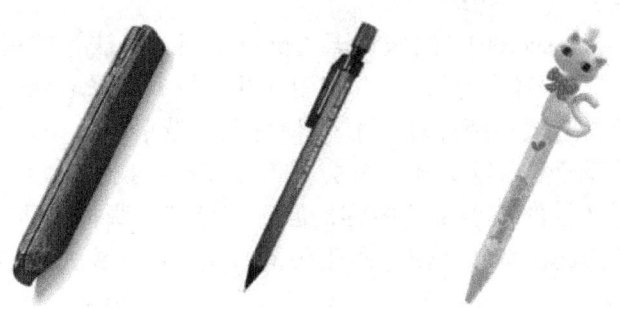

图 7-10　发明、实用新型与外观设计

在申请专利时，需要注意以下两个问题。

首先，要选择有效的保护方式。对于发明创造，我们一般认为，可以申请专利保护，获得专利权后，专利权人就享有对专利的独占权，他人使用必须获得许可或转让。但是，在获得专利的同时，其发明创造的内容将强制公开，他人将可从公开的专利内容中了解发明的原理、程序等，他人通过改进后，还可以对改进后的发明再申请专利。所以，不是所有的发明创造都要申请专利，要根据实际情况，选择性地申请，对于未申请的，则作为秘密来保护。是否申请的判断标准就是他人能否通过发明的产品反向推导出其发明技术图，如果能够推导，则应采用专利保护；如果不能推导，则可作为秘密保护。此外，申请专利保护需要具备一定的时间和费用，即使获得专利后，每年仍要缴纳一定的费用，而作为秘密保护，除了必要的保护措施外，不用花费其他费用。

其次，在专利申请中要正视策略地选择。对于发明创造，一旦选择申请专利，就应确定专利申请的策略。我国在专利的申请上实行先申请、再受理的原则，将专利分为发明专利、实用新型专利和外观设计专利三种类型。不同类型的专利，其法律保护不同。发明专利的保护期为自申请之日起 20 年，实用新型和外观设计专利保护期为自申请之日起 10 年。此外，三者的保护内容也不同。发明专利的保护内容为有关所有产品和方法的技术方案，实用新型专利保护的对象为有固定形状和构造的产品的技术方案，外观设计专利保护的对象为产品外部设计方案。所以，在申请专利的策略选择上，要尽快地申请，同时根据专利的经济价值和需要保护的权利内容，选择申请相应的专利。此外，在专利申请中，可单一申请，也可组合申请。就一般而言，对于有一定经济价值的发明创造，要尽量申请发明专利，同时，也尽量实行组合申请，这样会得到更全面、更长期的保护。

> **创新故事**

> 体育系学生的国家专利
>
> 河南省黄淮学院体育系 06 级学生付兴攀在暑假期间,看到街邻上的小朋友吃雪糕时不小心扎破了嘴,在帮小朋友止血的同时,忽然想到如果冰糕棒能吃着断着不就可以避免这个问题了?于是他脑海中就闪现了"分割式冰糕棒"的想法。通过查阅大量关于申请专利方面的书籍、上网查资料、询问专业人士后,他向"北京国家知识产权局"申请了这项国家专利,"北京国家知识产权局"根据《中华人民共和国专利法》授予他了专利权。
>
> 资料来源:http://info.huanghuai.edu.cn/gb/pe/tyx-005/09_17_37_923.htm.

4. 形成商业秘密或核心技术

商业秘密(business secret),按照我国《反不正当竞争法》的规定,是指不为公众所知悉、能为权利人带来经济利益,具有实用性并经权利人采取保密措施的技术信息和经营信息。因此商业秘密包括两部分:技术信息和经营信息。如管理方法、产销策略、客户名单、货源情报等经营信息;生产配方、工艺流程、技术诀窍、设计图纸等技术信息。商业秘密是知识产权的一项重要内容,但它与专利、版权、商标等知识产权相比,又具有很强的特殊性,这种特殊性使得商业秘密的保护往往要比专利、版权、商标的保护复杂困难得多。

技术创新成果采用商业秘密保护方式有许多优点:第一,商业秘密的权利是自动形成的,权利人只要对未公知的技术采取相应的保密措施,则商业秘密就可自动形成,不需要经过漫长的审批程序和缴纳一定费用,也不存在申请被驳回,使技术方案成为公知公有知识的风险;第二,商业秘密的内容不向社会公开,采用自我保密的方式,有利于研发者独占使用;第三,对商业秘密的保护没有期限的限制,只要该技术仍具有竞争力并处于保密状态,其权利就可以延续下去,永不过期。但一项技术成果作为技术秘密保护也有不利的一面:一是法律保护的力度不强,权利人不具有排他的独占权;二是技术秘密拥有者必须采取保密措施且技术内容应为能够保密的,一旦不慎被他人知晓,或者因人员流动造成技术泄密,即不成为技术秘密;三是界定较难,举证困难,发生侵权诉讼时要由法院来判定其是否为技术秘密,而不是由拥有者自己陈述;四是技术秘密内容往往不被他人所知,难于以技术贸易方式为企业创造更大的经济效益;五是管理成本高,因为大部分技术在研究开发和产业化过程中涉及许多环节,包括小试、中试、生产、外包加工、采购供应、仓储管理等,稍有不慎难免疏漏,要进行全面保密,制度的制定和实施会造成很高的管理成本,甚至会缺乏可操作性。因此,一项技术创新成果采用何种保护方式,应当综合分析评估该技术方案的具体情况,选择适合其特点的保护方式。

在实践中,以下几种情况适合采用商业秘密的保护方式:第一,仿制国外先进技术所取得的未公知技术;第二,技术方案所具有的专利"三性"不强,申请风险较大;第三,技术方案难于在短期内被他人识破,通过"反向工程"也难以仿制的尖端技术;第四,内容复杂的大型成套技术(例如,化工领域的成套技术),则可以根据其不同内容分别采取不同的保护方式。如对外围、周边技术内容,则可以运用专利保护方式;对其核心技术内容,则作为商业秘密加以保护。这样就可以充分发挥专利保护方式和商业秘密保护方式各自的优势，使该项技术方案获得最佳的保护效果。

创新故事

可口可乐的商业机密

可口可乐不仅是目前全球销量排名第一的碳酸饮料，而且也是全球最著名的软饮料品牌，在全球拥有 48% 的极高市场占有率。

说起可口可乐的成分，人们首先反映出来的恐怕是两个字：神秘。可口可乐完整配料表至今仍是个秘密。虽然可口可乐的主要配料已经公开，包括糖、碳酸水、焦糖、磷酸、咖啡因、"失效"的古柯叶等，但其核心技术在可口可乐中占不到 1% 的神秘配料"7X 商品"仍显得很神秘。据说，神秘配方保存在银行保险柜里，其内容只有可口可乐公司的两人掌握，公司从不让这两人乘坐同一架飞机，以防遇难导致秘方失传。

可口可乐神秘配方由美国药物化学师潘伯顿于 1886 年发明。可口可乐公司自成立至今，一直守着这个古老而又神秘的配方。与许多公司研发后通过申请专利获得法律保护不同，可口可乐的这一世界配方并未申请过专利，而是始终作为一种商业秘密处于自己的保护之下。商业秘密有被破解或者盗取的风险，如果被人窃取，加之侵犯商业秘密的案件取证困难，一旦配方泄密将给所有者带来巨大损失，却可能投诉无门。

那为什么可口可乐非要冒险选择不申请专利呢？因为根据专利保护的法律，在专利权的有效保护期限结束以后，专利权人所享有的专利权便自动丧失，一般不能续展。也就是说，如果可口可乐公司申请专利 20 年之后，专利失效，可口可乐公司随即会失去这一配方的独占使用权。可见，可口可乐考虑的是：申请专利就会失去配方的独占使用权。

然而，可口可乐更担心的是，围绕着神秘配方所打造的可口可乐品牌影响力的丧失。一些专家认为要破解可口可乐的秘方、克隆可口可乐并非不可能，但是，复制可口可乐没有意义，因为只有愚蠢的人才认为是秘方让可口可乐长盛不衰，可口可乐真正的制胜之道其实是可口可乐的品牌运作。经过运作，这个品牌已经成为流行文化的一部分，太深入人心。正如可口可乐公司的一位前任总裁说：可口可乐 99.7% 是水和糖，不做营销，谁还会喝它？

资料来源：http：//www.ce.cn/cysc/sp/info/200611/04/t20061104_9275691.shtml；http：//baike.baidu.com/view/5842.htm。

5. 注册商标

拥有一个独特的商标，消费者就可以很容易地将该产品与其他外观相似的产品区分开。注册商标可以使产品迅速树立形象、建立信誉，加快获得市场份额的速度。在专利、版权和商业秘密等多重权利基础上，通过商标注册获得商标专用权，充分发挥商标权可以续展无限延期的优势，可以使创新成果依法得到更加持久的保护。申请专利、保护核心机密、注册商标是一系列有关联的工作，注册商标后，企业要将保护商标与保护专利结合起来。保护商标就是保护产品在消费者中的信誉，就是保护市场，因此十分重要。

创新故事 女大学生网上开店月售 20 万元,注册商标应对山寨

2009 年 3 月 11 日,"海淘家"商标已经国家工商行政管理总局受理。"海淘家"由此成为全国首个申请注册的网店商标。申请"海淘家"商标的是淘宝网青岛木木家居网店的两位女大学生老板"可可小淘"——戎红梅和刘珊珊,俩人是姑嫂。

在淘宝网登录这家"青岛木木家居"网店,首先看到的是店铺以红色为背景的精心装修,"国内出口产品大卖场"的店铺宣传十分清晰地告诉顾客这家店铺的经营特色,这家于 2008 年 5 月下旬创办的网店,到 2009 年 3 月用了仅仅不足 10 个月的时间,已经是好评如潮的四钻旺铺。谈起要注册商标的原因,"可可小淘"说:"我们的网店由于产品质量好、价格低、服务好,发展形势越来越喜人,产品也由原来的家具扩展到当地的特色产品海参、海藻等海产,目前网上和网下月销售额在 20 万元左右。"但是,树大招风,例如,销量最大的松木微波炉架,被个别不良厂家仿造出了"山寨"版,在网上疯狂盗用我们的图片去卖,"山寨"版虽然价格诱人,但缺陷非常明显:装上后摇摇晃晃,而且有些根本不是松木的。还有的冒充我们的亲戚,有的说研发出了第 2 代。为了避免更多的买家上当,我们想到了注册商标,来保护我们的产品,给每个产品都带上"身份证",就可以有力地打击"山寨"了。

资料来源:http://news.sohu.com/20090313/n262788718.shtml。

6. 快速商业化

Cohen(2000)把行业分为离散产品行业(如食品、化学用品等组成成分较少的产品)和复杂产品行业(如电子产品或者机器设备等组成成分较多的产品),认为处于离散产品行业的企业倾向于选择专利,但是处于复杂产品行业的中小企业会选择能够快速商业化的产品。原因是这些产品(复杂产品往往被分解成各个部件)对技术的要求并不高,所以技术的改进也比较容易。与花费成本去申请专利相比,中小企业愿意采用将新产品快速投向市场来保护技术创新成果。因此,对于一些技术含量不高、以新颖独特的创意取胜的创新成果,以及一些短期效果显著,长期效果乏力的创新成果,应采用快速商业化的方法保护。

创新故事 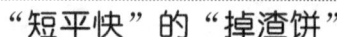"短平快"的"掉渣饼"

毕业于湖北工学院生物工程专业的晏琳出生于湖北恩施,是土家族人。2001 年 9 月,她从湖北工学院生物工程专业毕业后,被一家效益不错的环保企业聘用。不到两年的时间,晏琳就因业绩突,被任命为鄂西北地区区域经理。然而,2004 年她做出一个令公司领导和亲人吃惊的决定——辞职下海,自己创业。她是一个坚强且富有主见的女孩,因为她看到了烧饼的广阔发展空间。从儿时起,晏琳就特别喜欢吃家乡恩施的土家族烧饼。每次吃外婆做的烧饼,她都感觉特好吃,每每回味起来,那种香爽可口的美感,让她仿佛又回到快乐的童年时代。

2005 年 3 月,晏琳的烧饼店在闻名全国的武汉大学门口正式开张,取名为"掉渣子烧饼",门面虽然不足 20 平方米,但店面设计很有特色,墙面用竹子装饰,广告语写着

"土家族特色风味"。第一天她只做了 200 张烧饼,可没想到开业才两个小时,所有的烧饼就被销售一空,进账 400 元。第二天,他们准备了 400 个烧饼,结果仍然是卖得一个也不剩,他们这下进账 800 元。晏琳没有因为眼前喜人的经营形势而沾沾自喜,她第一个月就来到工商局注册了掉渣儿烧饼公司,这为她的经营步入科学化、规范化打下坚实的基础。晏琳为了进一步打造自己的品牌,她采取强有力的措施,狠抓质量,对待质量,她简直到了苛刻的程度。每一个环节她都要按照产品质量保证体系进行严格检查。对制作烧饼的原料,每次采购时都非常注重从源头把好产品进入质量关。

店子红火的生意,不断刺激着敢闯敢拼的女老板晏琳的胃门,她决定开连锁店。在短短 3 个月内,"掉渣儿"烧饼人气一路飙升,门店达到 39 家(其中直营店 4 家,加盟店 35 家)。"掉渣儿烧饼"迅速做大,香遍全国各大城市。总部打出承诺"一天可卖出 1 500 个烧饼,35 天收回成本",投资者再也抵挡不住此般诱惑,纷纷掏出了加盟费。然而从 2006 年年初开始,"掉渣儿"烧饼在武汉开始走下坡路,很多加盟店开始退出。如今,加盟总部开始转战技术转让市场,这意味着其招商加盟已经告一段落。

"掉渣儿"的一夜成名,让我们看到了快速商业化的魅力。打造土家烧饼,取"掉渣儿"的名儿,竹子、苇席的装饰,是一个很好的创意。然而,在恩施当地居民吃土家族烧饼就像老北京人吃油条一样普遍,四处都是流动小摊,口味本身就大有不同,谈不上谁是"正宗"的"掉渣儿"烧饼。其次,"掉渣儿"烧饼的加盟门槛设置得很低,项目的启动资金不高,一般的中小投资者都拿得出来。这决定了"掉渣儿"更多的是一个"短平快"的项目,想依靠它获得长期的超额利润,几乎是一件不可能的事情。虽然整个事件有很多让人唏嘘的地方,然而,晏琳的快速商业化的路子,应该是一条正确的路子。

资料来源: http://www.eol.cn/article/20060303/3176422.shtml; http://biz.icxo.com/htmlnews/2006/07/28/888042.htm.

7.4 创新成果的转化与应用

7.4.1 什么是创新成果的转化与应用

创新成果的转化与应用,是指为将创新成果进行的后续试验、开发,直至形成新产品、新工艺、新材料、新服务,并传播、扩散、推广到现实中去,发展新产业,推动经济和社会发展的活动。

7.4.2 创新成果传播的途径

创新成果的传播有利于推动创新成果的尽快转化与应用,创新成果的传播可利用展览会、新闻发布会、广告媒介以及其他展示方式等进行。

1. 展览会

展览会既是一种宣传形式,又是一种传播媒介,是通过实物并辅之文字和图表或示范的表演等来展示创新创造成果的一种宣传方式。

2. 新闻发布会

新闻发布会是专门用会议的形式向大众新闻媒介报告、宣传，希望社会各界人士了解信息的会议。它是传播创新创造成果信息最好的形式之一，有利于形成对自身发展有利的社会舆论。

3. 广告媒介

广告的信息传播需要一定的信息载体，创新创造成果的广告信息要靠最适宜的广告媒介，才能在最大范围内进行深度的传播。在现代广告中，经常接触的广告媒介有报纸、杂志、广播、电视、户外张贴、广告牌、霓虹灯、样品、传单、宣传册、包装纸等。

4. 其他展示方式

（1）示范、表演。将商品所具有的特征展示在人们面前，并进行实际操作表演以证实商品的使用效果。示范过程既介绍了商品的特征、使用方法、注意事项等，以起到宣传说服作用，又加以实际操作表演，起到培训作用，因而适用于新产品和技术复杂产品的推销。1983年，法国布尔维合马瑟广告公司受委托为美国生产的一种叫作"超级三号"的强黏胶液设计了一个实验性广告：在电视画面上，有一个男人在鞋底上点了四滴"超级三号"，然后将此人头朝下粘在天花板上，足足保持了10秒钟，并有公证人在场监督公证。广告播出后，立刻引起了强烈反响，不到一周，这个牌子的胶水就卖出了50万只，当年销量达到600万只，终于打开了法国市场的大门。

（2）馈赠。将自己的产品无偿赠送他人使用，或者专门将创新的商品赠送他人使用，既宣传产品或商品的优点，又沟通感情，效果十分直接。美国派克公司曾把派克笔作为礼物送给尼克松总统。

创新故事　　火爆的大学生优秀成果拍卖会

2013年6月22日上午，武昌理工学院在图书馆六楼学术报告厅隆重举办第四届大学生成功素质展示节暨首届大学生优秀成果拍卖会，对29件学生优秀成果进行拍卖，吸引了来自国内各地的50余家公司前来竞拍。最终，29件作品全部竞拍成功，总拍卖成交金额70余万元，其中由该校生物工程系2009级学生梁华兵发明的国家实用新型专利"多功能伸缩性剪刀"拍卖出13.3万元的高价，是本次拍卖会的最高价。据了解，高校对学生成果进行拍卖，在全国高校中实属首次。

此次拍卖会，主要针对学生创新、创造、创作、创业的实物成果、创业股权、专利权、作品版权进行拍卖。经各学院积极申报，活动组委会办公室初审，从50余件作品中选取29件作品作为拍卖物。其中，实物成果13件，创业股权2件，专利权8件，技术股权3件，作品版权3件。据介绍，29件优秀成果都是技术相对比较成熟的，有很好的市场前景。拍卖会吸引了上海坤通投资有限公司、湘黔文化传播有限公司、湖北艺腾文化交流有限公司等全国50余家公司前来竞拍，同时，该校还邀请了成功校友、社会人士、学校师生等百余人进行竞拍，拍卖会全程由湖北圣典拍卖有限公司倾力支持，《人民日报》、新华社、《湖北日报》等数十家媒体出席拍卖会。

资料来源：http：//www.jyb.cn/high/gdjyxw/201306/t20130624_543019.html；http：//news.e21.cn/html/article/2013/06/20130624082214_apxn7nox6w.html.

7.4.3 创新成果转化与应用的途径

1. 创新成果转让

创新成果转让是指创新成果作为独立存在的知识形态的商品，在市场上像其他商品一样可以被买卖和交换。这是因为，首先，创新成果作为一种无形财产，可以像其他商品一样进行交易，如专利权许可、专利权转让、专利权质押等；其次，创新成果可以被运用到生产过程中，内化为具有竞争优势的商品；最后，创新成果可以作为企业与竞争对手进行商业谈判的筹码，在引进技术时降低技术使用费。

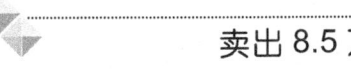

卖出 8.5 万元的毕业设计

2013年6月，当其他毕业生都在忙于找工作，甚至有些毕业生在为"最难就业季"愁眉不展时，黄淮学院信息工程学院的生俊同学却显得格外兴奋，因为他今年做的毕业设计作品被香港某玩具公司以 8.5 万元的价格买走了，还没离校就淘到了第一桶金，引来了很多同学羡慕的目光。

家在云南的生俊是个很阳光的男孩，在学校学的是计算机专业，从新生入校后就有了明确的学习目标，用他的话说就是"一定要在自己的专业上面搞点东西出来"。在老师眼里，他很爱学习，很喜欢自己的专业，脑子中总有一些很有创意的想法。离家本身很远的生俊假期几乎不回家，总是从图书馆借阅或从网上购买一些图书资料待在实验室里学习，做实验，设计一些小程序。

他的毕业设计题目是基于安卓平台飞行器控制嵌入式系统设计与开发，在深圳实习期间，一次偶然的机会，他与来公司考察的香港客人交流了自己的毕业设计和想法，对方立即表示了浓厚的兴趣，并愿意前期投入一定的经费让他的毕业设计作为公司的研发项目。就这样，生俊组织了一个3人研发团队，进行了为期40天的技术攻关，今年5月把自己的作品顺利地交给了香港公司，作为回报对方给了他们团队 8.5 万元的劳动报酬。

在这次采访快结束时，生俊说："当看到自己研发的飞行器飞翔在天空时（见图7-11），确实很激动，但我此时最想表达的是这一切都要感谢学校，感谢我的老师。学校这几年的快速发展给我搭建了很好的学习成长平台，不管是学科竞赛还是科研立项，尤其是实验室对学生全天候的开放使我在里面学到了很多知识，促使我能不断地提高实践能力。"

图 7-11　生俊研发的飞行器飞向天空

资料来源：http：//news.haedu.cn/xyxw/gz/gxbkyx/143447w8Ub.html.

2. 创新成果资本化

创新成果资本化是指创新成果拥有者，以创新成果作为资本投入企业，与企业其他资本共同经营、共担风险、共享利润，形成新的经济实体的过程，是创新成果拥有者为获取更大收益而从事的一种投资行为。

创业故事 　　　　　　　　　　　　　　年轻的股东

2004年6月，河南省中原工学院材料科学与工程系022班学生蒋群申请了实用新型专利"新型电焊镜"，2006年7月，郑州日信电子公司总经理王书栋看到消息后立刻决定与蒋群合作，自己拿出35万元，专利作价15万元，成立了注册资金50万元的郑州中原鑫星科技有限公司，蒋群拥有该公司21%的股份，还未毕业就被该公司聘请为技术总监，同时还当场拿到投资方首批两万元现金的"技术入门费"。

蒋群来自广西桂林，家境贫寒，上学花费全靠姐姐打工支撑。蒋群学习很刻苦，在企业实习时，他发现焊工用的防护面罩，平时不透光，工作时为找准焊接部位，还需要频繁移开防护面罩，很伤眼睛。于是，他就想发明了一种自动变光的护目镜。经过1年半时间的攻关，蒋群终于研制成功了"新型电焊镜"，并在学校的资助下，申请并获得了中国实用新型专利。据了解，这种头盔式新型电焊镜，在不点焊时可看到焊接情况，点焊时，弧光会提前10毫秒触发液晶自动变黑，遮挡弧光通过，很好地保护了焊工的眼睛。

资料来源：http：//news.sohu.com/20060714/n244263587.shtml；http：//www.sipo.gov.cn/dfzz/henan/dtxx/ywdt/200607/t20060719_104396.htm。

创业故事 　　　　　　　　宁波大学电子商务人才技术入股企业

2010年，宁波大学商学院的陈珊、胡加佳等同学的作品《"捞鳖网"三维联动立体营销策划书》，在全国第三届"创新、创意及创业"大学生电子商务挑战赛全国总决赛中获得特等奖。宁波明凤渔业有限公司看中了他们在电子商务方面的特长，目前，已与他们达成了合作意向。这两名大学生以技术入股的形式加入了该公司在宁波的全资子公司，并参与公司的经营与管理。

这两名大学生通过调研与亲身实践，向该公司提出了一种新型的"鼠标加水泥"模式——三维联动立体营销模式。在三维模式中，该网站不仅是销售网站，还具有独立的销售功能，更重要的是它还充当着管理网站的角色。届时公司将以网站为"总指挥"，通过网站来管理、监督和调控实体门店，从而填补该企业在电子商务领域的空白，并与公司原有的实体销售优势互补。

资料来源：http：/news.cnnb.com.cn/system/2011/05/12/006931260.shtml；http：//news.xiashanet.com/a/n/gxqy/67245.htm。

3. 创新主体自己创办企业

近年来，由于社会的发展、观念的更新和政策的支持，大学生创业的社会环境越来越成熟，虽然创业项目和形式多种多样，但利用自己的创新成果创办企业将成为大学生创业的发展方向。大学生主动开展自主创新、自觉转化与运用创新成果去开拓市场，开创了大学生创业新局面，发展知识经济，构建创新社会的基石。

创业故事　自主创业的大学生

2012年3月，黄淮学院信息工程学院学生王乙丞获得一项实用新型国家专利（流量调节式恒压恒流节水阀，申请号：2011202406331）并开展自主创业，注册成立了郑州市中原区新源节水技术信息咨询服务中心，目前已进入市场运营阶段，项目产品在新郑市人民医院、中州大学、郑州大学升达经贸管理学院等处部分投放，成效显著。

本专利主要针对一些公共场所用水用电集中、浪费现象严重的情况，围绕节能减排为核心，通过对水流量进行人工调节控制并且恒定供水管网出水流量和出水压力，进而达到节水的目的，是一种低能耗、可持续为最终目标的节能产品。

资料来源：http://www.huanghuai.edu.cn/news/Html/hhxw/2012-3/1/113629741.html.

4. 风险投资

风险投资一般是指以高新技术为基础，生产与经营技术密集型产品的投资。从投资行为的角度来讲，风险投资是把资本投向蕴藏着失败风险的高新技术及其产品的研究开发领域，旨在促使高新技术成果尽快商品化、产业化，以取得高资本收益的一种投资过程。风险投资不需要抵押，也不需要偿还。如果投资成功，投资人将获得几倍、几十倍甚至上百倍的回报；如果失败，投进去的钱就算打水漂了。对创业者来讲，使用风险投资创业的最大好处在于即使失败，也不会背上债务。这样就使得一些手握创新成果，想创业但缺乏资金的年轻人创业成为可能。中国比较知名的风险投资公司有红杉风投、北京软银赛富投资顾问有限公司、IDGVC创业投资咨询（北京）有限公司、鼎晖创业投资基金等。

创业故事　大学生与风险投资

王宇，东华大学服装设计专业的本科生，绘画基础好，在动画制作公司做过美术指导，读大学时，王宇有机会接触到了国外的数字绘画软件，便与同学合作，对这一软件进行了二次开发。利用这种技术把作品打印到油画布上，其质感、肌理效果和手绘的油画毫无二致，就是在触觉上，那种画面的凹凸感也能表现出来。数字油画在婚庆摄影、家庭装潢等市场大有可为。2005年，王宇与同学戴成达、王一轶一道以数字绘画为主题，向上海大学科技创业基金分会提出创业申请，获得了20万元创业投资。2006年上海艺睿数码科技公司成立。2007年，上海艺睿数码科技公司获得了上海科技创业投资有限责任公司300万元的风险投资。

资料来源：http://news.sohu.com/20070704/n250903630.shtml.

5. 成立咨询、策划、设计等创意公司

大学生精力充沛、思想活跃、富有创意，可成立咨询、策划、设计等创意公司，专门为客户提供创意,即所谓的"点子公司"。

创业故事 求婚创意策划公司

何泽天、秦浩、黄文骏三个人是江汉大学的同班同学,上大学时一见如故成为好朋友。很多学生还在抱怨大学生活"无聊"时,他们三个人已经开始琢磨着如何进行创业了。一次偶然的机会,班上一位男生想向女生表白,找他们几个人帮忙,激发了三人办求婚创意策划公司的想法。2011年9月,他们三人和另外两个朋友合伙开了一家求婚创意策划公司,公司规模不大,宣传途径以网络为主,但三个年轻人干劲十足。

公司成立才三个月,已成功策划了好几个创意求婚。其中,有个创意是在光谷广场附近一块户外广告电子屏上,播放长达7分钟的表白求婚视频,女主角则由好朋友"有计划地"带出来,"碰巧"看到视频,现场很感人,男主角随后送上玫瑰花求婚。"不仅是女主角,就连附近经过的人都很感动,特别是女生。"何泽天说道。三个90后年轻人即将走出校门,和所有学生一样,他们的创业既遭遇过家庭的阻力,也有自己的迷茫。但最终他们没有迷失,而是找到一条属于自己的路。"趁着年轻,要多去尝试自己感兴趣的事情,不要等到年老之后再后悔。"三个人的想法很一致。

资料来源: http://news.sohu.com/20111224/n330090924.shtml.

创业故事 美术学院走出的文化创意公司

重庆市言点文化传播有限责任公司专注于中国高品质文化社区的打造,提供以艺术为主要元素的创意策划及创意执行等服务项目。公司创建于2011年,它的前身源自2009年在四川美术学院所创立的聆昕联创工作室,在经过近两年的不断探索与实践后,整合出一条以多元艺术资源打造高品质社区文化的新型道路,并发展壮大成为一家具有艺术策划及执行能力的青年型文化创意公司,主要从事社区文化打造、艺术活动策划及执行、艺术设计(广告)及营销宣传等业务。

两年内,公司不断运用川美艺术资源与外部市场进行匹配嫁接,反复实践,从古典艺术到现代设计,从手工技艺到数码媒体。在不断地整合更多艺术作品与艺术人才的过程中,逐渐创造出了一个艺术与市场高效反应的对接模式,以精准的策划和一流的执行服务于广大客户。从创立至今,公司不仅成功地参与了与政府共同打造的社会性公益社区文化活动,而且多次服务于重庆市各大地产企业、汽车集团的商业开盘及展销会。在与重庆市房地产公司,有关重庆品质社区打造的对接上取得了阶段性的进展。

资料来源: http://wenku.baidu.com/view/39f0c0c2bb4cf7ec4afed0cf.html.

创新思考与实践

1. 请结合自己的专业,完成一项创新,并对创新效果进行预测。
2. 如果你有一个精彩的创意,你将怎样使它进入商业化运作轨道?

参 考 文 献

[1] 赵明华. 创意学教程 [M]. 西安：西北工业大学出版社，2004.
[2] 史密斯. 创新 [M]. 秦一琼，等译. 上海：上海财经大学出版社，2008.
[3] 杨乃定. 创造学教程 [M]. 西安：西北工业大学出版社，2004.
[4] 杨敏. 创新与创业指导 [M]. 杭州：浙江大学出版社，2011.
[5] 黄晓荣. 创新——奇思异想 [M]. 上海：华东理工大学出版社，2007.
[6] 崔钟雷. 创新——永不停止的探索 [M]. 长春：吉林美术出版社，2010.
[7] 傅筠，黄道平. 创新·创业与就业 [M]. 北京：机械工业出版社，2011.
[8] 姚列铭. 创新思维观念与应用技法训练 [M]. 上海：上海交通大学出版社，2011.
[9] 宋宝萍，魏萍. 创新思维心理学——培养与训练 [M]. 北京：电子工业出版社，2012.
[10] 庄寿强. 普通创造学 [M]. 徐州：中国矿业大学出版社，2001.
[11] 胡飞雪. 创新思维训练与方法 [M]. 北京：机械工业出版社，2009.
[12] 经理人培训项目编写. 培训游戏全案·创新 [M]. 北京：机械工业出版社，2008.
[13] 方宏建. 大学生人格培育的机理与方法研究 [D]. 天津：天津大学，2010.
[14] 魏骅. 论创新人格 [J]. 教育探索，2002（5）.
[15] 龚艺华. 大学生人格发展的现状、原因及教育对策 [J]. 教育研究，2008（6）.
[16] 姜丽华. 论学生创新能力的培养 [D]. 上海：华东师范大学，2007.
[17] 许湘岳，邓峰. 创新创业教程 [M]. 北京：人民出版社，2011.
[18] 陶学中. 创新创造能力训练 [M]. 北京：中国经济出版社，2008.
[19] 刘昌明，赵传栋. 创新学教程 [M]. 上海：复旦大学出版社，2009.
[20] 毛良升. 哲学视域中的创新研究 [D]. 北京：中共中央党校，2012.
[21] 郑登攀. 中小企业技术创新成果的保护方式选择分析——基于西安市企业的实证研究 [J]. 软科学，2010（2）.
[22] 杨斌. 大学生创新成果保护策略研究 [M]. 武汉：华东科技大学，2011.

普通高等院校
经济管理类应用型规划教材

课程名称	书号	书名、作者及出版时间	定价
商务策划管理	978-7-111-34375-2	商务策划原理与实践（强海涛）（2011年）	34
管理学	978-7-111-35694-3	现代管理学（蒋国平）（2011年）	34
管理沟通	978-7-111-35242-6	管理沟通（刘晖）（2011年）	27
管理沟通	978-7-111-47354-1	管理沟通（王凌峰）（2014年）	30
职业规划	978-7-111-42813-8	大学生体验式生涯管理（陆丹）（2013年）	35
职业规划	978-7-111-40191-9	大学生职业生涯规划与学业指导（王哲）（2012年）	35
心理健康教育	978-7-111-39606-2	现代大学生心理健康教育（王哲）（2012年）	29
概率论和数理统计	978-7-111-26974-8	应用概率统计（彭美云）（2009年）	27
概率论和数理统计	978-7-111-28975-3	应用概率统计学习指导与习题选解（彭美云）（2009年）	18
大学生礼仪	即将出版	商务礼仪实务教程（刘砺）（2015年）	30
国际贸易英文函电	978-7-111-35441-3	国际商务函电双语教程（董金铃）（2011年）	28
国际贸易实习	978-7-111-36269-2	国际贸易实习教程（宋新刚）（2011年）	28
国际贸易实务	978-7-111-37322-3	国际贸易实务（陈启虎）（2012年）	32
国际贸易实务	978-7-111-42495-6	国际贸易实务（孟海樱）（2013年）	35
国际贸易理论与实务	978-7-111-49351-8	国际贸易理论与实务（第2版）（孙勤）（2015年）	35
国际贸易理论与实务	978-7-111-33778-2	国际贸易理论与实务（吕靖烨）（2011年）	29
国际金融理论与实务	978-7-111-39168-5	国际金融理论与实务（缪玉林 朱旭强）（2012年）	32
会计学	978-7-111-31728-9	会计学（李立新）（2010年）	36
会计学	978-7-111-42996-8	基础会计学（张献英）（2013年）	35
金融学（货币银行学）	978-7-111-38159-4	金融学（陈伟鸿）（2012年）	35
金融学（货币银行学）	978-7-111-49566-6	金融学（第2版）（董金玲）（2015年）	35
金融学（货币银行学）	978-7-111-30153-0	金融学（精品课）（董金玲）（2010年）	30
个人理财	978-7-111-47911-6	个人理财（李燕）（2014年）	39
西方经济学学习指导	978-7-111-41637-1	西方经济学概论学习指南与习题册（刘平）（2013年）	22
西方经济学（微观）	978-7-111-48165-2	微观经济学（刘平）（2014年）	25
西方经济学（微观）	978-7-111-39441-9	微观经济学（王文寅）（2012年）	32
西方经济学（宏观）	978-7-111-43987-5	宏观经济学（葛敏）（2013年）	29
西方经济学（宏观）	978-7-111-43294-4	宏观经济学（刘平）（2013年）	25
西方经济学（宏观）	978-7-111-42949-4	宏观经济学（王文寅）（2013年）	35
西方经济学	978-7-111-40480-4	西方经济学概论（刘平）（2012年）	35
统计学	978-7-111-48630-5	统计学（第2版）（张兆丰）（2014年）	35
统计学	978-7-111-45966-8	统计学原理（宫春子）（2014年）	35
经济法	978-7-111-47546-0	经济法（第2版）（葛恒云）（2014年）	35
计量经济学	978-7-111-42076-7	计量经济学基础（张兆丰）（2013年）	35
财经应用文写作	978-7-111-42715-5	财经应用文写作（刘常宝）（2013年）	30
市场营销学（营销管理）	978-7-111-46806-6	市场营销学（李海廷）（2014年）	35
市场营销学（营销管理）	978-7-111-48755-5	市场营销学（肖志雄）（2015年）	35
公共关系学	978-7-111-39032-9	公共关系理论与实务（刘晖）（2012年）	25
公共关系学	978-7-111-47017-5	公共关系学（管玉梅）（2014年）	30
管理信息系统	978-7-111-42974-6	管理信息系统（李少颖）（2013年）	30
管理信息系统	978-7-111-38400-7	管理信息系统：理论与实训（袁红清）（2012年）	35